职业院校智能制造专业系列教材

机床电气控制与 PLC

主　编　项万明　苏　超　高　峰
副主编　赵鹏飞　孔祥恒　杨　伟
参　编　孙　倩　洪宗海　杨　柳　卢继缘
　　　　李泽霞　张俊山　罗　敏　张　涛
　　　　吴　欢
主　审　鲁建峰　李震球

机械工业出版社

本书基于典型继电控制线路设计教学单元，整合了继电控制技术、PLC 控制技术、触摸屏控制技术、变频器控制技术，并以数控机床为载体，介绍了机电设备典型电气控制线路的综合应用。本书主要内容包括：电动机点动控制线路、电动机连续运行控制线路、电动机点动与连续运行混合控制线路、电动机正反转控制线路、电动机星三角减压起动控制线路、工作台自动往返控制线路、电动机低速起动高速运转控制线路及数控机床典型控制线路的安装与调试。

本书供职业院校智能制造专业教学使用，也可作为机电一体化、机电技术应用、电气自动化设备安装与维修、数控技术应用、电气运行与控制、工业机器人技术应用等专业的教学用书，还可供自动化工程技术人员学习参考。

图书在版编目（CIP）数据

机床电气控制与 PLC/项万明，苏超，高峰主编. —北京：机械工业出版社，2019.12（2024.1 重印）
职业院校智能制造专业系列教材
ISBN 978-7-111-64470-5

Ⅰ. ①机… Ⅱ. ①项…②苏…③高… Ⅲ. ①机床 – 电气控制 – 职业教育 – 教材②PLC 技术 – 职业教育 – 教材 Ⅳ. ①TG502.35②TM571.61

中国版本图书馆 CIP 数据核字（2020）第 005097 号

机械工业出版社（北京市百万庄大街 22 号　邮政编码 100037）
策划编辑：王振国　　责任编辑：王振国
责任校对：刘雅娜　　封面设计：张　静
责任印制：张　博
北京雁林吉兆印刷有限公司印刷
2024 年 1 月第 1 版第 2 次印刷
184mm×260mm·15.25 印张·374 千字
标准书号：ISBN 978-7-111-64470-5
定价：39.80 元

电话服务　　　　　　　　　　网络服务
客服电话：010-88361066　　　机　工　官　网：www.cmpbook.com
　　　　　010-88379833　　　机　工　官　博：weibo.com/cmp1952
　　　　　010-68326294　　　金　书　网：www.golden-book.com
封底无防伪标均为盗版　　机工教育服务网：www.cmpedu.com

前　言

本书是一本理实一体化教材，内容面向实际岗位，与职业岗位接轨。教学单元的设计基于典型继电控制线路，整合了继电控制技术、PLC控制技术、触摸屏控制技术、变频器控制技术，并以数控机床为载体，介绍了机电设备典型电气控制线路的综合应用，重点突出了机电设备安装与调试岗位的核心技能训练，形成了"以项目为载体，以任务作引领，以工作过程为导向"的职业教育特色。本书编写特色如下：

（1）项目引领，任务驱动　本书以切实可行的项目为引领，嵌入继电控制技术、PLC控制技术、触摸屏控制技术、变频器控制技术的相关知识与技能，与各任务紧密结合，由浅入深，层层递进。在本书的最后一个单元，以数控机床为载体，综合应用机电设备典型控制线路。

（2）各种控制技术横向融入典型继电控制线路　传统教学模式是将继电控制技术、PLC控制技术、触摸屏控制技术、变频器控制技术按照一定的顺序纵向教学，课程学科体系性强，但各种技术之间融入度较弱。本书从传统继电控制线路中提炼核心技能项目，贴近企业实际，并进行项目化处理，在课程结构体系上，打破学科常规，整合技术资源，将PLC控制技术、触摸屏控制技术、变频器控制技术横向融入继电控制的典型工作任务中，从而提高学生综合运用知识的能力，提升教学效率。

（3）注重新技术的综合应用　本书在继电控制线路中，融入了PLC、触摸屏、变频器等新技术，对机床电气控制线路部分进行了大胆创新，以数控机床（数控车床）的典型控制线路替代传统的车床、铣床控制线路，并将变频器的模拟控制技术整合到数控机床的典型工作任务中。

（4）注重立体化资源建设　本书注重立体化资源建设，配备有PPT、微视频、思考与练习及参考答案等。本书的主要内容都在PPT中有所呈现；对一些操作重点、原理难点内容配置微视频；每个任务后面都紧扣任务内容配置适量的思考与练习，并给出了参考答案等。本书的建议学时为174学时，对于教学设备较落后的院校，可根据实际情况安排教学任务，各任务的教学顺序也可根据教学设备实际情况进行合理调整。各教学单元学时分配建议如下：

单元	任　务	建议学时
电动机点动控制线路的安装与调试	接触器控制电动机点动控制线路的安装与调试	8
	PLC控制电动机点动控制线路的安装与调试	8
	触摸屏+PLC+变频器控制电动机点动控制线路的安装与调试	8
电动机连续运行控制线路的安装与调试	接触器控制电动机连续运行控制线路的安装与调试	8
	PLC控制电动机连续运行控制线路的安装与调试	8
	触摸屏+PLC+变频器控制电动机连续运行控制线路的安装与调试	8

(续)

单元	任 务	建议学时
电动机点动与连续运行混合控制线路的安装与调试	接触器控制电动机点动与连续运行混合控制线路的安装与调试	8
	PLC控制电动机点动与连续运行混合控制线路的安装与调试	8
	触摸屏+PLC+变频器控制电动机点动与连续运行混合控制线路的安装与调试	8
电动机正反转控制线路的安装与调试	接触器控制电动机正反转控制线路的安装与调试	6
	PLC控制电动机正反转控制线路的安装与调试	6
	触摸屏+PLC+变频器控制电动机正反转控制线路的安装与调试	6
电动机星三角减压起动控制线路的安装与调试	接触器控制电动机星三角减压起动控制线路的安装与调试	6
	PLC控制电动机星三角减压起动控制线路的安装与调试	6
	触摸屏+PLC控制电动机星三角减压起动控制线路的安装与调试	6
工作台自动往返控制线路的安装与调试	行程开关控制工作台自动往返控制线路的安装与调试	6
	PLC控制工作台自动往返控制线路的安装与调试	6
	触摸屏+PLC+变频器控制工作台自动往返控制线路的安装与调试	6
电动机低速起动高速运转控制线路的安装与调试	接触器控制电动机低速起动高速运转控制线路的安装与调试	6
	PLC控制电动机低速起动高速运转控制线路的安装与调试	6
	触摸屏+PLC控制电动机低速起动高速运转控制线路的安装与调试	6
数控机床典型控制线路的安装与调试	数控机床急停控制线路的安装与调试	6
	数控系统通电控制线路的安装与调试	6
	数控机床模拟主轴控制线路的安装与调试	6
	数控机床刀架换刀控制线路的安装与调试	6
机动		6
合计		174

本书由杭州技师学院项万明、苏超及辽宁冶金技师学院高峰担任主编，阿克苏技师学院（阿克苏地区中等职业技术学校）赵鹏飞、徐州工程机械技师学院孔祥恒、重庆市机械高级技工学校杨伟担任副主编。参与本书编写的有杭州技师学院项万明、苏超、孙倩并由他们完成全书各单元配套的微视频、PPT、思考与练习的参考答案等；辽宁冶金技师学院高峰、洪宗海，徐州工程机械技师学院孔祥恒、杨柳；阿克苏技师学院赵鹏飞；重庆市机械高级技工学校杨伟、卢继缘，天津市劳动经济学校（天津市人力资源和社会保障局第二高级技工学校）李泽霞和张俊山，襄阳技师学院罗敏和张涛，参与本书编写的还有杭州永骏机床有限公司吴欢，他从企业实际需求出发，给予了很多有益的建议。杭州萧山技师学院鲁建峰和李震球负责本书的审稿工作，并提出了许多宝贵的意见和建议。

由于本书对继电控制技术、PLC控制技术、变频器控制技术、触摸屏控制技术等进行了全面整合，是一项理论与实践相结合的创新性工作，加之编写时间仓促，编者水平和经验有限，书中难免存在不足，恳请广大读者批评与指正。

编 者

目　　录

前言

单元 1　电动机点动控制线路的安装与调试 ·· 1
　　1.1　接触器控制电动机点动控制线路的安装与调试 ································· 2
　　1.2　PLC 控制电动机点动控制线路的安装与调试 ···································· 14
　　1.3　触摸屏 + PLC + 变频器控制电动机点动控制线路的安装与调试 ··············· 27

单元 2　电动机连续运行控制线路的安装与调试 ·································· 49
　　2.1　接触器控制电动机连续运行控制线路的安装与调试 ····························· 50
　　2.2　PLC 控制电动机连续运行控制线路的安装与调试 ······························· 58
　　2.3　触摸屏 + PLC + 变频器控制电动机连续运行控制线路的安装与调试 ·········· 68

单元 3　电动机点动与连续运行混合控制线路的安装与调试 ················ 75
　　3.1　接触器控制电动机点动与连续运行混合控制线路的安装与调试 ················ 76
　　3.2　PLC 控制电动机点动与连续运行混合控制线路的安装与调试 ·················· 83
　　3.3　触摸屏 + PLC + 变频器控制电动机点动与连续运行混合控制线路的安装与
　　　　调试 ·· 92

单元 4　电动机正反转控制线路的安装与调试 ······································ 101
　　4.1　接触器控制电动机正反转控制线路的安装与调试 ································ 101
　　4.2　PLC 控制电动机正反转控制线路的安装与调试 ··································· 109
　　4.3　触摸屏 + PLC + 变频器控制电动机正反转控制线路的安装与调试 ············ 116

单元 5　电动机星三角减压起动控制线路的安装与调试 ······················· 123
　　5.1　接触器控制电动机星三角减压起动控制线路的安装与调试 ····················· 124
　　5.2　PLC 控制电动机星三角减压起动控制线路的安装与调试 ······················· 135
　　5.3　触摸屏 + PLC 控制电动机星三角减压起动控制线路的安装与调试 ············ 144

单元 6　工作台自动往返控制线路的安装与调试 ··································· 150
　　6.1　行程开关控制工作台自动往返控制线路的安装与调试 ··························· 151
　　6.2　PLC 控制工作台自动往返控制线路的安装与调试 ································ 160
　　6.3　触摸屏 + PLC + 变频器控制工作台自动往返控制线路的安装与调试 ········· 170

单元 7　电动机低速起动高速运转控制线路的安装与调试 ···················· 176
　　7.1　接触器控制电动机低速起动高速运转控制线路的安装与调试 ·················· 177
　　7.2　PLC 控制电动机低速起动高速运转控制线路的安装与调试 ···················· 184

7.3　触摸屏+PLC控制电动机低速起动高速运转控制线路的安装与调试 …… 191

单元8　数控机床典型控制线路的安装与调试 ……………………………… **198**
8.1　数控机床急停控制线路的安装与调试 ………………………………… 199
8.2　数控系统通电控制线路的安装与调试 ………………………………… 207
8.3　数控机床模拟主轴控制线路的安装与调试 …………………………… 213
8.4　数控机床刀架换刀控制线路的安装与调试 …………………………… 223

附录 ……………………………………………………………………………… **232**
附录A　工具、仪表清单 …………………………………………………… 232
附录B　接触器控制三相交流异步电动机控制线路的安装与调试评价表 …… 232
附录C　PLC控制三相交流异步电动机控制线路的安装与调试评价表 …… 233
附录D　触摸屏+PLC+变频器控制三相交流异步电动机控制线路的安装与
　　　　调试评价表 ………………………………………………………… 234

参考文献 ………………………………………………………………………… **236**

单元 1　电动机点动控制线路的安装与调试

*学习指南

按下遥控器上的"前进"按钮，玩具小汽车就会快速向前行驶，松开按钮后小汽车立即停止，欲使小车继续向前行驶，就必须一直按住"前进"按钮。其实，类似遥控汽车控制特点的机电设备在实际的生产、生活中随处可见。典型的点动控制设备实例如图 1-1 所示，遥控汽车、遥控电动门、桥式起重机、医院 CT 等设备的执行器件会随着主令电器的动作而起停，符合这种规律的控制统称为"点动控制"。

能够实现三相交流异步电动机点动控制的方法有很多种，其中接触器控制线路、PLC 控制线路、触摸屏＋PLC＋变频器控制线路应用较为广泛。

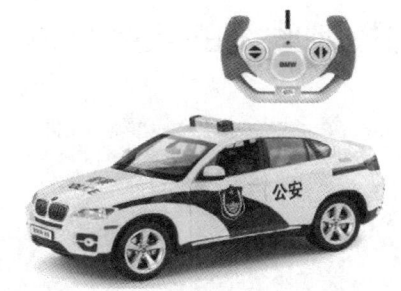

a) 遥控汽车

b) 遥控电动门

c) 桥式起重机

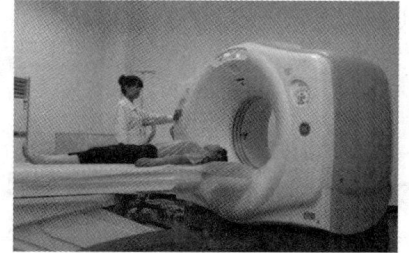

d) 医院CT(电子计算机断层扫描)

图 1-1　典型的点动控制设备实例

*知识体系

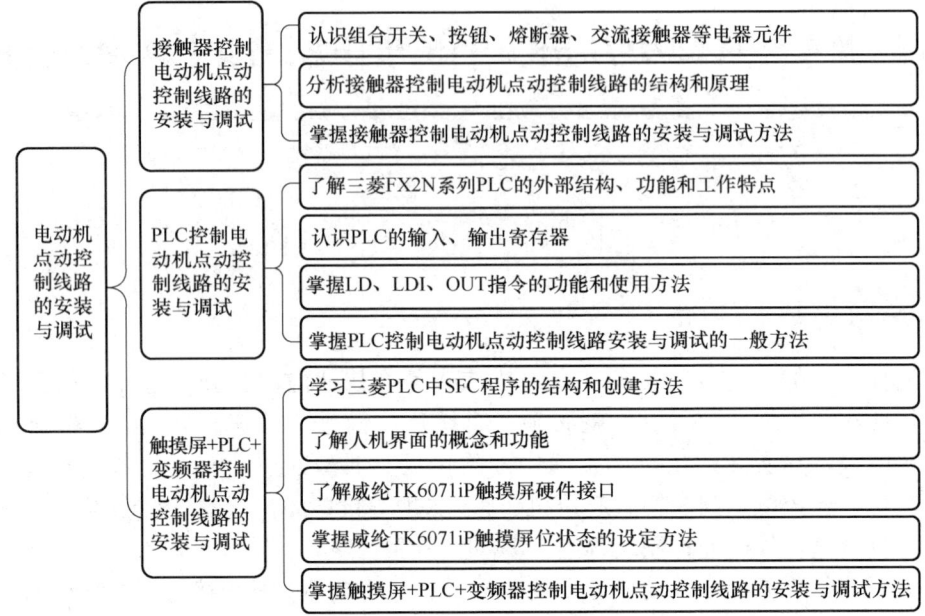

1.1　接触器控制电动机点动控制线路的安装与调试

*学习目标

技能目标：

（1）能识别、选用、检测、更换常用的组合开关、按钮、熔断器、交流接触器等电器元件。

（2）能识读、分析接触器控制三相交流异步电动机点动控制线路的原理图。

（3）能正确完成接触器控制三相交流异步电动机点动控制线路的安装与调试。

知识目标：

（1）熟悉组合开关、按钮、熔断器和交流接触器的功能、结构、符号及型号含义。

（2）熟悉识读接触器、继电器控制线路原理图的一般方法。

素养目标：

（1）能遵守实训室的管理规定，建立安全文明生产意识。

（2）能正确使用工具和训练器材，建立设备及人身安全意识。

*描述任务

某服装厂有一批电动缝纫机因为使用时间较长，电器元件和控制线路老化严重，经常因电气故障耽误正常生产。为了彻底解决这一问题，厂长计划对40台电动缝纫机进行大修。经电气维修组认真研究，计划彻底更换电动缝纫机的控制线路，安装和调试任务由电气维修组完成。假设同学们都是电气维修组的成员，该如何完成这项任务呢？

*任务分析

电动缝纫机的主动力来自一台三相交流异步电动机，用脚踩下踏板后电动机运转并输出动力，机头通过传动带和带轮装置从电动机获得动能而工作；抬起脚后踏板在弹簧作用下自动抬起，电动机失去原动力，整套装置随惯性停止运转。

完成此任务应具备的知识点为接触器控制三相交流异步电动机点动控制线路，应具备的技能点为正确地识别和安装常见组合开关、按钮、熔断器、交流接触器等电器元件，能够完成接触器控制三相交流异步电动机点动控制线路的安装与调试任务。

*必备知识

一、认识组合开关

1. 知悉组合开关的功能

组合开关又称为转换开关，在电气控制线路中常被作为电源引入侧的总开关，也可以直接控制小功率电动机的正反转。在实际生产中较常见的组合开关如图1-2所示。

一般情况下，组合开关用于手动不频繁地接通或分断电路、换接电源或负载，适用于交流电压380V（50Hz）及以下或直流电压220V及以下的电路中，工作电流为10～100A。

2. 知悉组合开关的结构、符号及分类

组合开关由装在同一转轴上的多个单极旋转开关叠装而成。HZ10系列组合开关在实际生产中较为常见，其实物、结构和电路符号如图1-3所示。

组合开关按级数分为单极、双极、四极，按节数分为一节、二节、三节、四节、五节、六节，按安装方式分为板前接线式、板后接线式，按用途分为单电源开关、两电源换接开关（代号P）、三电路换接开关（代号S）、四电路换接开关（代号G）、控制小功率电动机开关（代号N）、电焊机开关（代号E119）、气密式防尘防进水开关（代号M）等类型。

3. 知悉组合开关的型号和含义

以HZ10系列组合开关为例，它的型号及含义如下：

图 1-2 常见的组合开关

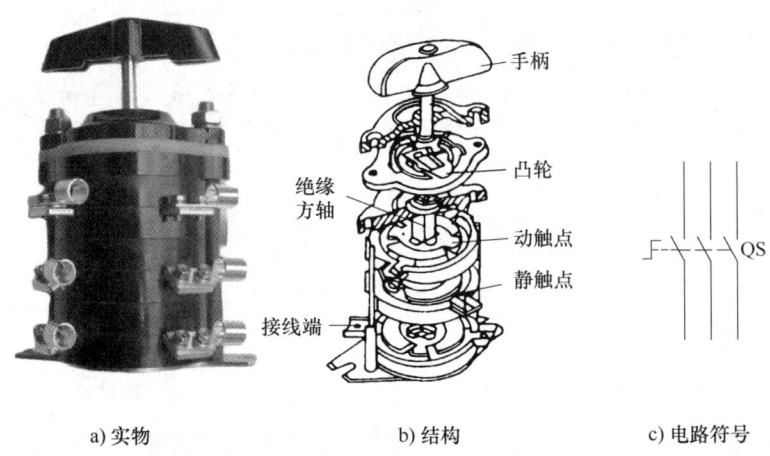

a) 实物　　　　　b) 结构　　　　　c) 电路符号

图 1-3 HZ10 系列组合开关的结构与符号

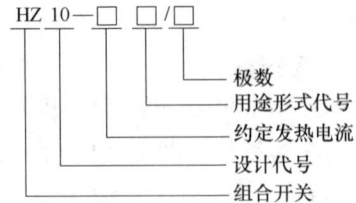

二、认识按钮

1. 知悉按钮的功能

按钮是一种常用的主令电器。主令电器是用来接通或断开控制电路，以发出指令或用于程序控制的开关电器。其他常用的主令电器还有位置开关、万能转换开关和主令控制器等。

按钮又称"控制按钮",是一种用人体某一部分(一般为手指或手掌)施加力而操作,并且具有弹簧储能复位功能的控制开关,是一种最常用的主令电器。按钮通常用于电路中发出起动或停止指令,以控制电磁起动器、接触器、继电器等电器线圈中电流的接通和断开。实际生产中常见按钮如图1-4所示。

按钮是一种用来接通和分断小电流电路的电器元件,一般用在电压440V以下,电流小于5A的控制电路中,因此,按钮一般不直接控制主电路的通断。

图1-4 常见按钮

2. 知悉按钮的结构、符号及分类

常用按钮由按钮帽、复位弹簧、静触点、动触点和外壳等零件组成。LA38系列按钮是较常用的普通按钮,其实物和结构如图1-5所示。

复合式按钮的内部有两个静触点和一个桥式动触点,当按钮未被按下时,桥式动触点与上面的静触点(动断触点)接通,桥式动触点与下面的静触点(动合触点)断开。当按钮被按下时,动断触点断开,动合触点闭合;松开按钮时,在弹簧的作用下桥式动触点恢复到原始位置。按钮的结构及其符号如图1-6所示。

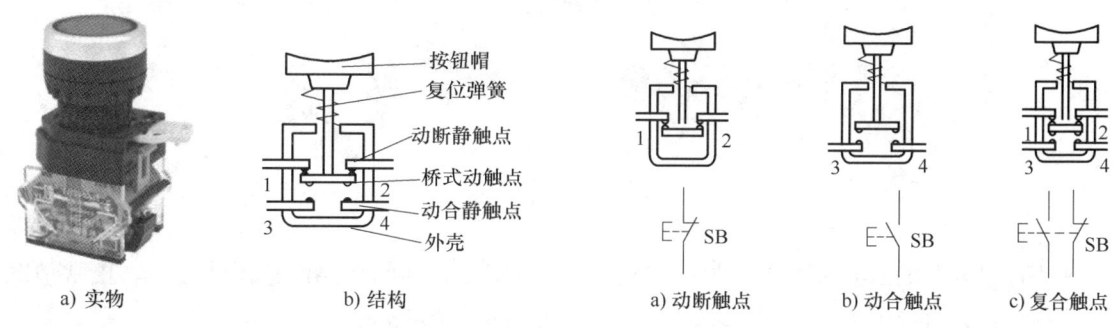

图1-5 LA38系列按钮实物和结构　　　　图1-6 按钮的结构及其符号

按钮的种类很多,可分为普通揿钮式、蘑菇头式、自锁式、自复位式、旋柄式、带指示灯式、钥匙式等。

3. 知悉按钮的型号和含义

LA38系列按钮的型号和含义如下:

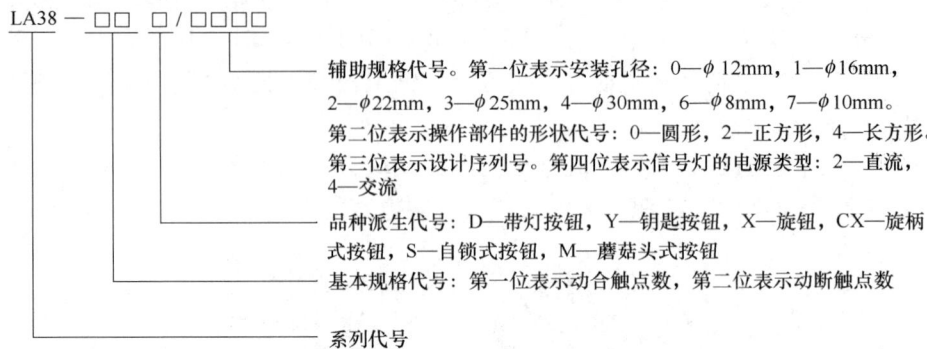

在实际使用过程中为了防止误操作,通常给按钮做出不同标记或涂以不同颜色,按功能进行区分,常见颜色有红、黄、蓝、白、黑和绿等。

三、认识熔断器

1. 知悉熔断器的功能

熔断器俗称"保险丝""保险管"。电气控制线路中常用的熔断器如图1-7所示。

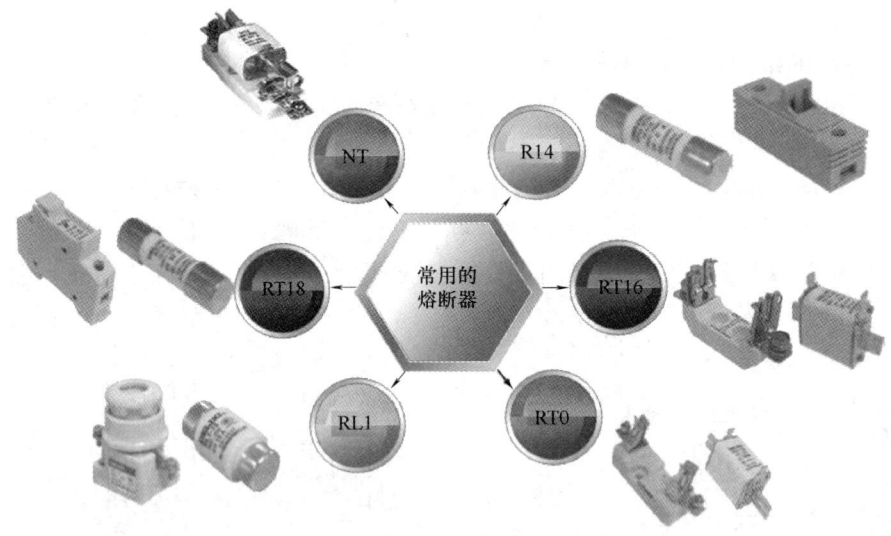

图1-7 常用的熔断器

熔断器是串联在电路中的一种保护电器,是应用最普遍的短路保护器件之一。正常情况下,熔断器的熔体相当于一段导线;当电路发生短路故障时,若通过的电流达到或超过某一规定值,则以其自身产生的热量使熔体熔断,从而自动分断电路,起到短路保护作用。它具有结构简单,价格便宜,动作可靠,使用维护方便等优点。

2. 知悉熔断器的结构、符号及分类

RT系列熔断器适用于额定电压交流为380V或直流为440V以下的电路,其结构主要包括支撑件、熔管和熔体三部分。其中,熔体安装于熔管之中,两端与熔管的金属部分连接。

使用时，根据负载情况选择合适的熔体，打开上盖，装入熔体，盖紧上盖即可。RT18系列熔断器、熔体、装配体和电路符号分别如图1-8所示。

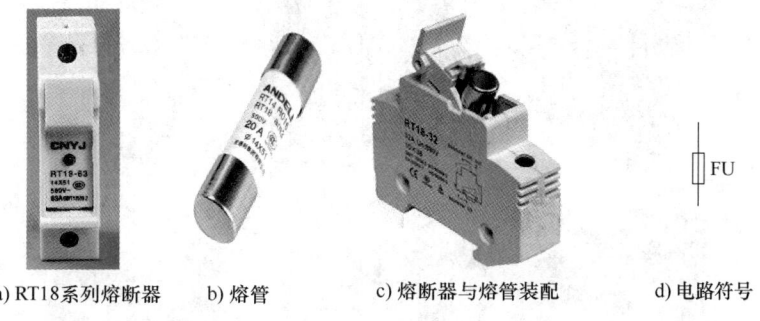

a) RT18系列熔断器　　b) 熔管　　c) 熔断器与熔管装配　　d) 电路符号

图1-8　RT18系列熔断器的结构和符号

熔断器根据使用电压可分为高压熔断器和低压熔断器，根据保护对象可分为保护变压器的熔断器、保护一般电气设备的熔断器、保护电压互感器的熔断器、保护电力电容器的熔断器、保护半导体器件的熔断器、保护电动机的熔断器以及保护家用电器的熔断器等，根据结构可分为敞开式熔断器、半封闭式熔断器、管式熔断器和喷射式熔断器。

3. 知悉熔断器的型号和含义

RT系列熔断器的型号和含义如下：

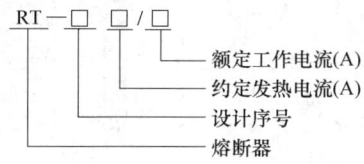

四、认识交流接触器

1. 知悉交流接触器的功能

接触器是指利用线圈中流过电流时产生磁场，使触点闭合，以达到控制负载的电器。接触器根据线圈的额定电压特性可分为直流接触器和交流接触器两类，广泛应用于电力、配电与用电场合。其中，交流接触器是指电磁线圈只能接入交流电源的一类接触器，实际生产中常见的交流接触器如图1-9所示。

交流接触器常用来频繁地接通和断开电路，控制容量大，还具有欠电压和失电压保护功能，多用于频繁操作和远距离控制环境，是自动控制系统中非常重要的电器元件。

2. 知悉交流接触器的结构、符号及分类

（1）交流接触器的结构　交流接触器的结构如图1-10所示。交流接触器为上、下两段结构。上段固定着联动架、主触点和辅助触点；下段为热塑性塑料底座，底座上安装有电磁系统和缓冲装置。按照部件功能划分，交流接触器由电磁系统、主触点、灭弧罩和辅助触点组成。

1）电磁系统。电磁系统由线圈、E形静铁心和衔铁组成，静铁心头部装有短路环，用于防止交流电流过零时衔铁振动。

图 1-9　常见的交流接触器

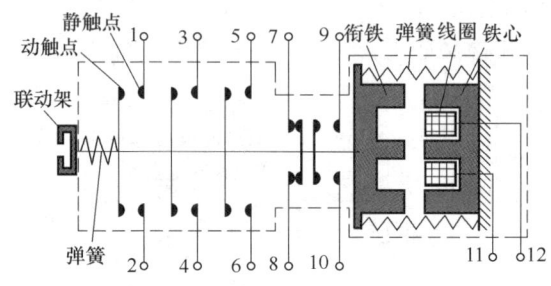

图 1-10　交流接触器的结构

1—2、3—4、5—6 端子—三组主触点　7—8 端子—动断辅助触点

9—10 端子—动合辅助触点　11—12 端子—控制线圈

2) 主触点。主触点由三组桥式动触点和上下两侧三对静触点组成，触点材料为银基合金，允许通过较大的电流，起接通和断开主电路的作用，静触点、静铁心、线圈成一体，桥式动触点和衔铁成一体。

3) 灭弧罩。额定电流在 40A 以上的交流接触器设有"灭弧罩"，作用是限制主触点分断时产生电弧，以免触点烧结或熔焊。

4) 辅助触点。辅助触点分为动合触点（NO）和动断触点（NC）两类。当线圈没有通电时，处于分断状态的触点称为动合触点，处于闭合状态的触点称为动断触点。辅助触点只允许用于电流较小的控制电路。为了方便交流接触器辅助触点的扩展，许多交流接触器都具有"辅助触点扩展"功能，组合前交流接触器和辅助触点相互独立，使用时可根据控制线路对辅助触点的种类和数量需要来选择相应的辅助触点模块，然后将辅助触点模块通过联动架与接触器组合在一起，就可以方便地实现交流接触器辅助触点的扩展。常见交流接触器辅助触点如图 1-11 所示。

a) F4—22　　　　b) F4—04　　　　c) F4—11

图 1-11　常见交流接触器辅助触点

交流接触器辅助触点的型号和含义如下：

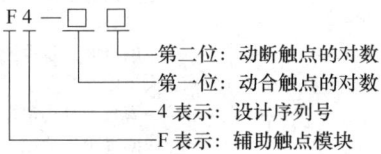

当线圈的两端加以交流电压（即线圈得电）时，线圈静铁心产生电磁吸力，吸引衔铁带动桥式触点向下移动，使之与上、下两侧静触点接触（简称"吸合"）。若上侧 3 个静触点接三相电源，下侧 3 个静触点接电动机，这时由于桥式触点已将上、下两侧静触点接通，三相电源便接到电动机上，使电动机得电而运转；当线圈断电（简称"失电"）时，电磁吸力消失，在弹簧力的作用下动触点与静触点分离，主触点切断电动机电源，电动机随惯性停转。因此，只要控制接触器线圈得电和失电，就可以方便地控制电动机的起动与停转。

（2）交流接触器的符号　交流接触器的电气符号包括主触点、辅助动合触点、辅助动断触点和线圈 4 部分，其电路符号如图 1-12 所示。

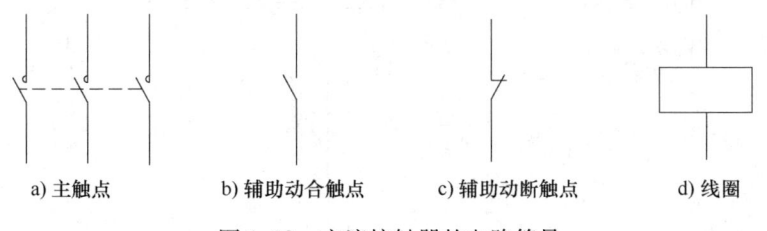

a) 主触点　　b) 辅助动合触点　　c) 辅助动断触点　　d) 线圈

图 1-12　交流接触器的电路符号

（3）交流接触器的分类　按主触点的极数可分为单极、双极、三极、四极和五极接触器。其中，单极接触器主要用于单相负荷，如照明负荷、电焊机等，在电动机能耗制动中也可采用；双极接触器用在绕线转子异步电动机的转子回路中，起动时用于短接起动绕组；三极接触器用于三相负荷，在电动机的控制及其他场合使用最为广泛；四极接触器主要用于三相四线制的照明线路，也可用来控制双回路电动机负载；五极交流接触器用来组成自耦补偿起动器或控制双笼型电动机，以变换绕组接法。

按灭弧介质不同，接触器可分为空气式接触器、真空式接触器等。依靠空气绝缘的接触器用于一般负载，而采用真空绝缘的接触器常用在煤矿、石油、化工企业及电压在 660V 和

1140V等特殊的场合。

按有无触点，接触器可分为有触点接触器和无触点接触器。常见的接触器多为有触点接触器，而无触点接触器属于电子技术应用的产物，一般采用"晶闸管"作为回路的通断器件。由于晶闸管导通时所需的触发电压很小，而且回路通断时无火花产生，因而可用于高操作频率的设备和易燃、易爆、无噪声的场合。

3. 知悉交流接触器的型号和含义

CJX系列交流接触器是较为常用的接触器之一，其型号和含义如下：

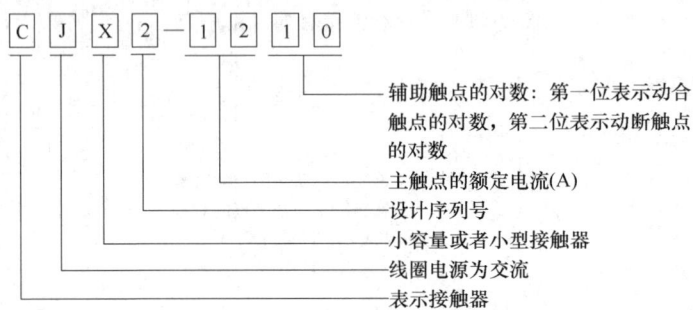

五、分析接触器控制三相交流异步电动机点动控制线路

接触器控制线路的一般分析方法是：首先将线路分为主电路和控制电路（又称为一次回路和二次回路），然后在控制电路中分析接触器线圈的得电和失电状态，接着根据线圈的得失电情况分析主触点和辅助触点的变化及末状态，最后判断主电路控制对象的工作状态。交流接触器控制三相交流异步电动机点动控制线路电气原理图如图1-13所示。

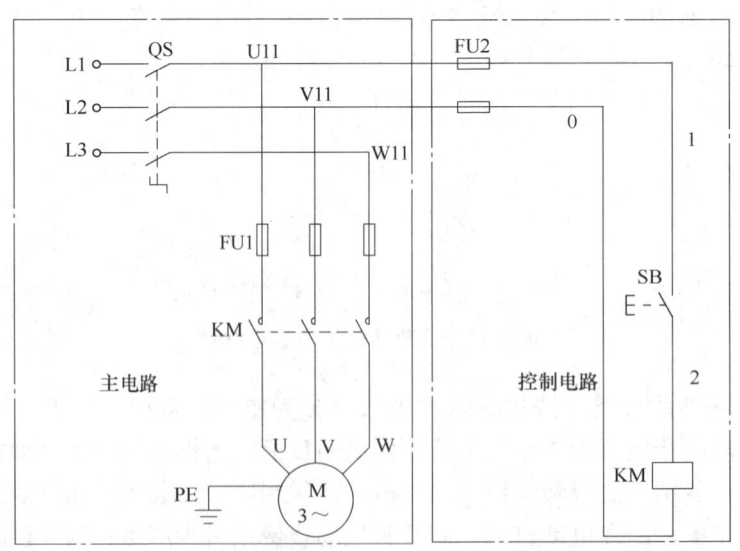

图1-13 交流接触器控制三相交流异步电动机点动控制线路电气原理图

如图1-13所示，合上组合开关QS为线路做好通电运行准备，按下或松开按钮SB即可控制电动机的起动与停止。该线路的工作原理及具体动作过程说明如下：

起动过程：

按下SB → KM线圈得电 → KM主触点闭合，电动机运转

停止过程：

松开SB → KM线圈断电 → KM主触点断开，电动机停转

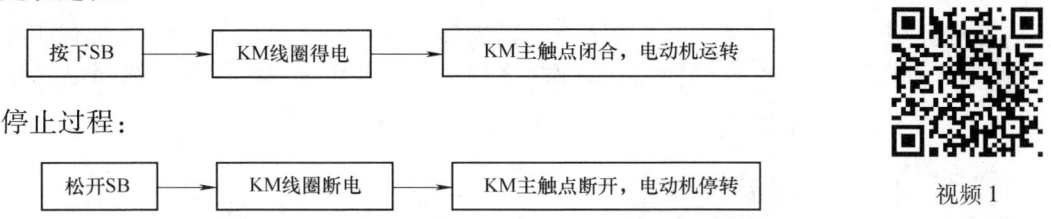

视频1

从以上分析可知，接触器控制三相交流异步电动机点动控制线路的特点是：按下按钮 SB 电动机运转，松开按钮 SB 电动机停转，电动机的起停状态与按钮 SB 动合触点的动作同步。

*任务实施

技能训练1　安装与调试接触器控制三相交流异步电动机点动控制线路

完成图 1-13 所示的接触器控制三相交流异步电动机点动控制线路的安装与调试。

1. 准备工具、仪表

参照附录 A "工具、仪表清单"，结合本任务实际选取必要的工具、仪表，并对选用的工具、仪表进行检查，确保工具、仪表都能正常使用。

2. 领取器材

根据器材清单（见表 1-1）中的元器件名称或符号领用相应的器材，并用仪表检测元器件，判断其好坏，如元器件有故障，需先进行修复或调换。参照相关元器件实物或其说明书，完成器材清单中器材品牌、型号（规格）等相关内容的填写。

表 1-1　接触器控制三相交流异步电动机点动控制线路器材清单

符号	名称	品牌	型号	数量	检测情况	备注
QS						
FU1						
FU2						
KM						
SB						
M						
	冷压端子					
	接线端子排					
	导线					

3. 安装线路

参照图1-14所示的元器件布置参考图及实训场地实际情况，用紧固件将元器件安装在合理位置，再根据图1-13所示的接触器控制三相交流异步电动机点动控制线路电气原理图进行接线。

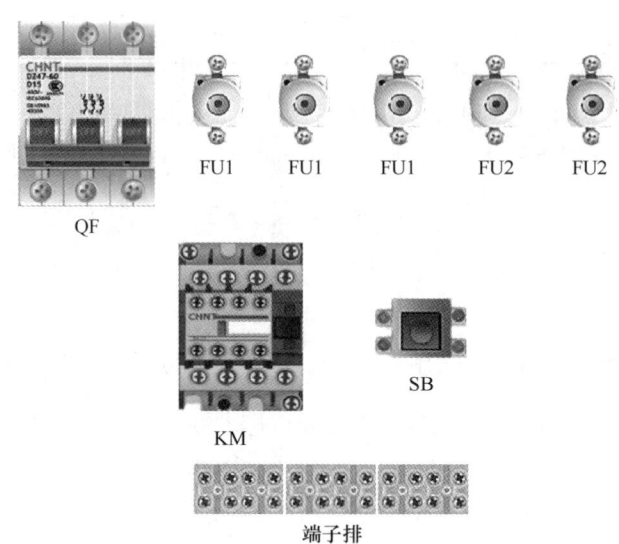

图1-14　接触器控制三相交流异步电动机点动控制线路元器件布置参考图

4. 检测线路

任何线路在安装完成、通电测试前都要进行检查，在确定线路没有短路和明显开路的故障后才能通电试机。接触器控制三相交流异步电动机点动控制线路的检查步骤如下：

（1）主电路检查　安装好主电路中3个熔断器FU1的熔管，拆下控制电路中2个熔断器FU2的熔管，使用万用表电阻档分别测量U11与V11，U11与W11，V11与W11之间的电阻值。此时主电路还没有构成电流通路，如果测得3个电阻值均为无穷大，说明接触器主触点上侧线路没有短路故障，否则就需要在该区域检测短路故障点。然后用螺钉旋具压下接触器的触点联动架，再次测量U11与V11，U11与W11，V11与W11之间的电阻值，此时接触器主触点闭合使电源端和电动机绕组形成通路，如果测得电阻值在几欧姆至几十欧姆之间，并且3个电阻值基本相等，说明接触器主触点下侧线路连接正确，此时测得的电阻值正是电动机定子绕组的等效电阻。

（2）控制电路检查　安装好控制电路中2个熔断器FU2的熔管，拆下主电路中3个熔断器FU1的熔管，使用万用表电阻档测量U11与V11之间的电阻，正常情况下此时控制电路没有电流回路，如果测得电阻值为无穷大，说明控制电路中没有短路故障，否则就需要进一步检测控制电路的短路故障点。然后按下按钮SB，再次测量U11与V11之间的电阻，此时如果测得阻值是几百欧姆，说明控制电路没有开路故障，而此时测得的电阻值正是接触器线圈电阻的近似值，否则说明控制电路存在开路故障，需要进一步检查和维修。

（3）数据记录　将检测数据填入表1-2，并根据检测数据，判断主电路及控制电路接线是否正常，如果数据异常，需及时查明原因。

单元 1　电动机点动控制线路的安装与调试

表 1-2　接触器控制三相交流异步电动机点动控制线路检测数据

项目	元器件状态	万用表表笔位置	阻值/Ω	结果判断	备注
主电路检测	未压下接触器 KM 触点架	U11 与 V11			
		U11 与 W11			
		V11 与 W11			
	压下接触器 KM 触点架	U11 与 V11			
		U11 与 W11			
		V11 与 W11			
控制电路检测	未按下按钮 SB	U11 与 V11			
	按下按钮 SB	U11 与 V11			

5. 调试线路

在检查接线并分析所测数据无误后，安装上 FU1 及 FU2 的熔管，合上组合开关 QS 接通电源，此时电动机应该无动作。按下按钮 SB，电动机应开始转动；松开按钮 SB，电动机应停转。反复测试几次，如果电路操控灵敏、运行可靠，说明线路安装正确。需要特别注意的是：试机当中若线路不能正常工作，则应先切断电源，不能在带电情况下触碰或修改线路，待排除故障后才能通电试机。

*任务总结与评价

参考附录 B "接触器控制三相交流异步电动机控制线路的安装与调试评价表"，对学习任务完成情况进行评价，并根据学生实际完成情况进行总结。

*任务拓展

常用低压电器的选用

组合开关、按钮、熔断器、接触器的选用方法见表 1-3。

表 1-3　组合开关、按钮、熔断器、接触器的选用方法

器件	关键参数	选型方法及原则
组合开关	1）电源种类 2）电压等级 3）触点数量 4）接线方式 5）负载容量	1）根据用电设备的电压等级、容量和所需触点数进行选择 2）用于一般照明、电热电路时，其额定电流应大于或等于被控制电路中各负载电流的总和；用于控制电动机时，其额定电流一般取电动机额定电流的 1.5～2.5 倍
按钮	1）适用场合 2）操作形式 3）指示功能 4）颜色要求 5）安装尺寸 6）触点数量	1）根据使用场合选择种类，如开启式、防护式、防水式、防腐式等 2）根据用途选择形式，如手柄旋转式、钥匙式、紧急式、带灯式等 3）根据工作状态、指示和工作要求，选择按钮和指示灯的颜色，如"起动"或"通电"用绿色，"停止"用红色；带指示灯的按钮还要考虑指示灯灯泡的额定电压 4）根据线路对按钮数量的要求，选择单钮、双联、三联或多联组合按钮盒，如"正、反、停"三种控制时可选用三联按钮 5）根据安装形式和安装要求，选择尺寸规格和固定形式合适的按钮 6）根据控制电路对按钮触点类型和数量的需要，选择触点条件符合要求的按钮

(续)

器件	关键参数	选型方法及原则
熔断器	1）类型 2）额定电流 3）尺寸规格	1）根据使用场合选择熔断器的类型。电网配电一般用刀型触点熔断器，电动机保护一般用螺旋式熔断器，照明电路一般用圆筒帽形熔断器，保护晶闸管应选择快速式熔断器 2）熔体额定电流的选择 ① 对于变压器、电炉和照明等负载，熔体的额定电流应略大于或等于负载电流 ② 对于输配电线路，熔体的额定电流应略大于或等于线路的安全电流 ③ 在电动机回路中用作短路保护时，应考虑电动机的起动条件，按电动机起动时间的长短来选择熔体的额定电流：对于起动时间不长的电动机，可按额定电流的2.5~3倍选择；对于起动时间较长或起动频繁的电动机，按额定电流的1.6~2倍选择；对于由多台电动机供电的主干母线处熔断器的额定电流，可按下式计：$I_n = (2.0 \sim 2.5) I_{memax} + \Sigma I_{me}$
接触器	1）应用场所 2）线圈电压 3）额定电流 4）辅助触点	1）主触点额定电流应大于或等于负载电路的电流 2）主触点额定电压应大于或等于负载电路的电压 3）线圈的额定电压应与控制电路的电压一致 4）辅助触点的数量和种类应能够满足控制电路的要求

*思考与练习

1. 组合开关的功能有哪些？
2. 按钮在电路中的主要功能是什么？
3. 熔断器是如何发挥短路保护功能的？
4. 交流接触器的主要结构和工作原理是什么？
5. 接触器控制三相交流异步电动机点动控制线路中，主电路由哪些元件组成？控制电路由哪些元件组成？
6. 根据图1-13所示电路原理图，如果交流接触器KM能够正常吸合，但是电动机不运转，可能的故障原因有哪些？
7. 接触器控制三相交流异步电动机点动控制线路中，哪个元件的功能同任务描述中缝纫机脚踏板的功能相同？

1.2 PLC控制电动机点动控制线路的安装与调试

*学习目标

技能目标：
（1）能正确使用三菱FX2N型PLC的常用外部接口。
（2）能够分析PLC控制三相交流异步电动机点动控制线路的I/O分配表和原理图。

（3）能分析PLC控制三相交流异步电动机点动的梯形图与指令语句表。
（4）能安装与调试PLC控制三相交流异步电动机点动控制线路。

知识目标：
（1）理解PLC的基本功能和特点。
（2）熟悉三菱FX2N系列PLC的外部接口。
（3）认识三菱FX2N的输入、输出继电器。
（4）掌握LD、LDI、OUT指令的功能和使用方法。

素养目标：
（1）树立高效获取、正确整理、有效运用相关信息的意识。
（2）树立吃苦耐劳、爱岗敬业和诚实守信的工作态度。

*描述任务

某服装厂有一台电动缝纫机，原有接触器控制点动控制线路损坏严重，已失去维修价值，维修班长决定用PLC技术对其进行改造，以提升这台电动缝纫机的整机可靠性。

*任务分析

完成此任务应具备的知识点为PLC控制三相交流异步电动机点动控制线路，应具备的技能点为PLC的结构、功能和基本指令的使用方法，合理设计I/O分配表、电路原理图和梯形图程序，正确完成电器安装、线路连接、程序编写和通电试机，能够完成PLC控制三相交流异步电动机点动控制线路的安装与调试。

*必备知识

一、熟悉PLC的基本功能和特点

1. PLC的基本功能

PLC的中文名称为可编程序控制器。它是专门为工业生产设计的一种数字运算操作的电子装置，采用一类可编程的存储器，用于其内部存储程序，执行逻辑运算、顺序控制、定时、计数与算术操作等面向用户的指令，并通过数字或模拟式输入输出控制各种类型的机械或生产过程，已广泛应用于钢铁、石油、化工、电力、建材、机械制造、汽车、轻纺等行业，是现代工业控制的核心部分。其主要功能如下：

（1）开关量的逻辑控制　这是PLC最基本、最广泛的应用领域。它取代传统的继电器控制电路，实现逻辑控制、顺序控制，既可用于单台设备的控制，也可用于多机群控及自动化流水线，如注塑机、印刷机、订书机械、组合机床、磨床、包装生产线和电镀流水线等。

（2）模拟量控制　在工业生产过程中，有许多连续变化的量，如温度、压力、流量、液位和速度等都是模拟量。为了使PLC能处理模拟量，必须实现模拟量和数字量之间的A/D

转换及 D/A 转换。PLC 厂家都生产配套的 A/D 和 D/A 转换模块，使可 PLC 用于模拟量控制。

（3）运动控制　PLC 可以用于圆周运动或直线运动的控制。从控制机构配置来说，早期直接用于开关量 I/O 模块连接位置传感器和执行机构，现在一般使用专用的运动控制模块，如可驱动步进电动机或伺服电动机的单轴或多轴位置控制模块。PLC 的运动控制功能广泛用于各种机械、机床、机器人、电梯等场合。

（4）过程控制　过程控制是指对温度、压力、流量等模拟量的闭环控制。作为工业控制计算机，PLC 能编制各种各样的控制算法程序，完成闭环控制。PID 调节是一般闭环控制系统中用得较多的调节方法。大中型 PLC 都有 PID 模块，目前许多小型 PLC 也具有此功能模块。PID 处理一般是运行专用的 PID 子程序。过程控制在冶金、化工、热处理、锅炉控制等场合有非常广泛的应用。

（5）数据处理　现代 PLC 具有数学运算（含矩阵运算、函数运算、逻辑运算）、数据传送、数据转换、排序、查表、位操作等功能，可以完成数据的采集、分析及处理。这些数据既可以与存储在存储器中的参考值进行比较，完成一定的控制操作，也可以利用通信功能传送到别的智能装置，或将它们打印制表。数据处理一般用于大型控制系统，如无人控制的柔性制造系统；也可用于过程控制系统，如造纸、冶金、食品工业中的一些大型控制系统。

（6）通信及联网　PLC 通信包含 PLC 之间的通信及 PLC 与其他智能设备之间的通信。随着计算机控制的发展，工厂自动化网络发展得很快，各 PLC 厂商都十分重视 PLC 的通信功能，纷纷推出各自的网络系统。新近生产的 PLC 都具有通信接口，通信非常方便。

2. PLC 的基本特点

（1）PLC 的工作特点

① PLC 采用"集中采样、集中输出"的工作方式，这种方式减少了外界干扰的影响。

② PLC 的工作过程是循环扫描的过程，循环扫描时间取决于指令执行速度、用户程序的长度等因素。

③ 输出对输入的影响有"滞后"现象。当采样阶段结束后，输入状态的变化将要等到下一个采样周期才能被接收，这个滞后时间的长短又主要取决于循环周期的长短。

④ 输出映像寄存器的内容取决于用户程序扫描执行的结果。

⑤ 输出锁存器的内容由上一次输出刷新期间输出映像寄存器中的数据决定。

⑥ PLC 当前实际的输出状态由输出锁存器的内容决定。

（2）PLC 的性能特点

① 可靠性高。由于 PLC 大部分采用单片微型计算机，因而集成度高，再加上相应的保护电路及自诊断功能，提高了系统的可靠性。

② 编程容易。PLC 的编程多采用梯形图及命令语句，其数量比微型机指令要少得多，再加上梯形图形象而简单，因此容易掌握、使用方便，甚至不需要计算机专业知识就可进行编程。

③ 组态灵活。由于 PLC 采用"积木式"结构，用户只需要简单地组合，便可灵活地改变控制系统的功能和规模，因此，可适用于任何控制系统。

④ 输入/输出功能模块齐全。PLC 的最大优点之一，是针对不同的现场信号（如直流或交流、开关量、数字量或模拟量、电压或电流等），均有相应的模板可与工业现场的器件直

接连接，并通过总线与 CPU 主板连接。

⑤ 安装方便。与计算机系统相比，PLC 的安装既不需要专用机房，也不需要严格的屏蔽措施，使用时只需把检测器件与执行机构和 PLC 的 I/O 接口端子正确连接，便可正常工作。

⑥ 运行速度快。由于 PLC 的控制是由程序控制执行的，因而不论其可靠性还是运行速度，都是继电器逻辑控制无法相比的。

3. 三菱 FX2N 系列 PLC

三菱电机在 20 世纪 80 年代推出的 F 系列小型 PLC，在 90 年代初用 F1 系列和 F2 系列取代，后来推出的 FX0、FX0S、FX0N、FX2N 等系列产品，实现了微型化和多品种化，其后对 FX2N 系列进行不断升级，使其硬件和软件性能有了很大的提升，被广泛应用在工控设备中。

二、熟悉三菱 FX2N 系列 PLC 的外形结构

三菱 FX2N-48MR 型 PLC 外部主要由输入端子、输入信号指示灯、工作状态指示灯、通信接口、品牌型号标识、输出端子和输出信号指示灯等组成，如图 1-15 所示。

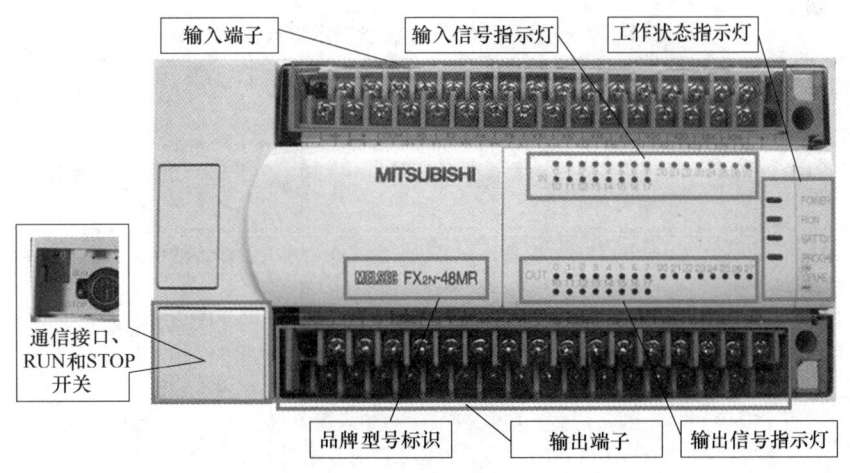

图 1-15　FX2N-48MR 型 PLC 的外部结构

FX2N-48MR 型 PLC 外部结构的主要功能及使用方法说明如下：

1. 输入端子

三菱 FX2N 输入端子使用方法说明见表 1-4。

表 1-4　三菱 FX2N 输入端子使用方法说明

序号	标识	功　　能	说　　　明
1	L	单相电源的相线（火线）输入端	一般情况下接 AC 220V 电源的相线，为 PLC 工作提供电源
2	N	单相电源的中性线（零线）输入端	一般情况下接 AC 220V 电源的零线，为 PLC 工作提供电源
3	⏚	接地保护线输入端	接单相电源接地保护线，对 PLC 采取接地保护

（续）

序号	标识	功能	说明
4	X0～X7 X10～X17 X20～X27	数字信号输入端	一般情况下接主令电器触点的一端或者传感器的信号输出端
5	COM	数字信号公共端	一般情况下接输入信号的公共端
6	·	空（无任何功能）	不进行任何连接

2. 输入信号指示灯

当 PLC 输入端有信号输入时，对应点的输入信号指示灯就会点亮，以方便检查和分析 PLC 输入信号的工作状况。需要注意的是，输入信号指示灯完全受硬件电路控制：输入信号使能，指示灯点亮；输入信号失效，指示灯熄灭。指示灯的亮灭不受 PLC 的运行状态和用户程序的影响。

3. 工作状态指示灯

三菱 FX2N 工作状态指示灯含义说明见表 1-5。

表 1-5　三菱 FX2N 工作状态指示灯含义说明

序号	标记	正常状态	含义及状态说明
1	POWER	常亮	PLC 电源供电正常时，POWER 指示灯常亮
3	RUN	常亮	PLC 程序处于运行状态时，RUN 指示灯常亮，程序处于停止（STOP）状态时熄灭
5	BATT·V	熄灭	BATT·V 发亮，表明 PLC 内部锂电池电能即将耗尽，为了避免 PLC 内的数据丢失，需要尽快更换新的锂电池
6	PROG·E	熄灭	PROG·E 常亮或者灯闪，说明 PLC 程序运行异常
7	CPU·E	熄灭	正常情况下 CPU·E 指示灯熄灭（表示 CPU 工作无异常），以下 4 种情况有可能导致 CPU 工作异常：PLC 内部有导电性的粉尘侵入；PLC 的扫描时长超过 100ms（检查 D8012 即可知道最长执行时间）；带电状态下将 RAM/EPROM/EEPROM 记忆卡拔出；PLC 附近有强电磁干扰

4. 输出端子

三菱 FX2N 输出端子使用方法说明见表 1-6。

表 1-6　三菱 FX2N 输出端子使用方法说明

序号	标识	功能	说明
1	Y0～Y7 Y10～Y17 Y20～Y27	PLC 数字控制信号的输出端	常连接到接触器、中间继电器、电磁阀的线圈，指示灯、蜂鸣器或变频器等控制设备的数字输入端
2	COM1～COM5	PLC 数字控制信号的公共端	常连接到控制对象工作电源的其中一个极
3	·	空（无任何功能）	不进行任何连接

5. 输出信号指示灯

PLC 执行用户程序，当某个输出继电器的得电条件满足时，这个地址对应的输出指示灯就点亮，表示此刻 PLC 使能了这个地址的控制信号，如果外部线路没有故障，这个受控设备就会起动并工作；当输出使能信号消失时，对应的输出指示灯也会立即熄灭。需要注意的是，输出指示灯的亮灭只能反映 PLC 是否输出了对应点的使能信号，至于控制对象是否正常工作，还受外部电路和控制对象自身好坏状况的影响。

6. 通信接口

FX2N 的通信接口常通过专用通信电缆与计算机或触摸屏连接。与计算机连接时，主要用于将编程软件中的程序下载至 PLC 中，或者将 PLC 中的程序上传到计算机编程软件中。除此之外，还可以通过编程软件自带的程序监控功能对程序进行实时监控。与触摸屏连接时，可以实现 PLC 和触摸屏之间的数据交互，通过操作触摸屏，可以改变 PLC 寄存器的值，而 PLC 中的数据则可以驱动触摸屏的显示画面。

三、熟悉三菱 FX2N 的输入、输出继电器

1. 输入继电器（X）

输入继电器（X）是 PLC 接收外部开关量信号的窗口，用来接收外部开关量或传感器送来的输入信号，外部信号经过输入端子与输入继电器连接。PLC 内部与输入端子连接的输入继电器采用光电隔离，它们的编号与接线端子编号一致（按八进制数），内部等效线圈的吸合或释放只取决于 PLC 外部触点的状态。PLC 将外部信号的状态读入并存储在输入继电器中，当外部电路接通时对应的映像寄存器为 ON（"1"态），否则为 OFF（"0"态）。输入继电器的状态唯一取决于外部输入信号，不可能受用户程序的控制，因此在梯形图中不能出现输入继电器的线圈。

2. 输出继电器（Y）

PLC 的输出继电器（Y）与 PLC 的输出端相连，输出端是向外部负载发送信号的窗口，是 PLC 用来传递信号到外部负载的元件。接到输出指令时，输出继电器线圈处于 ON 状态，对应触点动作，输出信号通过输出单元的动合触点传送给输出接线端子，以驱动外部负载。输出继电器是 PLC 中唯一具有外部触点可以驱动外部负载的编程元件，输出继电器的编号也采用八进制编号，如 Y0～Y7、Y10～Y17 等，基本单元中输入继电器最多寻址 184 点。

四、熟悉 LD、LDI、OUT 指令的功能和使用方法

1. LD 指令和 LDI 指令

梯形图是三菱 PLC 控制程序的常见模式，在梯形图中每个逻辑行都要从"左母线"开始，并通过各类动合触点（或动断触点）与右母线连接。LD 和 LDI 就是将触点同左母线连接的指令。LD 指令称为"取指令"，其功能是使动合触点与左母线连接；LDI 指令称为"取反指令"，其功能是使动断触点与左母线连接。LD 指令和 LDI 指令的操作元件可以是输入继电器 X、输出继电器 Y、辅助继电器 M、状态继电器 S、定时器 T 和计数器 C 中的任何一种。LD 指令和 LDI 指令的应用举例如图 1-16 所示。

2. OUT 指令

OUT 指令称为"输出指令"或"驱动指令"。其功能是输出逻辑运算的结果，也就是根

```
       X0
       ┤├──────────────────────────────────( Y0 )
       LD X0
                                            K100
                                          ( T0  )

       M0   Y0
       ┤/├──┤├──────────────────────────────( Y1 )
       LDI M0

       T0   M8013
       ┤├──┤├───────────────────────────────( M0 )
       LD T0
```

图 1-16　LD 指令和 LDI 指令的应用举例

据逻辑运算结果去驱动一个指定的线圈。OUT 是驱动指令的助记符，驱动指令的操作元件可以是输出继电器 Y、辅助继电器 M、状态继电器 S、定时器 T 和计数器 C 中的任何一种。OUT 指令的应用举例如图 1-17 所示。该程序中当输入继电器 X0 的动合触点闭合时，PLC 执行"OUT Y1"指令，输出继电器 Y1 的线圈被驱动接通，则 Y1 的动合触点闭合，Y1 的动断触点断开。

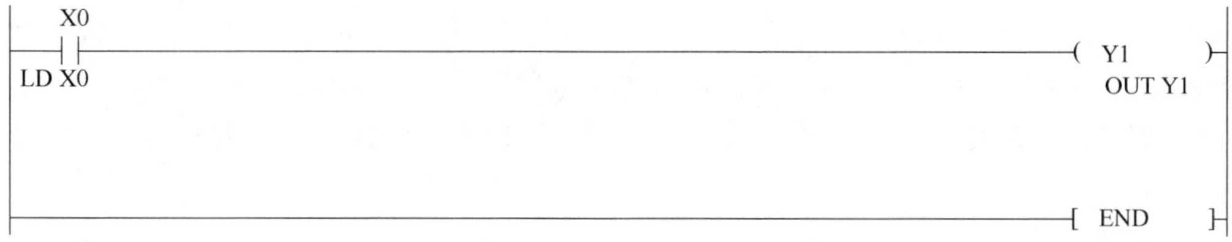

```
       X0
       ┤├──────────────────────────────────( Y1 )
       LD X0                                 OUT Y1

                                            [ END ]
```

图 1-17　OUT 指令的应用举例

OUT 指令的使用说明：

1）OUT 指令不能用于驱动输入继电器，因为输入继电器的状态是由输入信号决定的。

2）OUT 指令可以连续使用且不受使用次数的限制，这种输出称为"并行输出"。

OUT 指令并行输出应用举例如图 1-18 所示。

3）一般情况下，在一个程序中同一个线圈只能用 OUT 指令驱动一次，否则称为出现了"双线圈"。在绝大多数情况下"双线圈"是要坚决杜绝的，因为出现"双线圈"的程序运行结果是不能实现实际控制功能的。"双线圈"举例如图 1-19 所示。

五、分析 PLC 控制三相交流异步电动机点动控制 I/O 线路

1. 分析 I/O 分配表

在 PLC 控制三相交流异步电动机点动控制线路中，输入元件为按钮 SB，输出元件（受控元件）为交流接触器 KM 的线圈，输入信号只有 1 个，为其分配输入地址为 X0，输出信号也只需要 1 个，为其分配地址为 Y0。PLC 控制三相交流异步电动机点动控制线路的 I/O 分配见表 1-7。

图 1-18 OUT 指令并行输出应用举例

图 1-19 "双线圈"举例

表 1-7 PLC 控制三相交流异步电动机点动控制线路的 I/O 分配

类别	外接硬件		PLC	功能
输入	按钮	SB	动合触点	X0	点动输入
输出	交流接触器	KM	线圈	Y0	点动输出

2. 分析 I/O 接线图

"I/O 接线图"是 PLC 控制系统设计和装调时最关键的技术资料之一。该图不仅反映输入/输出元件与 PLC 输入/输出地址之间的对应关系，而且反映各个输出元件电源的连接方式，此外还是 PLC 控制程序设计时选用输入/输出寄存器的重要依据。绘制 I/O 接线图时需要注意：输入/输出元件与PLC的连接必须与I/O分配表分配的地址相对应。PLC控制三相交流异步电动机点动控制线路的I/O接线图如图1-20所示。

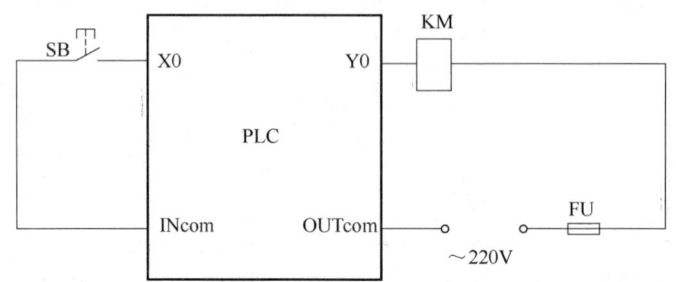

图1-20　PLC控制三相交流异步电动机点动控制线路的I/O接线图

特别说明： 任何电器元件的触点在使用过程中都会不断老化，当这个触点老化到不能保障其功能时，则称这个触点坏了或者触点的使用寿命到了。这种触点不能继续工作在电路中，需要及时更换。从结构上讲，PLC的输出继电器就是一个动合触点，在分合通断电流的瞬间，触点之间就会产生电弧，电弧越大、持续时间越长，触点老化的就越快，即触点的寿命也就会越短。经理论研究和实验证明：在其他因素相同的条件下，加在触点上的电压越高，触点的寿命就越短。因为PLC的输出继电器检测和更换较为不便，为了确保PLC输出继电器的寿命足够撑过整套设备的生命周期，在实际应用中很少由PLC输出继电器直接驱动AC200V甚至更高电压的电器元件。比较常见的做法是：用中间继电器将PLC和控制对象进行隔离，PLC一侧先以较低的电压（常用DC 24V）驱动中间继电器，再由中间继电器的动合触点控制额定电压较高的控制对象。这样一方面有效地降低了PLC输出触点上的工作电压，另一方面便于根据控制对象的额定电流选择与之相匹配的中间继电器，即使外部中间继电器坏了更换也非常便捷。在实际应用时，PLC控制的三相交流异步电动机点动控制线路的I/O接线图如图1-21所示。

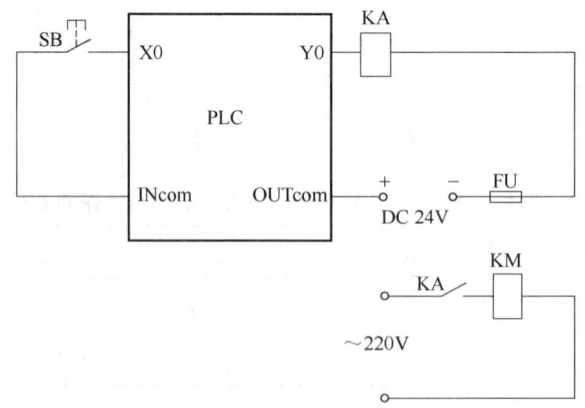

图1-21　实际应用时，PLC控制的三相交流异步电动机点动控制线路的I/O接线图

3. 分析PLC程序

图1-20所示的PLC控制三相交流异步电动机点动控制线路的I/O接线图对应的梯形图和指令语句表如图1-22所示。该程序的功能是控制电动机实现点动控制。

单元 1　电动机点动控制线路的安装与调试

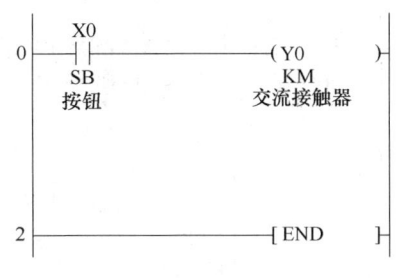

a) 梯形图　　　　　　　　　b) 指令语句表　　　　　视频 2

图 1-22　梯形图和指令语句表

*任务实施

技能训练 2　安装与调试 PLC 控制三相交流异步电动机点动控制线路

将图 1-13 所示的接触器控制三相交流异步电动机点动控制线路改为 PLC 控制。

1. 准备工具、仪表

参照附录 A "工具、仪表清单",结合本任务实际选取必要的工具、仪表,并对选用的工具、仪表进行检查,确保工具、仪表都能正常使用。

2. 领取器材

根据器材清单(见表 1-8)中的元器件名称或符号领用相应的器材,并用仪表检测元器件判断其好坏,如元器件有故障,需先进行修复或调换。参照相关元器件实物或其说明书,完成器材清单中器材品牌、型号(规格)等相关内容的填写。

表 1-8　PLC(控制)三相交流异步电动机点动控制线路器材清单

符号	元器件名称	品牌	型号	数量	检测	备注
PLC						
QS						
FU1						
FU2						
FU3						
KM						
SB						
M						
	冷压端子					
	接线端子排					
	导线					

3. 安装线路

（1）设计线路　首先设计出合理的 I/O 分配表，可参考表 1-7，然后根据 I/O 分配表设计出 PLC 控制三相交流异步电动机点动控制线路电气原理图，如图 1-23 所示。

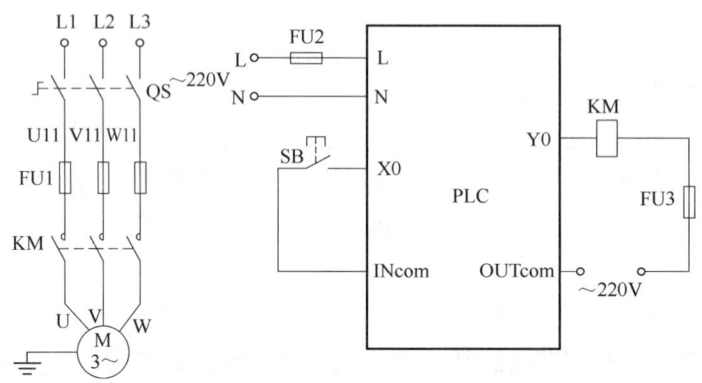

图 1-23　PLC 控制三相交流异步电动机点动控制线路电气原理图

（2）安装线路　参照图 1-24 所示的 PLC 控制三相交流异步电动机点动控制线路元器件布置参考图及实训场地实际情况，用紧固件将元器件安装在合理位置。在布置元器件时，应考虑相同元器件尽量摆放在一起，主电路中相关元器件的安装位置要与其电路图有一定的对应关系，达到布局合理、间距合适、接线方便的要求。元器件安装调整到位后，再根据图 1-23 所示的 PLC 控制三相交流异步电动机点动控制线路电气原理图进行接线。

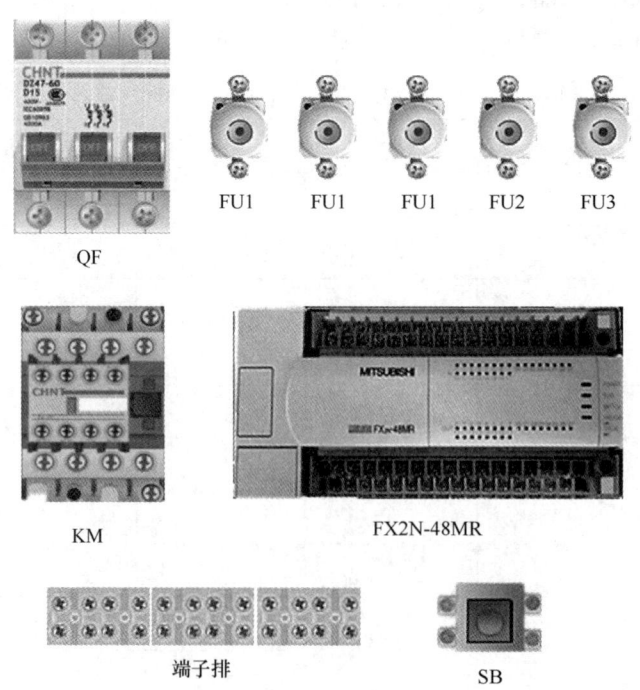

图 1-24　PLC 控制三相交流异步电动机点动控制线路元器件布置参考图

4. 检测线路

安装好 PLC 控制三相交流异步电动机点动控制线路后，在通电前务必对主电路及 PLC 的 I/O 连线进行检测。主电路的检测方法与图 1-13 所示的点动控制线路的主电路检测方法一样。PLC 控制连线的检测可分为输入信号检测及输出信号检测两步进行。输入信号的检测步骤是：将万用表功能选择旋钮打至"二极管"档，在断电情况下将两表笔分别放在 X0 和 INcom 端，一边按下按钮和松开按钮，一边观察万用表显示的通断变化情况，如果按下按钮时万用表显示接通，松开按钮时万用表显示断开，说明输入信号连接正确。对输出电路的检测，可以将万用表的两表笔分别放在 Y0 及 FU3 端子，此时应为接触器 KM 线圈电阻。将检测数据记录下来，并分析检测数据是否正常。将主电路检测数据填入表 1-9，并根据检测数据对主电路进行分析，如果电路异常，需及时查明原因。

表 1-9　PLC 控制三相交流异步电动机点动控制线路主电路检测数据

项目	元器件状态	万用表表笔位置	阻值/Ω	结果判断	备注
主电路检测	未压下接触器 KM 触点架	U11 与 V11			
		U11 与 W11			
		V11 与 W11			
	压下接触器 KM 触点架	U11 与 V11			
		U11 与 W11			
		V11 与 W11			

将控制连线检测数据填入表 1-10，并根据检测数据对 I/O 连线进行分析，如果 I/O 连线异常，需要及时查明原因。

表 1-10　PLC 控制三相交流异步电动机点动控制线路 I/O 连线检测数据

输入检测				输出检测			
万用表表笔位置	初始阻值/Ω	切换状态后阻值/Ω	结果分析	万用表表笔位置	动作	阻值/Ω	结果分析
X0 与 INcom				Y0 与 FU3	初始状态		

5. 编写程序

打开编程软件新建一个梯形图程序文件，编写点动控制程序，按照点动控制的动作要求对所编程序进行仿真演示，确保所编程序无误后下载程序至 PLC 中。参考程序如图 1-22 所示。

视频 3　　　　视频 4

6. 调试线路

检查接线并分析所测数据无误及程序下载完成后，就可以在熔座上安装熔管了。合上组合开关 QS，接通交流电源，此时 PLC 的状态指示灯 POWER 和 RUN 应常亮，X0 和 Y0 对应的信号指示灯均应熄灭，电动机应不转。按下按钮 SB，X0 对应的输入信号指示灯应点亮，Y0 对应的输出指示灯也应点亮，电动机应起动并转动；松开按钮 SB，X0 对应的输入信号指示灯应熄灭，Y0对应的输出指示灯也应熄灭，电动机应停转。注意：若线路不能正常工作，则应先切断电源，排除故障后才能重新通电。

*任务总结与评价

参考附录C"PLC控制三相交流异步电动机控制线路的安装与调试评价表"，对PLC控制三相交流异步电动机点动控制线路的安装与调试进行评价，并根据学生实际完成情况进行总结。

*任务拓展

FX系列PLC型号命名方式

1. 三菱FX系列PLC的型号含义

三菱FX系列PLC的型号含义如下：

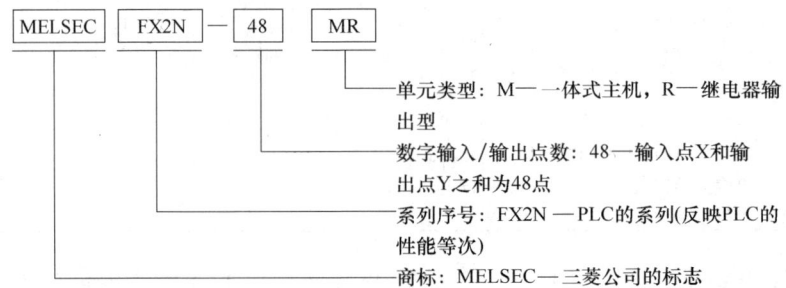

三菱FX系列PLC型号含义的具体说明见表1-11。

表1-11 三菱FX系列PLC型号含义的具体说明

序号	项 目	含 义
1	系列序号	0、0S、0N、1、2、2C、1S、2N、2NC
2	I/O总点数	14~256
3	单元类型	M—基本单元；E—输入/输出混合扩展模块；EX—输入专用扩展模块；EY—输出专用扩展模块
4	输出形式	R—继电器输出；T—晶体管输出；S—晶闸管输出
5	特殊品种区别	D—DC电源，DC输入；AI—AC电源，AC输入；H—大电流输出扩展模块（1A/1点）；V—立式端子排的扩展模块；C—接插口输入输出方式；F—输入滤波器1ms的扩展模块；L—TTL输入型扩展模块；S—独立端子（无公共端）扩展模块

例如，FX2N-32MRD含义是：FX2N系列，输入输出总点数为32点，继电器输出，DC电源，DC输入的基本单元。

又如，FX-4EYSH含义是：FX系列，输入点数为0点，输出点数为4点，晶闸管输出，大电流输出扩展模块。

2. FX 系列 PLC

FX 系列 PLC 具有庞大的家族，基本单元（主机）有 FX0/FX0S、FX0N、FX1、FX1S、FX1N/FX1NC、FXU/FX2C、FX2N/FX2NC、FX3S、FX3G/FX3GC、FX3U/FX3UC 机型。每种机型又有 14、16、32、48、64、80、128 点等不同输入输出点数的机型，还有继电器输出、晶体管输出、晶闸管输出 3 种输出形式。

*思考与练习

1. 简述 PLC 的工作特点和性能特点。
2. 简述三菱 FX2N 系列 PLC 外部关键结构的名称和功能。
3. 试分析 PLC 控制三相交流异步电动机点动的 I/O 接线图中 FU3 的功能和选用方法。
4. 试分析 PLC 程序中双线圈的输出结果。
5. 在 PLC 控制三相交流异步电动机点动任务中，需要增加运行状态指示功能：当电动机处于停转状态时红色指示灯常亮、绿色指示灯熄灭，当电动机处于运转状态时绿色指示灯常亮、红色指示灯熄灭。设计能够实现上述功能的 I/O 接线图和 PLC 控制程序。

1.3 触摸屏 + PLC + 变频器控制电动机点动控制线路的安装与调试

*学习目标

技能目标：
（1）能在 GX WORKS2 软件中创建 SFC 工程。
（2）能对简单 SFC 程序进行编辑和调试。
（3）能正确使用威纶 TK6071iP 触摸屏的常用外部接口。
（4）能安装与调试由触摸屏 + PLC + 变频器控制的三相交流异步电动机点动控制线路。

知识目标：
（1）掌握三菱 SFC 程序的特点和编程方法。
（2）熟悉威纶 TK6071iP 触摸屏外部接口的功能。
（3）熟悉威纶 TK6071iP 触摸屏位状态的组态方法。
（4）熟悉触摸屏 + PLC + 变频器控制三相交流异步电动机点动控制线路中各元器件的作用。

素养目标：
（1）树立应用网络查阅与工作相关的技术资料，并利用网络资源自主学习的意识。
（2）能严格按照产品说明中的操作要求规范操作，提升安全文明生产意识。

*描述任务

某服装厂有一批电动缝纫机,为了能够实现主电动机连续调速功能,并进一步提升其人机交互的友好性,现在需要对其进行技术革新,将原来由 PLC 控制的三相交流异步电动机点动控制改造为由触摸屏 + PLC + 变频器控制。

*任务分析

此任务应具备的知识点为:触摸屏 + PLC + 变频器点动控制线路。技能点为:正确连接触摸屏、PLC、变频器之间的通信线路,用 GX WORKS2 软件完成 SFC 程序编程,完成触摸屏画面组态,在通电状态下完成对由"触摸屏 + PLC + 变频器"控制的三相交流异步电动机点动控制线路的调试。

*必备知识

一、SFC 的结构和工程创建

1. SFC 程序的结构

顺序功能图(Sequeential Function Chart,SFC)是一种新颖的、按工艺流程图进行编程的图形化编程语言,也是一种符合国际电工委员会(IEC)标准,被首选推荐的用于 PLC 的通用编程语言。现在 PLC 的应用领域得到广泛的推广和应用,采用 SFC 进行 PLC 应用编程的优点有:

1)在程序中可以直观地看到设备的动作顺序。因为 SFC 程序是按照设备(或工艺)的动作顺序编写的,所以程序的规律性较强,容易读懂,具有一定的可视性。

2)在设备发生故障时能很容易地找出故障所在位置。

3)不需要复杂的互锁电路,更容易设计和维护系统。

根据国际电工委员会标准,步 + 该步工序中的动作或命令 + 有向连接 + 转换和转换条件就是 SFC。SFC 的标准结构如图 1-25 所示。

SFC 程序的运行规则是:从初始步开始执行,当每步的转换条件成立时,就由当前步转为执行下一步,在遇到 END 时结束所有步的运行。

2. 三菱 SFC 工程文件的创建

现在大多 PLC 制造公司都为自己的工控产品提供了相关的编程软件,以便利用计算机实现在线编程。GX WORKS2 是三菱公司提供的目前应用较普遍的编程软件,GX WORKS2 软件也提供了非常好用的 SFC 编程功能。三菱 SFC 工程文件的创建步骤如下:

第一步,启动 GX WORKS2 编程软件,启动后软件画面如图 1-26 所示。

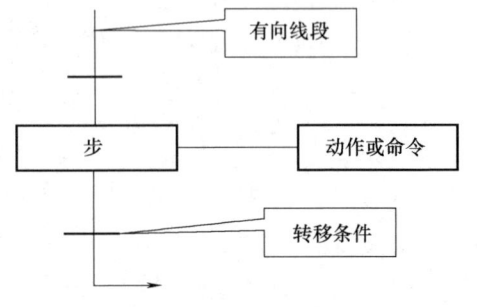

图 1-25 SFC 的标准结构

单元1　电动机点动控制线路的安装与调试

图 1-26　GX WORKS2 软件启动画面

第二步，单击"新建"功能按钮打开"新建工程"对话框，选择 PLC 系列为"FX CPU"，PLC 类型为"FX2N/FX2NC"，程序语言为"SFC"，然后单击"确定"按钮。"新建工程"设置画面如图 1-27 所示。

第三步，填写"块信息设置"创建 SFC 块，在"标题"后输入块的标题，如"点动控制 SFC 块"，选择块类型为"SFC 块"，单击"执行"按钮，如图 1-28 所示。

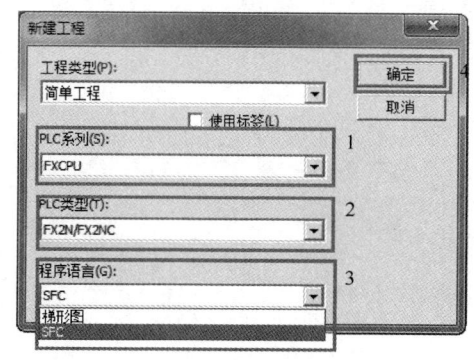

图 1-27　"新建工程"设置画面

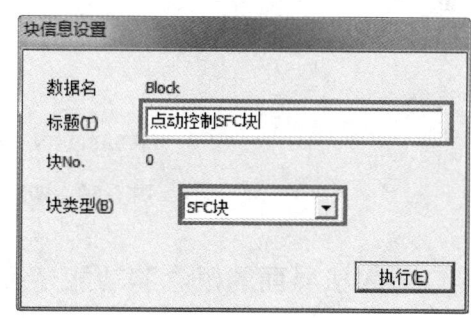

图 1-28　块信息设置画面

第四步，手动添加梯形图块，单击工程树中程序下的"MAIN"，选择"新建数据"选项打开"新建数据"对话框（见图 1-29a），填写数据名，如"点动控制梯形图"，单击"确定"按钮，自动弹出"块信息设置"对话框（见图 1-29b），标题填写"梯形图"，选择块类型为"梯形图块"，单击"执行"按钮，完成梯形图块的创建。

第五步，分别完成梯形图和 SFC 程序块的编写。梯形图和 SFC 程序块编写举例如图 1-30 所示。变换并保存工程文件，至此便完成了 SFC 工程文件的创建。

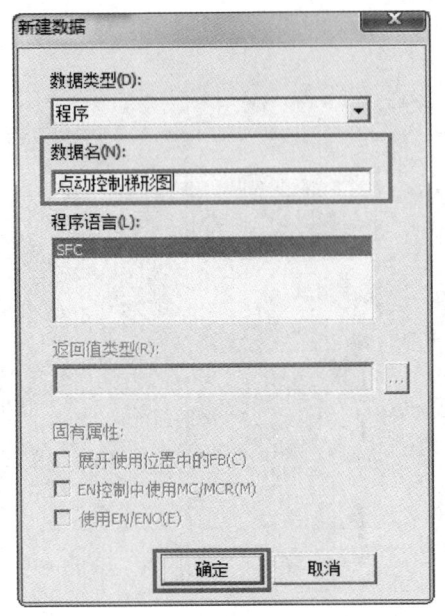
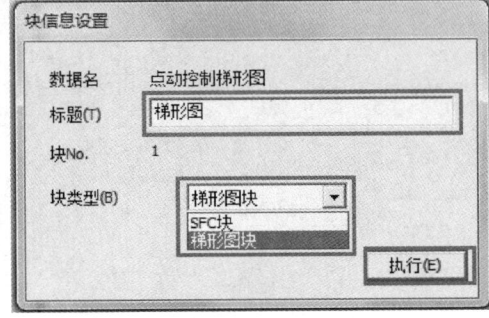

a)"新建数据"对话框　　　　　　　　　b)"块信息设置"对话框

图1-29　"新建数据"对话框和"块信息设置"对话框

a) 梯形图程序块　　　　　　　　　　　b) SFC程序块

图1-30　梯形图和SFC程序块编写举例

二、人机界面的概念和功能

1. 人机界面的概念

人机界面（Human Machine Interaction，HMI）又称为"用户界面"或"使用者界面"，是人与计算机之间传递、交换信息的媒介和对话接口，是系统和用户之间进行交互和信息交换的媒介。它实现了信息的内部形式与人类可以接受形式之间的转换。

随着工业自动化水平的快速发展，工业控制系统与人的交互越发频繁、越发深入，在巨大的市场需求催动下，一系列专门为工业控制量身定做的人机交互设备雨后春笋般地上市。一种以嵌入式系统为架构，以方便同其他工控设备组网为优势，以配有专用组态软件为特征，以直接触摸为操作方式的工业计算机，成为这类人机交互设备的佼佼者，行业里通俗地称其为"工控触摸屏（简称触摸屏）"。常见的工控触摸屏如图1-31所示。

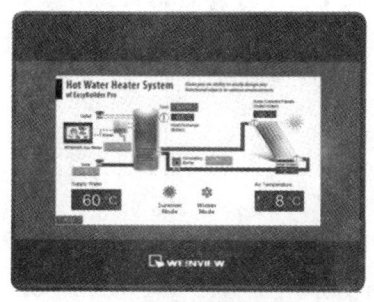
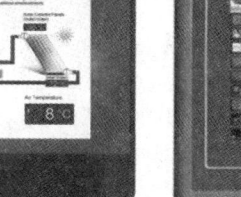

a) 威纶TK6071iP　　　　　　b) 昆论通态TPC7062KS

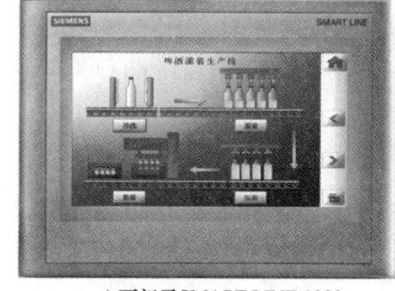
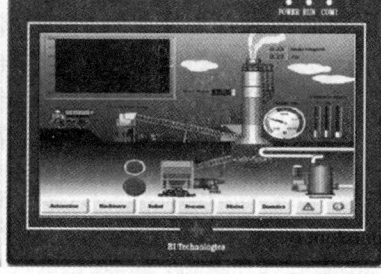

c) 西门子SMART LINE 1000　　　　d) 中达优控MM40-MR-1001

图1-31　常见的工控触摸屏

2. 工控触摸屏的功能及特点

（1）简单灵活的可视化操作界面　工控触摸屏一般支持中文、可视化、面向窗口的开发界面。以窗口为单位，构造用户运行系统的图形界面，使工控触摸屏的组态工作既简单直观，又灵活多变。

（2）实时性强、有良好的并行处理性能　工控触摸屏大多采用32位操作系统，具有多任务、按优先级分时操作的功能，以线程为单位对在工程作业中实时性强的关键任务和实时性不强的非关键任务进行分时并行处理。

（3）丰富、生动的多媒体画面　工控触摸屏提供了图像、图符、报表、曲线等多种形式的控件，为操作员及时提供系统运行中的状态、品质及异常报警等相关信息；用大小变化、颜色改变、明暗闪烁、移动翻转等多种手段，增强画面的动态显示效果；对图元、图符对象定义相应的状态属性，实现动画效果。有些工控触摸屏还为用户提供了丰富的动画构件，每个动画构件都对应一个特定的动画功能。

（4）完善的安全机制　大多数工控触摸屏都提供了良好的安全机制，可以为多个不同级别的用户设定不同的操作权限。此外，工控触摸屏还提供了工程密码功能，以保护组态开发者的成果。

（5）强大的网络功能　工控触摸屏具有强大的网络通信功能，支持常用的串口通信、Modem串口通信、以太网TCP/IP通信，可以方便快捷地实现远程数据传输，实现设备管理和企业管理的集成。

（6）多样化的报警功能　工控触摸屏提供了多种不同的报警方式，具有丰富的报警类型，方便用户进行报警设置，并且系统能够实时显示报警信息，对报警数据进行应答，为工业现场安全可靠地生产运行提供有力的保障。

（7）支持多种硬件设备，实现"设备无关" 工控触摸屏针对外部设备的特征，定义了多种设备构件，建立系统与外部设备的连接关系，赋予相关的属性，实现对外部设备的驱动和控制。用户在设备工具箱中可以方便地选择各种设备构件。

三、威纶 TK6071iP 触摸屏硬件介绍

威纶（WEINVIEW）是威纶通触摸屏公司的简称，是一家集研发、生产、制造、销售于一体的民族品牌人机界面供应商，其产品已广泛应用于机械、纺织、电气、包装、化工等行业。其主要产品分为普及型（MT6050i、MT6056i、MT6070i、MT6100i）和高级系列（MT8000、MT8104iH、MT8104XH）两类。

1. TK6071iP 的硬件介绍

（1）外形尺寸　威纶 TK6071iP 是一块 7.1in（1in≈2.54cm）的嵌入式触摸屏，整体外形呈长方体，其外形及安装孔尺寸如图 1-32 所示。

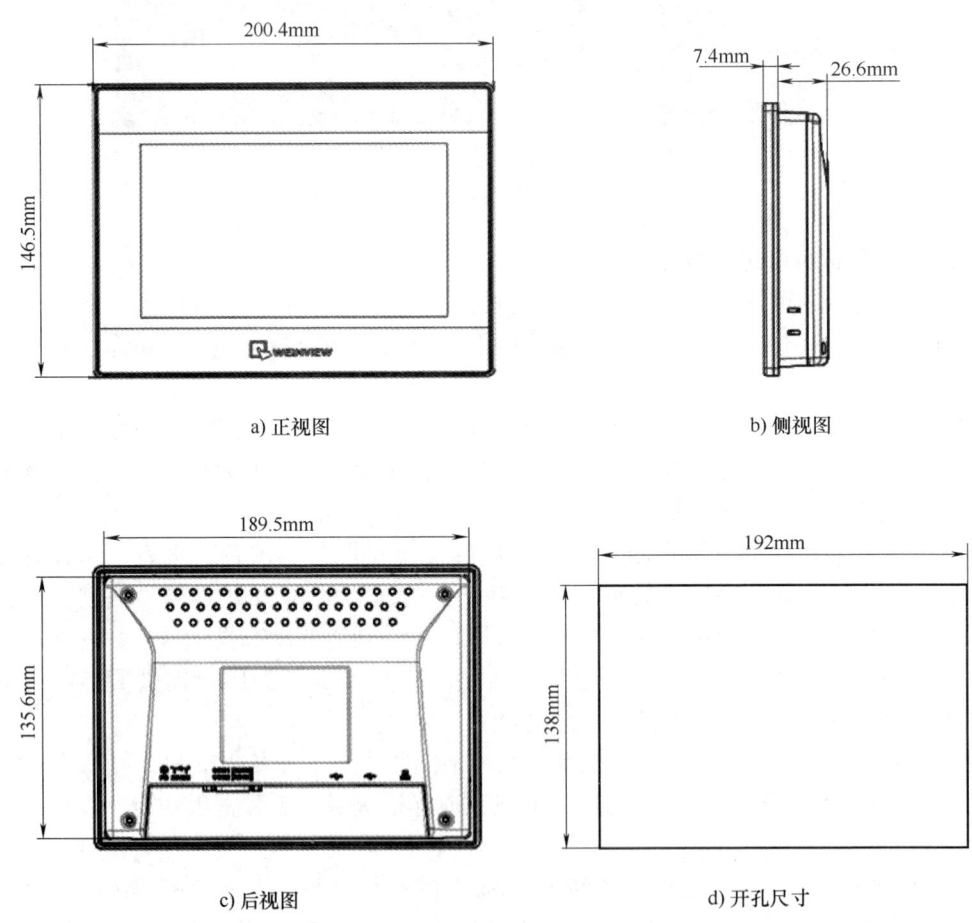

a) 正视图　　　　b) 侧视图

c) 后视图　　　　d) 开孔尺寸

图 1-32　TK6071iP 触摸屏的外形及安装孔尺寸

（2）电气接口　触摸屏在使用时需要进行正确的电气连接。威纶 TK6071iP 触摸屏的电源和通信接口在屏幕的背面，其背视图和底视图如图 1-33 所示。

图中，①是触摸屏工作电源接口，允许 DC 10.5~28V，一般接 DC 24V，需要注意正负

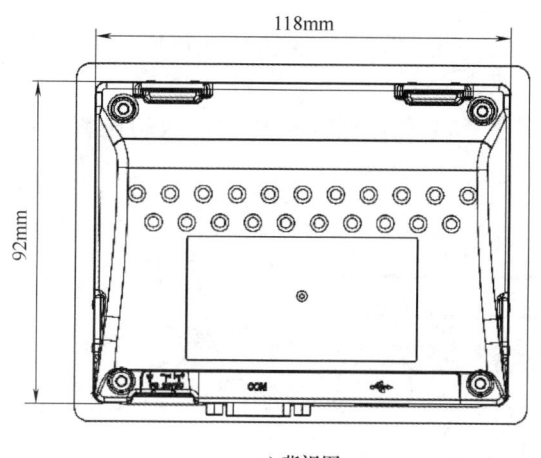
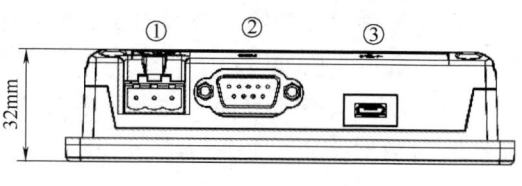

a) 背视图　　　　　　　　　　　　b) 底视图

图 1-33　TK6071iP 触摸屏的背视图和底视图

极不可接反；②是 COM1 RS-232，RS-485 2W/4W 串行通信接口，一般通过专用串行通信电缆与计算机、PLC 或 RS-485 网络连接；③是触摸屏程序下载、上传接口 Micro USB，通过专用 USB 下载线与计算机连接，可将组态好的触摸屏程序下载至触摸屏中，也可以将触摸屏中的程序上传至组态软件中。

2. 威纶触摸屏的型号和含义

威纶新一代嵌入式工业人机界面有 MT8000 和 MT6000 系列。通过采用不同的 CPU，可分为 T 系列、i 系列和 X 系列。它们的主要区别是：T 系列采用 200MHz，32 bit RISC（精简指令集）CPU，32MB 内存；i 系列采用 400MHz，32 bit Risc CPU，128MB 内存；而 X 系列采用 500MHz，32 bit CISC（复杂指令集）CPU，256M 内存。由此可以看出，i 系列和 X 系列采用了更快的 CPU 和更大的内存，从而运行速度更快。这三个系列，根据接口配置的不同，又可以分为 MT6000 系列通用型产品、MT8000 系列网络型产品和 MT8000 系列专业型产品。其中，MT6000 系列通用型产品没有配备以太网口，MT8000 系列网络型产品配备有以太网口，而 MT8000X 系列称为专业型产品，除了配备有以太网口外，还配置有音频输出口等。威纶触摸屏的型号及含义如下：

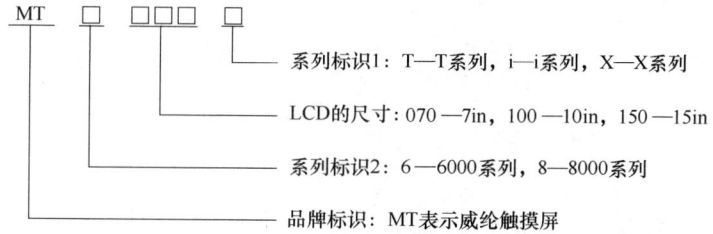

四、威纶 TK6071iP 触摸屏位状态的设定

"位元件"是指只有"0"或者"1"两种状态的元件。在触摸屏中指示灯和按钮是最基本的位元件。下面以组态三相交流异步电动机点动控制触摸屏画面为例，针对 TK6071iP 触摸屏位状态设定方法进行说明。

1. 输入位状态的设定

在已经创建好的第一个画面中添加一个圆形按钮，描述为 SB，连接对象为 PLC 中的 M0 寄存器，具体步骤如下：

第一步，选择"元件"菜单，单击"位状态设置"工具按钮，打开"位状态设置元件属性"对话框，如图 1-34 及图 1-35 所示。

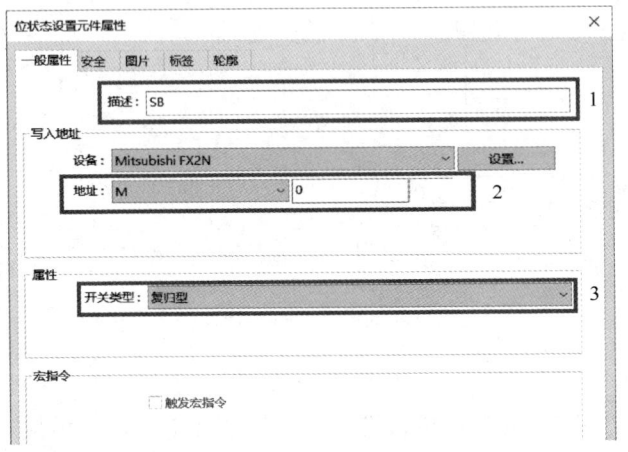

图 1-34 "位状态设置元件属性"对话框的"一般属性"选项卡

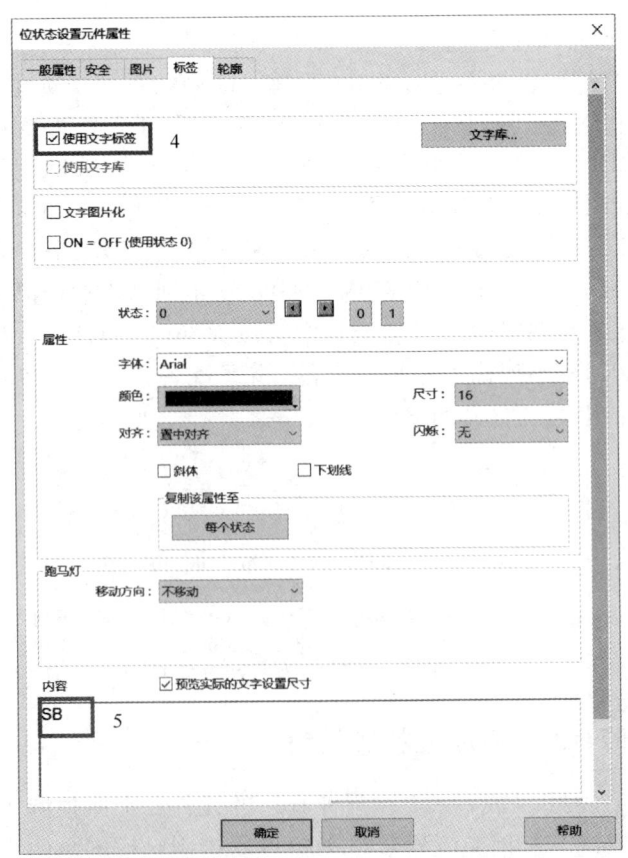

图 1-35 "位状态设置元件属性"对话框的"标签"选项卡

打开"一般属性"选项卡,在"描述"文本框中输入"SB","地址"中选择"M","地址"文本框中输入"0","开关类型"设置为"复归型";单击"标签"选项卡,勾选"使用文字标签",在"内容"文本框中输入"SB"。经过以上设定,按钮 SB 与 PLC 中的 M0 建立关联,按下按钮时 M0 = 1,松开按钮时 M0 = 0。

第二步,打开"图库"选项卡,选择圆形按钮(见图 1-36),单击"确定"按钮。

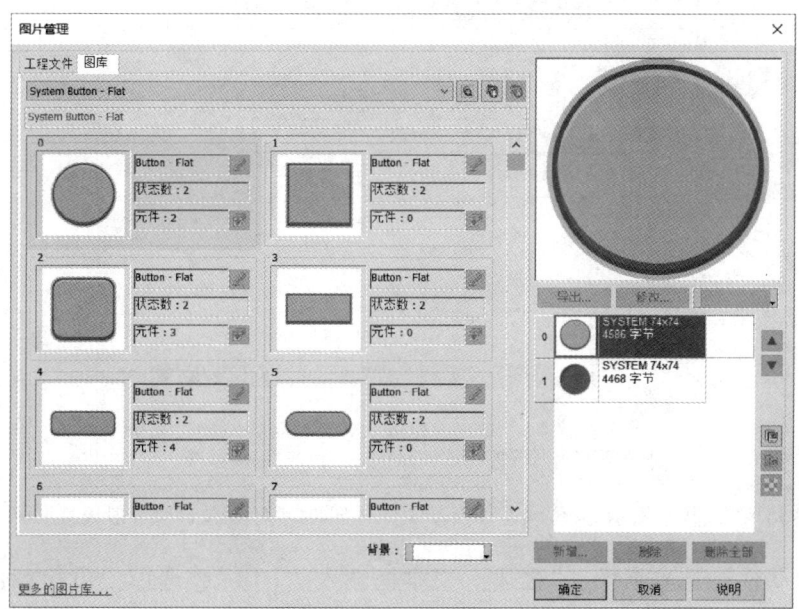

图 1-36 "图库"选项卡

第三步,用鼠标拖动"按钮"控件,将其摆放至合适位置后松开鼠标左键,创建好的按钮如图 1-37 所示。

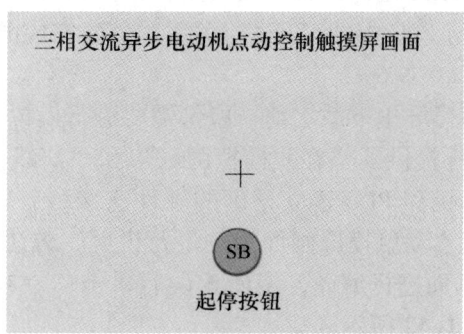

图 1-37 创建"按钮"

2. 输出位状态的设定

在上述画面中添加两个指示灯 HL1 和 HL2,分别同 PLC 中的 M1 和 M2 寄存器建立联系,用于显示电动机的工作状态,处于停止状态时 HL1 点亮、HL2 熄灭,处于运转状态时 HL2 点亮、HL1 熄灭。具体步骤如下:

第一步，选择"元件"菜单，单击"位状态指示灯"工具按钮，打开"位状态指示灯/位状态切换开关元件属性"对话框，如图1-38、图1-39所示。

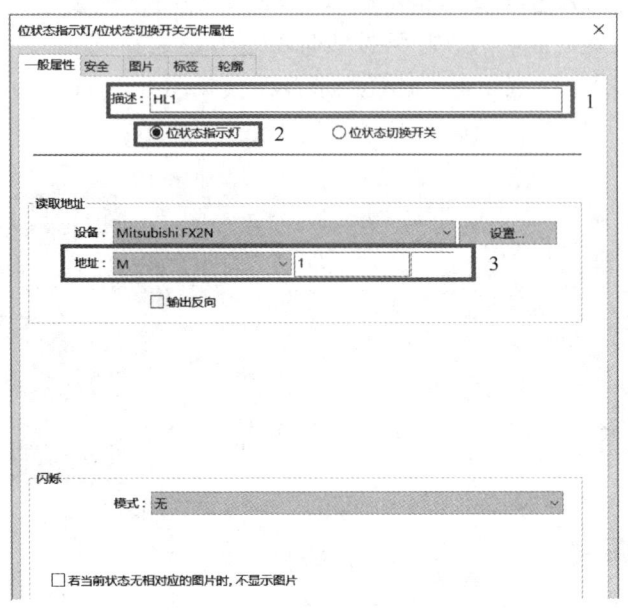

图1-38 "位状态指示灯/位状态切换开关元件属性"对话框的"一般属性"选项卡

在"一般属性"选项卡中，"描述"文本框输入"HL1"，选择"位状态指示灯"单选按钮，设置"地址"为"M"，在"地址"文本框输入"1"；单击"标签"选项卡，勾选"使用文字标签"，在"内容"文本框中输入"HL1"。通过上述设定，指示灯HL1与PLC中的M1建立联系，M1得电时HL1点亮，M1失电时HL1熄灭。

第二步，打开"图库"选项卡，选择圆形指示灯（见图1-40），单击"确定"按钮。

第三步，用鼠标拖动指示灯控件，将其摆放至合适位置后松开鼠标左键。用同样的方法创建HL2指示灯，将HL2与PLC中的M2进行关联。创建完成的画面如图1-41所示。

3. 在线模拟调试

组态完成的画面在向触摸屏里下载之前一般都需要进行模拟调试，以检测画面组态是否正确。威纶Easy Builder软件提供了"在线模拟调试"和"离线模拟调试"两种模拟调试功能。其区别是前者需要计算机和PLC建立正确的硬件连接，后者则不需要。下面以在线方式模拟三相交流异步电动机点动触摸屏画面为例进行说明，方法是选择"工程文件"菜单，单击"编译"工具按钮对画面进行编译，编译无误后单击"在线模拟"按钮，就会弹出触摸屏模拟运行窗口1，如图1-42所示。

此时，起停按钮SB没有被按下，电动机处于停止状态，停止状态指示灯HL1被点亮，运转状态指示灯HL2熄灭；单击按钮SB（模拟按钮被按下），此时，起停按钮的颜色发生变化（说明按钮被操作），电动机开始运转，运转状态指示HL2点亮，停止状态指示HL1熄灭；松开按钮SB后电动机停转，触摸屏画面又恢复到了图1-43所示状态，说明触摸屏画面组态正确。

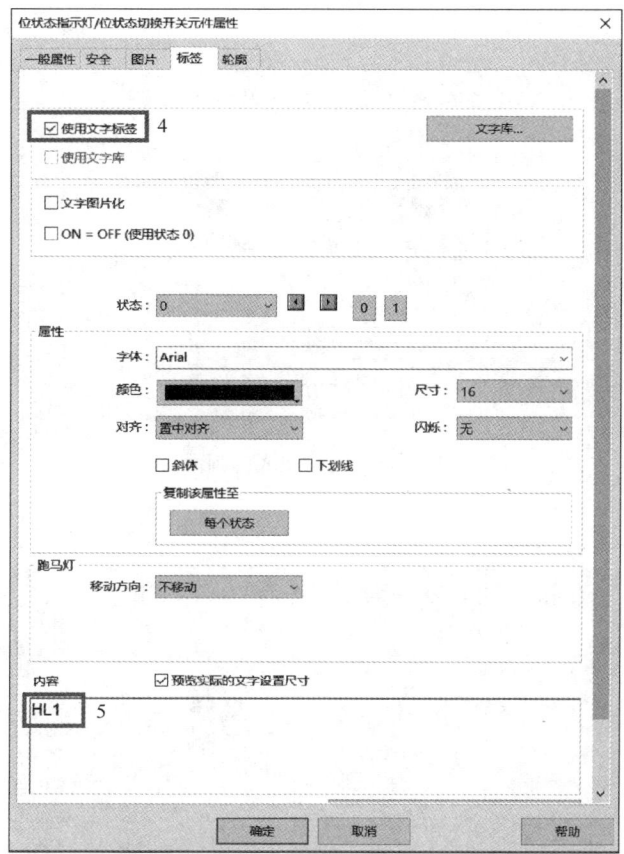

图1-39 "位状态指示灯/位状态切换开关元件属性"对话框的"标签"选项卡

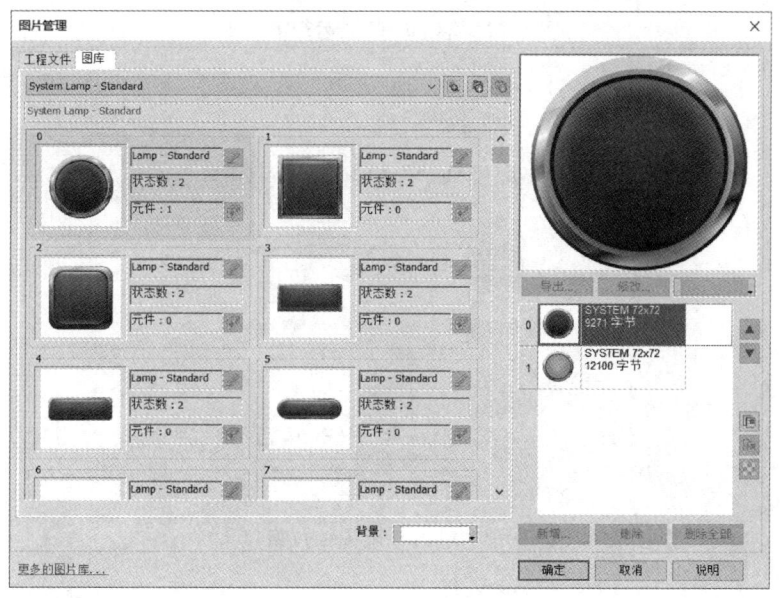

图1-40 "图库"选项卡

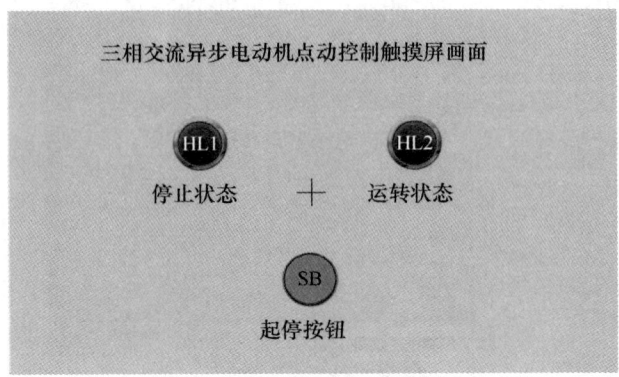

图 1-41　创建完成的画面

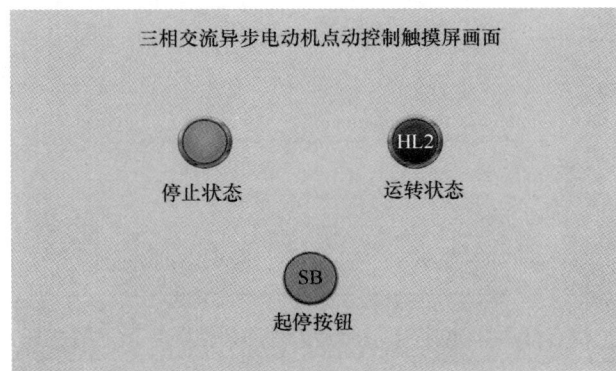

图 1-42　触摸屏模拟运行窗口 1

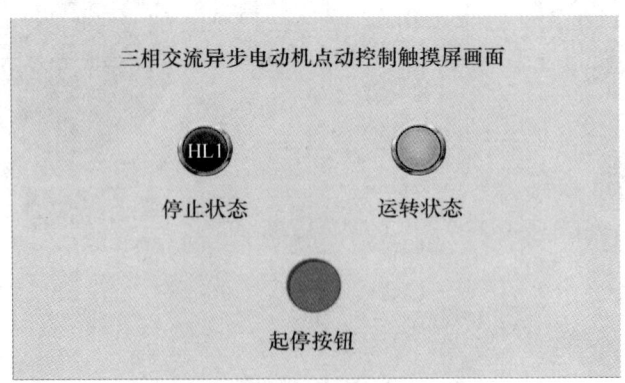

图 1-43　触摸屏模拟运行窗口 2

五、认识变频器端子的功能

三菱 FR-D700 系列变频器的接线图如图 1-44 所示。

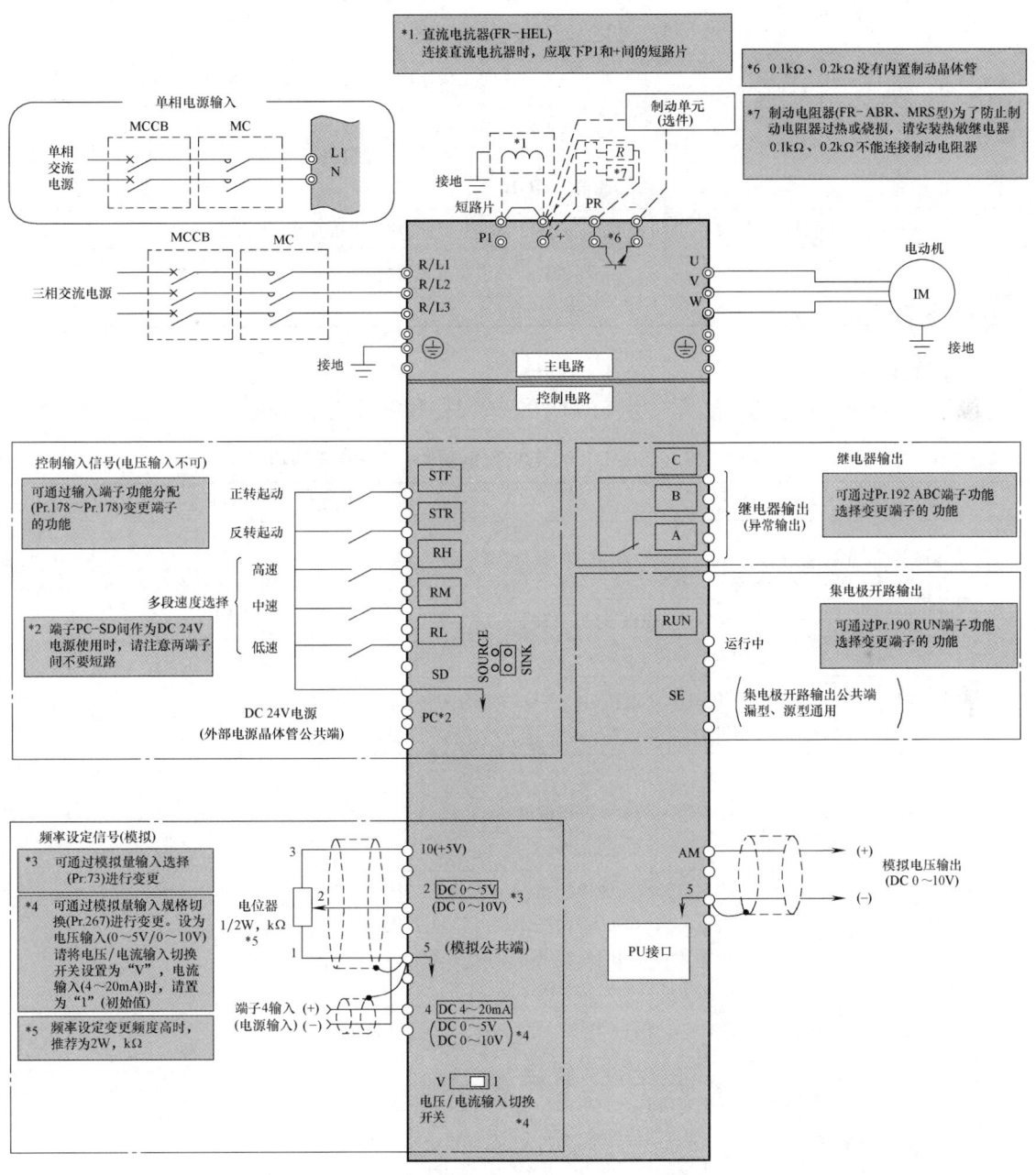

图 1-44　三菱 FR-D700 系列变频器的接线图

1. 变频器主电路端子的功能

三菱 FR-D700 系列变频器主电路端子的功能见表 1-12。

表 1-12　三菱 FR-D700 系列变频器主电路端子的功能

端子记号	端子名称	端子功能说明
R/L1、S/L2、T/L3	交流电源输入	连接工频电源；当使用高功率因数变流器（FR-HC）及共直流母线变流器（FR-CV）时，不需要连接任何东西
U、V、W	变频器输出	连接三相笼型电动机
+、PR	制动电阻器连接	在端子 + 和 PR 间连接选购的制动电阻器（FR-ABR、MPS）（0.1kΩ、0.2kΩ 不能连接）
+、-	制动单元连接	连接制动单元（FR-BU2）、共直流母线变流器（FR-CV）以及高功率因数变流器（FR-HC）
+、P1	直流电抗器连接	拆下端子 + 和 P1 间的短路片，连接直流电抗击器
⏚	接地	变频器机架接地用，且必须接大地

* 单相电源输入时，为端子 L1、N

2. 控制电路端子的功能

（1）输入信号端子的功能　三菱 FR-D700 系列变频器输入信号端子的功能见表 1-13。

表 1-13　三菱 FR-D700 系列变频器输入信号端子的功能

种类	端子记号	端子名称	端子功能说明		额定规格
接点输入	STF	正转起动	STF 信号 ON 时为正转，OFF 时为停止指令	STF、STR 信号同时 ON 时变成停止指令	输入电阻 4.7kΩ 开路时电压：DC 21~26V 短路时电流：DC 4~6mA
	STR	反转起动	STF 信号 ON 时为反转，OFF 时为停止指令		
	RH、RM、RL	多段速度选择	用 RH、RM 和 RL 信号的组合可以选择多段速度		
	SD	接点输入公共端（漏型）（初始设定）	接点输入端子（漏型逻辑）		—
		外部晶体管公共端（源型）	源型逻辑时，如果连接晶体管输出（即集电极开路输出），如可编程序控制器（PLC）时，那么将晶体管输出用的外部电源公共端接到该端子上，可以防止因漏电引起的误操作		
		DC 24V 电源公共端	DC 24V，0.1A 电源（端子 PC）的公共输出端子；与端子 5 及端子 SE 绝缘		
	PC	外部晶体管公共端（漏型）（初始设定）	漏型逻辑时，如果晶体管出（即集电极开路输出），如可编程序控制器（PLC）时，那么将晶体管输出用的外部电源公共端接到该端子上，可以防止因漏电引起的误操作		电源电压范围：DC 22~26.5V；容许负载电流：100mA
		接点输入公共端（源型）	接点输入端子（源型逻辑）的公共端子		
		DC 24V 电源	可作为 DC 24V，0.1A 的电源		

(续)

种类	端子记号	端子名称	端子功能说明	额定规格
频率设定	10	频率设定用电源	作为外接频率设定（速度设定）用电位器时的电源	DC 5V±0.2V；容许负载电流10mA
频率设定	2	频率设定（电压）	如果输入 DC 0~5V（或 0~10V），在5V（10V）时为最大输出频率，输入输出成正比。通过 Pr.73 进行 DC 0~5V（初始设定）和 DC 0~10V 输入的切换操作	输入电阻10kΩ±1kΩ 最大容许电压 DC 20V
频率设定	4	频率设定（电流）	如果输入 DC 4~20mA（或 0~5V，0~10V），在20mA 时为最大输出频率，输入、输出成比例。只有 AU 信号为 ON 时端子4的输入信号才会有效（端子2的输入将无效）。通过 Pr.267 进行 4~20mA（初始设定）和 DC 0~5V、DC 0~10V 输入的切换操作。电压输入（0~5V/0~10V）时，应将电压/电流输入切换开关切换至"V"	电流输入的情况下：输入电阻233Ω±5Ω；最大容许电流30mA 电压输入的情况下：输入电阻10kΩ±1kΩ；最大容许电压 DC 20V 电流输入（初始状态） 电压输入
频率设定	5	频率设定公共端	频率设定信号（端子2或4）及端子 AM 的公共端子。注意不要接大地	—
PTC热敏电阻	10 2	PTC热敏电阻输入	连接 PTC 热敏电阻输出；将 PTC 热敏电阻设定为有效（Pr.561≠"9999"）后，端子2的频率设定无效	适用 PTC 热敏电阻电阻值100Ω~30kΩ

（2）输出信号端子的功能　三菱 FR-D700 系列变频器输出信号端子的功能见表 1-14。

表 1-14　三菱 FR-D700 变频器输出信号端子的功能

种类	端子记号	端子名称	端子功能说明	额定规格
继电器	A、B、C	继电器输出（异常输出）	指示变频器因保护功能动作时输出停止的1c接点输出。异常时 B—C 间不导通（A—C 间导通），正常时 B—C 间导通（A—C 间不导通）	接点容量 AC 230V，0.3A（功率因数=0.4） DC 30V，0.3A
集电极开路	RUN	变频输出正在运行	变频器输出频率为起动频率（初始值0.5Hz）或以上时为低电平，正在停止或正在直流制动时为高电平；低电平表示集电极开路输出用的晶体管处于 ON（导通状态），高电平表示处于 OFF（不导通状态）	容许负载 DC 24V（最大 DC 27V）0.1A（ON 时最大电压降3.4V）
集电极开路	SE	集电极开路输出公共端	端子 RUN 的公共端子	—

(续)

种类	端子记号	端子名称	端子功能说明		额定规格
模拟	AM	模拟电压输出	可以从多种监视项目中选一种作为输出。变频器复位中不被输出。输出信号与监视项目的大小成比例	输出项目：输出频率（初始设定）	输出信号 DC 0～10V 许可负载电流 1mA （负载阻抗 10kΩ 以上） 分辨率 8 位

六、分析触摸屏 + PLC + 变频器控制三相交流异步电动机点动的 I/O 线路

1. 分析 I/O 分配表

触摸屏 + PLC + 变频器控制三相交流异步电动机点动的 I/O 分配见表 1-15。

表 1-15　触摸屏 + PLC + 变频器控制三相交流异步电动机点动的 I/O 分配

类别	外接硬件			PLC	功　能
输入	触摸屏	SB	复归型软按键	M0	点动控制
输出	触摸屏	HL1	位状态指示灯	M1	停止指示
	触摸屏	HL2	位状态指示灯	M2	运行指示
	变频器	STF	正转信号端子	Y0	电动机点动运行

2. 分析 I/O 接线图

图 1-45 所示为触摸屏 + PLC + 变频器控制三相交流异步电动机点动的 I/O 接线图，在触摸屏上设计了起停控制功能的复归型按钮 SB 以及电动机运行状态指示灯 HL1（运行）和 HL2（停止）。

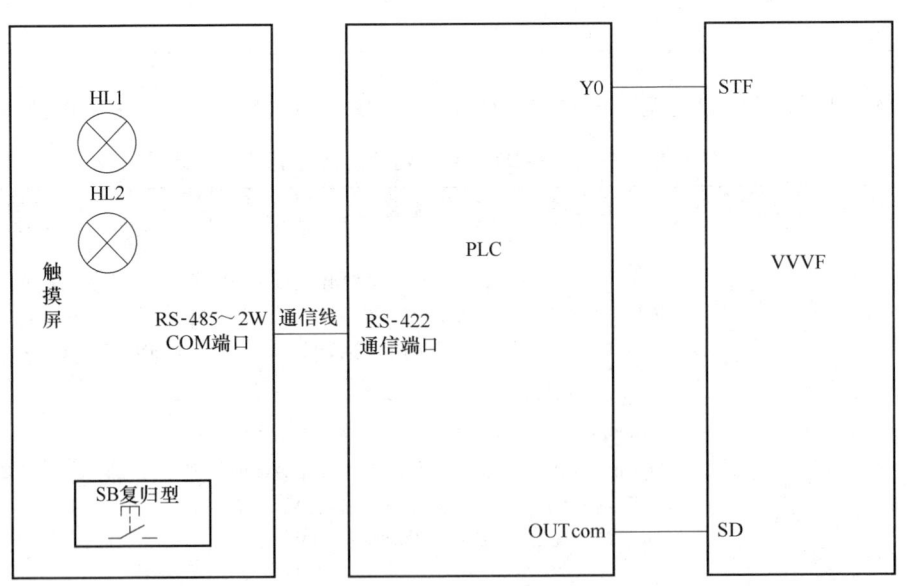

图 1-45　触摸屏 + PLC + 变频器控制三相交流异步电动机点动的 I/O 接线图

3. 分析 SFC 程序

图 1-46 为触摸屏 + PLC + 变频器控制三相交流异步电动机点动的 SFC 程序示意图。该程序能通过触摸屏实现电动机点动控制功能，触摸屏上的 HL1 和 HL2 状态指示灯能反映出电动机的运行状态。

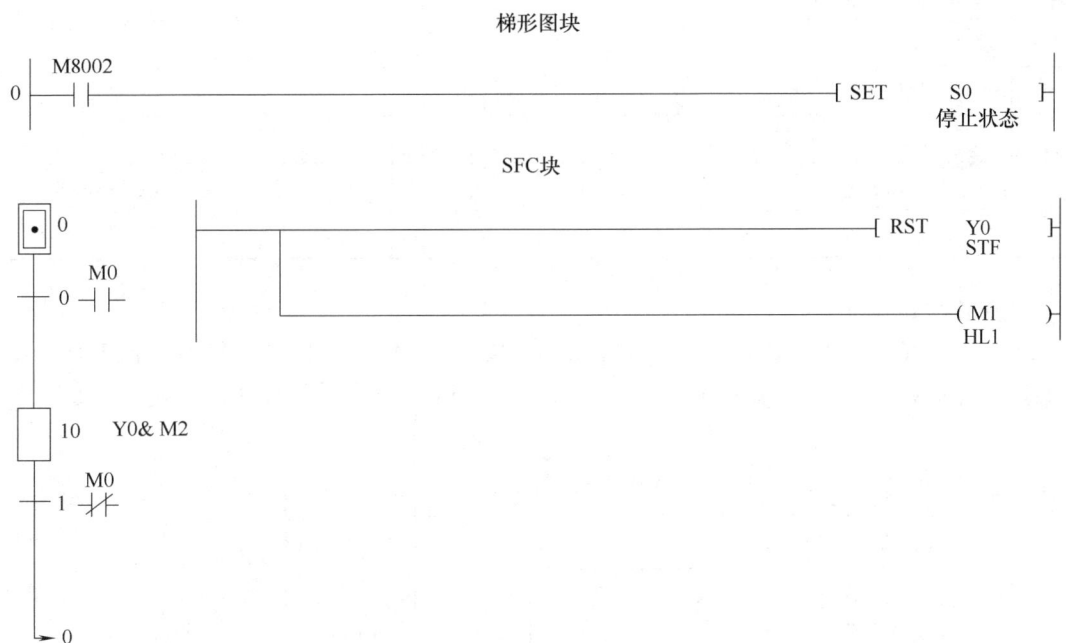

图 1-46 触摸屏 + PLC + 变频器控制三相交流异步电动机点动的 SFC 程序示意图

*任务实施

技能训练 3　安装与调试触摸屏 + PLC + 变频器控制三相交流异步电动机点动控制线路

视频 5

将图 1-23 所示的 PLC 控制三相交流异步电动机点动控制线路改为触摸屏 + PLC + 变频器控制。

1. 准备工具、仪表

参照附录 A "工具、仪表清单"，结合本任务实际选取必要的工具、仪表，并对选用的工具、仪表进行检查，确保工具、仪表都能正常使用。

2. 领取器材

根据器材清单（见表 1-16）中的元器件名称或符号领用相应的器材，并用仪表检测元器件判断其好坏，如果元器件有故障，需要先进行修复或调换。参照相关元器件实物或其说明书，完成器材清单中器材品牌、型号（规格）等相关内容的填写。

表1-16 触摸屏+PLC+变频器控制三相交流异步电动机点动控制线路器材清单

符号	元器件名称	品牌	型号	数量	检测	备注
PLC	可编程序控制器					根据实训室配置填写
FU	熔断器					
M	三相交流异步电动机					
VVVF	变频器					
HMI	触摸屏					
	冷压端子					
	接线端子排					
	导线					

3. 安装线路

（1）设计线路 首先设计出合理的 I/O 分配表，可参考表 1-15，然后根据 I/O 分配表设计出触摸屏+PLC+变频器控制三相交流异步电动机点动控制线路电气原理图，如图 1-47 所示。

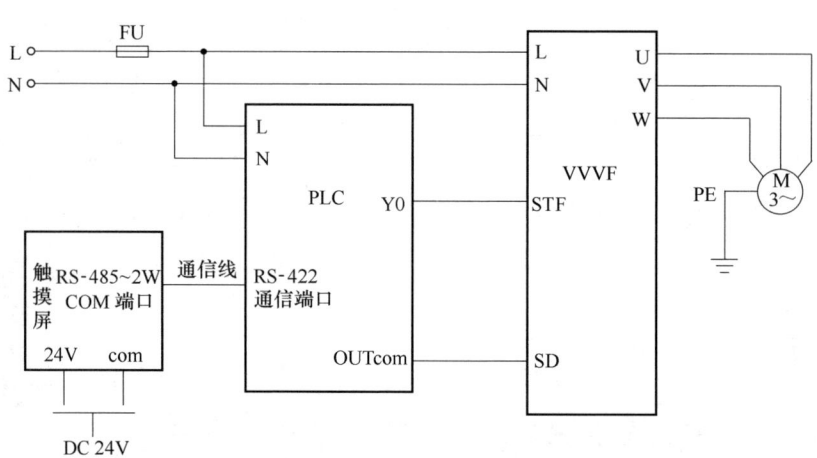

图1-47 触摸屏+PLC+变频器控制三相交流异步电动机点动控制线路电气原理图

（2）安装线路 参照图 1-48 所示的元器件布置参考图及实训场地实际情况，用紧固件将元器件安装在合理位置，再根据图 1-47 所示的触摸屏+PLC+变频器控制三相交流异步电动机点动控制线路电气原理图进行接线。

4. 检测线路

安装好由触摸屏+PLC+变频器控制的三相交流异步电动机点动控制线路后，在通电前务必对接线及 I/O 连线进行检测，需特别注意各器件的电压等级。另外，还需要检查触摸屏与 PLC 的通信连接是否牢固。

5. 设置变频器参数

接通变频器工作电源，先将变频器参数恢复至出厂设置，再按表 1-17 中的参数设置变频器的相关参数（可以根据实际需要，通过设定 Pr.2 参数的设定值调整电动运行频率）。

单元1 电动机点动控制线路的安装与调试

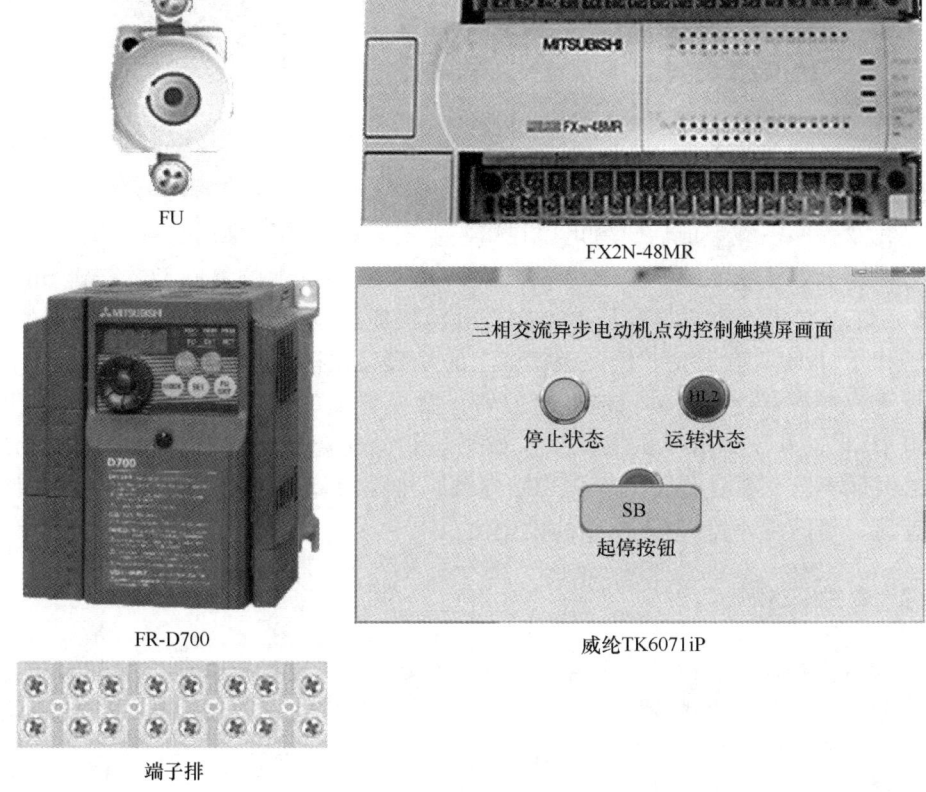

图1-48 触摸屏+PLC+变频器控制三相交流异步电动机点动控制线路元器件布置参考图

表1-17 触摸屏+PLC+变频器控制三相交流异步电动机点动控制线路变频器参数

序号	变频器参数	功能说明	出厂值	最小设定单位	设定值
1	Pr. 79	操作模式选择	0	1	2
2	Pr. 1	上限频率	120Hz	0.01Hz	60Hz
3	Pr. 2	下限频率	0Hz	0.01Hz	35Hz
4	Pr. 3	基准频率	50Hz	0.01Hz	50Hz
5	Pr. 7	加速时间	5s	0.1s	1s
6	Pr. 8	减速时间	5s	0.1s	1s
7	Pr. 9	电子过电流保护	0.35A	0.01A	参考电动机额定电流

6. 编写程序

打开GX WORKS2编程软件编写PLC控制程序,经转换、仿真无误后下载至PLC中。打开Easy Builder软件,编写触摸屏+PLC+变频器控制三相交流异步电动机点动控制线路的触摸屏画面,经过编译、仿真无误后下载至触摸屏中,触摸屏画面可参考图1-41进行组态。

45

视频6　　　　　　　　视频7　　　　　　　　视频8

7. 调试线路

检查接线及程序下载完成后，就可以在熔座上安装熔管了。接通交流电源，此时电动机应不转，触摸屏上停止状态指示灯 HL1 应点亮。按下触摸屏上的复归型软按键 SB，PLC 输出侧 Y0 指示灯应点亮，变频器应开始工作，电动机应起动并以 30Hz 频率运转，同时触摸屏上的运转指示灯 HL2 应点亮。松开触摸屏上的复归型软按键 SB，PLC 输出侧 Y0 和 Y1 指示灯均应熄灭，变频器控制电动机应减速停转，触摸屏上的运转指示灯 HL2 应熄灭，停止状态指示灯 HL1 应点亮。重复试机几次，如果运行情况稳定、可靠，说明线路调试成功。注意，如果线路不能正常工作，则应先切断电源，排除故障后才能重新通电。若要调整电动机的运行速度，可改变下限频率 Pr.2 的设定值。

*任务总结与评价

参考附录 D "触摸屏 + PLC + 变频器控制三相交流异步电动机控制线路的安装与调试评价表"，对触摸屏 + PLC + 变频器控制三相交流异步电动机点动控制线路的安装与调试进行评价，并根据学生实际完成情况进行总结。

*任务拓展

MOV 指令实现触摸屏 + PLC + 变频器控制三相交流异步电动机点动

1. MOV 指令的功能和使用

（1）MOV 指令的功能　　MOV 在三菱 PLC 中是传送指令，指令的编号为 FNC12。其功能是将源数据传送到指定的目标，又称为"赋值指令"，能够把一个 16 位的数值一次性复制给另一个寄存器。源操作数（被复制的数）可取所有数据类型，标操作数（目标寄存器）可以是 KnY、KnM、KnS、T、C、D、V、Z。

例 1-1：X0 为 ON 时，将数值 100 存入 D0 寄存器；当 X1 为 ON 时，将数值 500 存入 D0 寄存器，可实现该功能的程序如图 1-49 所示。

当 X0 和 X1 均为 OFF 时，两条指令均不执行，D0 的数据保持不变（一般情况下，PLC 通电 D0 初始值为 0）。

（2）MOV 指令应用举例

例 1-2：当 X0 为 ON 时，同时输出 Y7、Y5、Y3 和 Y1；当 X1 为 ON 时，同时输出 Y6、Y4、Y2 和 Y0。如何用 MOV 指令实现该控制功能？

解：1）先将 Y7、Y6、Y5、Y4、Y3、Y2、Y1、Y0 看成一个 8 位二进制数。

2）当 X0 为 ON，X1 为 ON 时，这个 8 位二进制数的值见表 1-18。

单元1 电动机点动控制线路的安装与调试

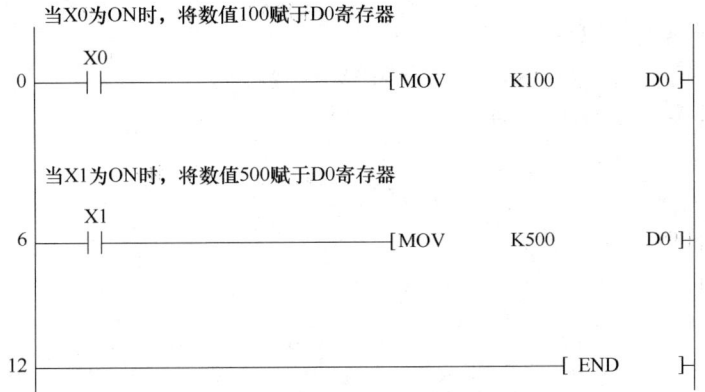

图1-49 例1-1的参考程序

表1-18 Y7~Y0状态分析

Y7~Y0	Y7	Y6	Y5	Y4	Y3	Y2	Y1	Y0	对应的十六进制数
X0为ON时	1	0	1	0	1	0	1	0	HAA
X1为ON时	0	1	0	1	0	1	0	1	H55

3) 用K2Y0寻址方式将Y7~Y0组成一个8位寄存器,用MOV指令分别将十六进制数HAA和H55赋值给K2Y0,具体梯形图程序如图1-50所示。

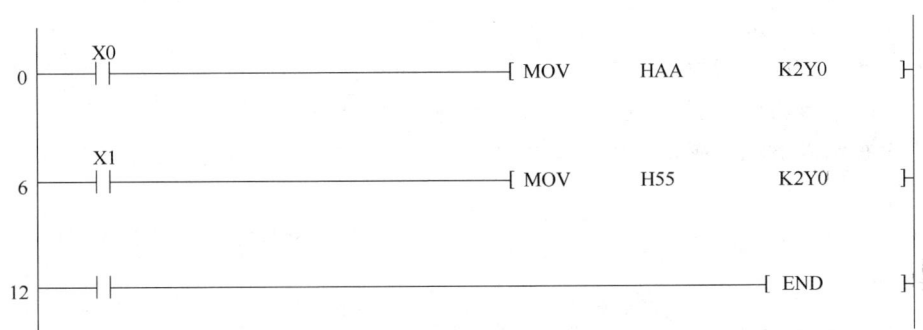

图1-50 例1-2梯形图程序

2. 用MOV指令实现触摸屏+PLC+变频器控制三相交流异步电动机点动

(1) 分配I/O表 用功能指令(MOV)来实现触摸屏+PLC+变频器控制三相交流异步电动机点动,I/O分配见表1-19。

表1-19 I/O分配

输入			传送数据数制转换		输出	
地址	外接硬件初始状态	初始信号	十六进制数据	二进制数据	Y0	备注
M0	复归型软按键	0	H00	00000000	0	停止
			H01	00000001	1	运转

47

（2）绘制电气原理图 用功能指令 MOV 实现触摸屏＋PLC＋变频器控制三相交流异步电动机点动控制线路电气原理图可参考图 1-45。

（3）编写 PLC 控制程序 用功能指令 MOV 实现触摸屏＋PLC＋变频器控制三相交流异步电动机点动梯形图，如图 1-51 所示。

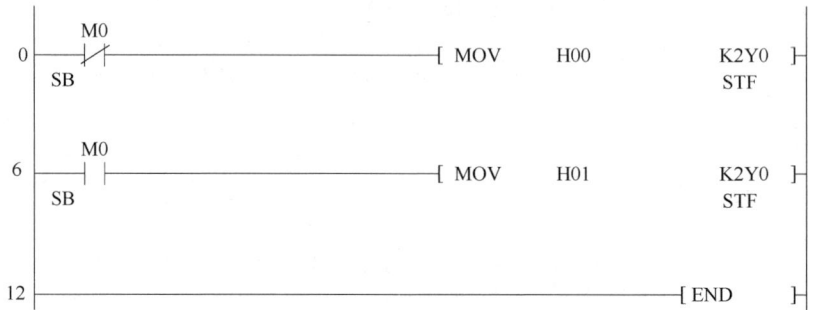

图 1-51 MOV 指令实现触摸屏＋PLC＋变频器控制三相交流异步电动机点动梯形图

*思考与练习

设计 PLC 控制两台三相交流异步电动机的点动控制线路，要求能两地控制三相交流异步电动机，一处用按钮实现，另一处用触摸屏实现，要求任何一处都能实现两台三相交流异步电动机的点动控制。

1. 请设计出 I/O 分配表。
2. 请设计出 I/O 接线图。
3. 分别用梯形图和 SFC 两种编程方法设计 PLC 控制程序。
4. 设计并完成触摸屏画面的组态。

视频 9

单元 2　电动机连续运行控制线路的安装与调试

*学习指南

许多机床设备（如刨床、铣床等）主轴运行时要求电动机连续运行，其电气控制线路是典型的电动机连续运行控制线路。三相交流异步电动机的连续运行控制线路可以采用接触器控制线路，也可采用 PLC 控制线路来实现。

*知识体系

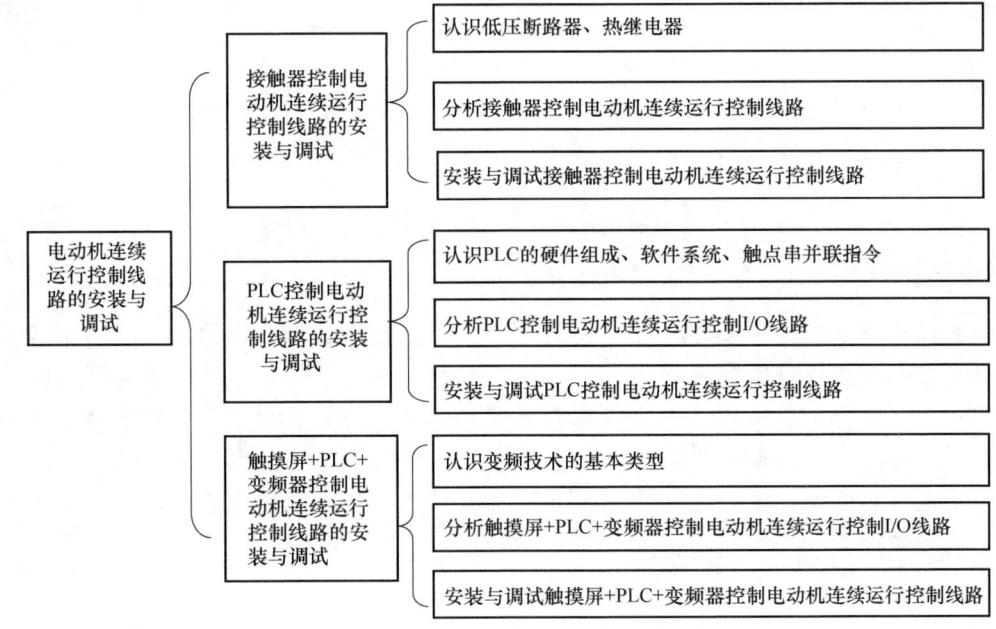

2.1 接触器控制电动机连续运行控制线路的安装与调试

*学习目标

技能目标：
(1) 能识读接触器控制三相交流异步电动机连续运行控制线路的原理图。
(2) 能分析接触器控制三相交流异步电动机连续运行控制线路的工作原理。
(3) 能安装与调试接触器控制三相交流异步电动机连续运行控制线路。

知识目标：
(1) 熟悉低压断路器的结构、型号、命名和工作原理。
(2) 熟悉热继电器的结构、型号、命名和工作原理。
(3) 熟悉接触器控制三相交流异步电动机连续运行控制线路中各元器件的作用。

素养目标：
(1) 能严格执行安全操作规程、施工现场管理规定及"7S"管理规定。
(2) 养成吃苦耐劳、爱岗敬业的职业素养。

*描述任务

某校加工车间有一台式钻床，电气控制部分老化需重新安装，要求台式钻床能实现"连续运行"模式，并用"按钮"实现远程控制。

*任务分析

台式钻床通电后，加工产品时需连续运行，可以用接触器控制三相交流异步电动机连续运行控制线路实现这种功能。

完成此任务应具备的知识点为低压断路器的结构、型号、命名和工作原理，热继电器的结构、型号、命名和工作原理，接触器连续控制线路，应具备的技能点为正确选择工具、仪表、元器件，按图施工，完成接触器控制三相交流异步电动机连续运行控制线路的安装与调试。

*必备知识

一、认识低压断路器

1. 知悉低压断路器的功能

低压断路器是一种控制与保护电器，在电路正常工作时，作为"电源开关"使用，可不频繁地接通和分断负荷电路；在电路发生短路等故障时，又能自动跳闸切断故障电路，起到过电流、过载、欠电压等保护作用。

2. 知悉低压断路器的结构、符号及分类

低压断路器由触点系统、脱扣器、灭弧装置、传动机构、基架和外壳等部分组成。图2-1所示为低压断路器的外形、结构原理及符号。

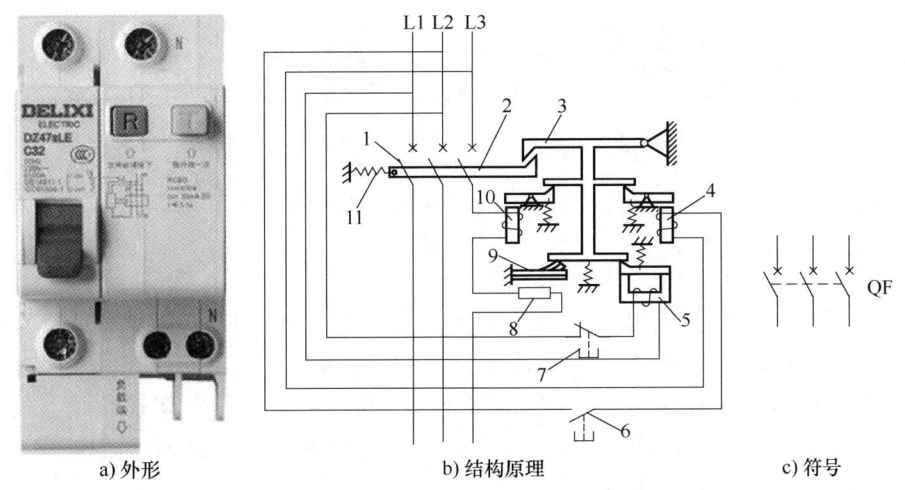

图2-1 低压断路器的外形、结构原理及符号

1—主触点 2—跳钩 3—锁扣 4—分励脱扣器 5—欠电压脱扣器 6—分励脱扣器按钮
7—欠电压脱扣器按钮 8—加热元件 9—热脱扣器 10—过电流脱扣器 11—分闸弹簧

（1）触点系统　低压断路器的主触点在正常情况下可以接通分断负荷电流，在故障情况下还必须可靠地分断故障电流。主触点有单断口指式触点、双断口桥式触点、插入式触点等几种形式。主触点的动、静触点的接触处焊有银基合金触点，其接触电阻小，可以长时间通过较大的负荷电流。在容量较大的低压断路器中，还常将指式触点做成两挡或三挡，形成主触点、副触点和弧触点并联的形式。

图2-2a所示为两接触点处于断开位置的结构示意图，分为弧触点和主触点。其中，弧触点用耐弧金属材料制成，主触点和弧触点在断路器分、合闸时有不同的作用和操作次序。合闸时，弧触点承担合闸的电磨损；分闸时，弧触点承担电路分断时的强电弧，起保护主触点的作用；主触点承担长期通过负荷电流的任务。所以，在合闸时弧触点先闭合，主触点后闭合，如图2-2b、c所示；分闸时主触点先断开，弧触点后断开。

（2）脱扣器　脱扣器是低压断路器中用来接收信号的元件。当线路中出现不正常情况或由操作人员或继电保护装置发出信号时，脱扣器会根据信号的情况通过传递元件使触点动作掉闸切断电路。低压断路器的脱扣器一般有过电流脱扣器、热脱扣器、欠电压脱扣器、分励脱扣器等几种。

低压断路器投入运行时，操作手柄已经使主触点闭合，自由脱扣机构将主触点锁定在闭合位置，各类脱扣器进入运行状态。

（3）灭弧装置　低压断路器中的灭弧装置一般为栅片式灭弧罩，灭弧室的绝缘壁一般用钢板纸压制或用陶土烧制。

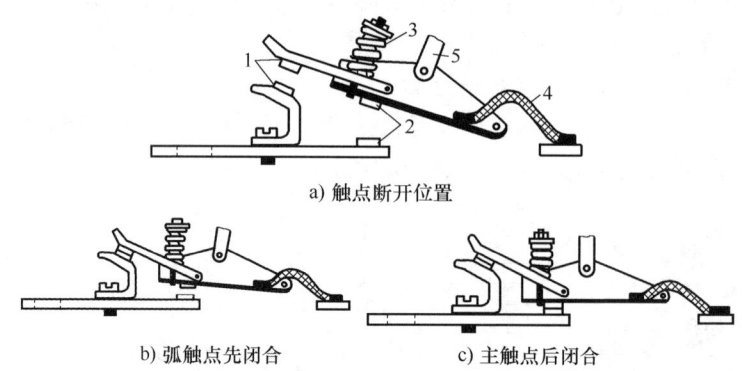

图 2-2 低压断路器的主触点和弧触点
1—弧触点 2—主触点 3—触点压力弹簧 4—软连接 5—传动机构

（4）电操机构　电操机构也是一种远距离操作断路器的附件，既可用来实现断路器的远距离分闸操作，也能实现断路器的合闸操作。电操机构有电动操作机构和电磁操作机构两种：电动操作机构由电动机驱动，一般适用于630A及以上大容量框架式断路器的操作；电磁操作机构由电磁铁驱动，适用于100A、225A等小容量断路器。此外，还有辅助手柄、手柄闭锁装置、机械联锁装置等附件。

低压断路器的分类方式很多：按用途分，有配电用、电动机用、照明用和漏电保护用；按灭弧介质分，有空气断路器和真空断路器；按极数分，有单极、双极、三极和四极断路器等。

配电用低压断路器按结构型式分，有塑料外壳式（DZ 系列）和框架式（DW 系列）两大类。

3. 知悉低压断路器的型号及含义

常用 DZ 系列低压断路器的型号与含义如下：

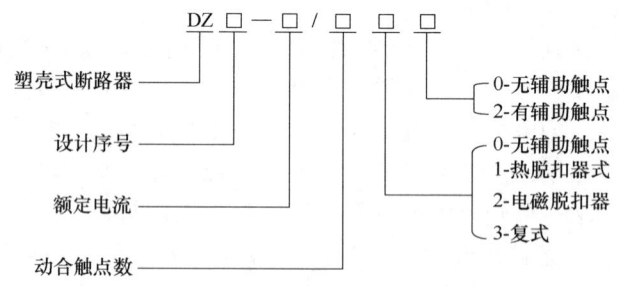

例如，DZ47—63/3P 表示额定电流为63A，设计序号为47，三极低压断路器。

二、认识热继电器

1. 知悉热继电器的功能

热继电器是用于电动机或其他电气设备、电气线路过载保护的保护电器。

电动机在实际运行中，如拖动生产机械进行工作的过程中，若机械出现不正常的情况或电路异常使电动机过载，则电动机转速下降，绕组中的电流将增大，使电动机的绕组温度升高。若过载电流不大且过载的时间较短，电动机绕组不超过允许温升，这种过载是允许的。但若过载时间长，过载电流大，电动机绕组的温升就会超过允许值，使电动机绕组老化，缩短电动机的使用寿命，严重时甚至会使电动机绕组烧毁。所以，这种过载是电动机不能承受的。热继电器就是利用电流的"热效应"原理，在出现电动机不能承受的过载时切断电动机电路，为电动机提供过载保护的保护电器。

2. 知悉热继电器的结构、符号及分类

热继电器由发热元件、双金属片、触点及一套传动和调整机构组成。图2-3所示为热继电器的外形、结构原理及符号。

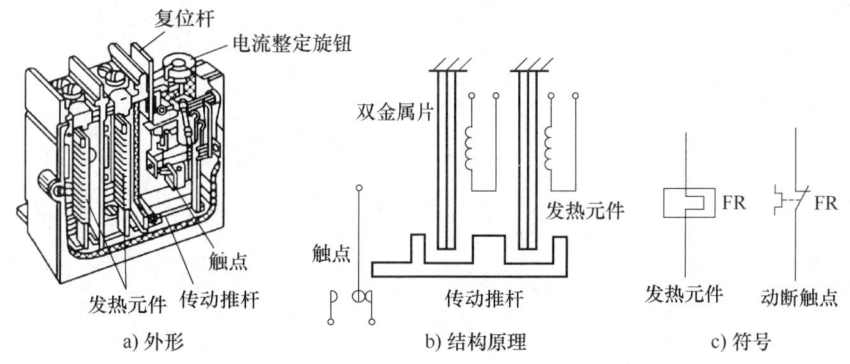

图2-3 热继电器的外形、结构原理及符号

发热元件是一段阻值不大的电阻丝，串联在被保护电动机的主电路中。双金属片由两种不同热膨胀系数的金属片碾压而成。图2-3中所示的双金属片，下层一片的热膨胀系数较大，上层的较小。当电动机过载时，通过发热元件的电流超过整定电流，双金属片受热向上弯曲脱离扣板，使动断触点断开。由于动断触点是接在电动机控制电路中的，它的断开会使与其相接的接触器线圈断电，从而接触器主触点断开，电动机的主电路断电，实现了过载保护。

热继电器的分类方式很多，按动作方式分，有双金属片式、热敏电阻式和易熔合金式3类；按加热方式分，有直接加热式、复合加热式、间接加热式和电流互感器加热式4类；按极数分，有单极、双极和三极3类，其中三极的又包括带有断相保护装置和不带断相保护装置的两种；按复位方式分，有自动复位和手动复位两类。

3. 知悉热继电器的型号及含义

常用JR系列热继电器的型号与含义如下：

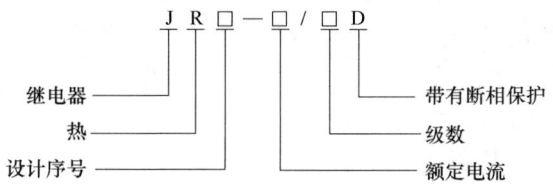

例如，JR16B-20/3D 表示额定电流为 20A，设计序号为 16，改型为 B，带有断相保护装置的三相结构热继电器。JR16B 系列热继电器的替代产品是 JR36 系列，其外形和安装尺寸完全一致。

三、分析接触器控制三相交流异步电动机连续运行控制线路

图 2-4 所示为接触器控制三相交流异步电动机连续运行控制线路电气原理图。合上断路器 QF，接通电源，即可操作电动机连续运行。

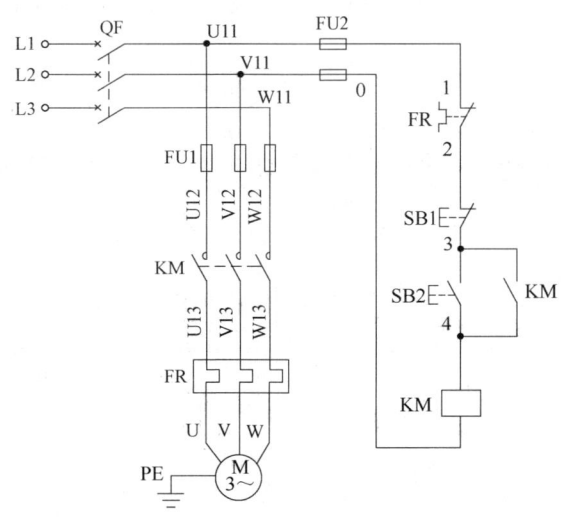

图 2-4 接触器控制三相交流异步电动机连续运行控制线路电气原理图

该控制线路的动作过程是：

（1）连续运行

（2）停止

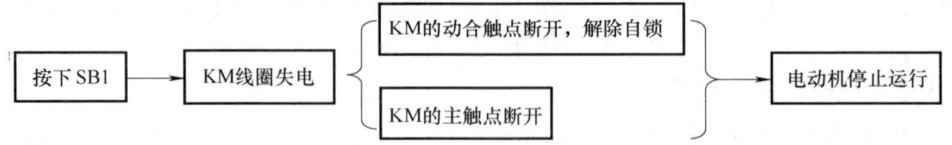

由以上分析可见，当松开起动按钮 SB2 后，SB2 的动合触点虽然恢复分断，但由于接触器 KM 的辅助动合触点已闭合，使控制电路仍保持接通状态，接触器 KM 线圈仍通电，其主触点始终处于吸合状态，电动机 M 实现了连续运行。

像这种当松开按钮后，接触器通过自身的辅助动合触点使其线圈保持

视频 10

通电的作用称为"自锁";该辅助动合触点称为"自锁触点";这种控制电路就称为"接触器自锁控制电路"。

在接触器自锁连续运行控制线路中,除了由熔断器 FU1 作短路保护,接触器 KM 作欠电压和失电保护外,还应有电动机的过载保护。"过载保护"是指当电动机出现过载时能自动切断电动机电源,使电动机停转的一种保护措施。最常用的过载保护器件是热继电器。

*任务实施

技能训练 4　安装与调试接触器控制三相交流异步电动机连续运行控制线路

完成图 2-4 所示的接触器控制三相交流异步电动机连续运行控制线路的安装与调试。

1. 准备工具、仪表

参照附录 A "工具、仪表清单",结合本任务实际选取必要的工具、仪表,并对选用的工具、仪表进行检查,确保工具、仪表都能正常使用。

2. 领取器材

根据器材清单(见表 2-1)中的元器件名称或符号领用相应的器材,并用仪表检测元器件判断其好坏,如元器件有故障,需先进行修复或更换。参照相关元器件实物或其说明书,完成器材清单中元器件品牌、型号(规格)等相关内容的填写。

表 2-1　三相交流异步电动机接触器控制连续控制线路器材清单

符号	名称	品牌	型号	数量	检测情况	备注
QF						
FU1						
FU2						
KM						
SB1						
SB2						
FR						
M						
	冷压端子					
	接线端子排					
	导线					

3. 安装线路

参照图 2-5 所示的元器件布置参考图及实训场地实际情况,用紧固件将元器件安装在合理位置,再根据图 2-4 所示的接触器控制的连续控制线路电气原理图进行接线。

4. 检测线路

安装好接触器控制三相交流异步电动机连续运行控制线路后,在通电测试前务必对主电路及控制电路进行检测。

(1)主电路检测　安装上主电路熔断器 FU1 熔管,拆下控制电路熔断器 FU2 熔管,先

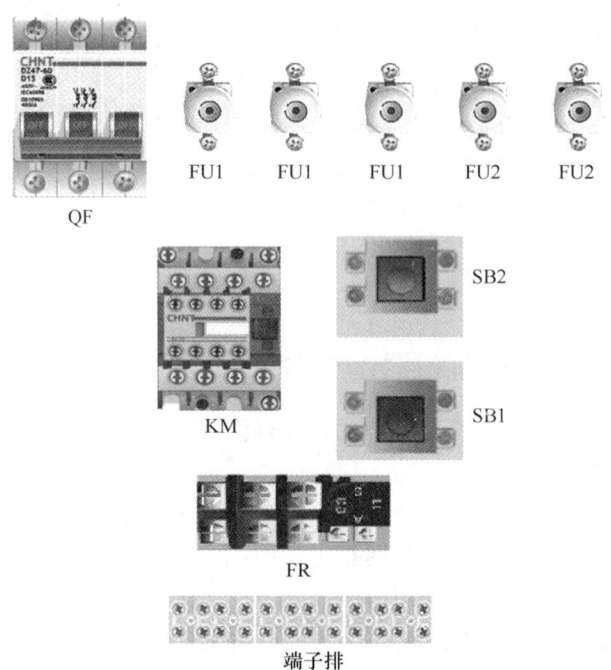

图 2-5 接触器控制三相交流异步电动机连续运行控制线路元器件布置参考图

分别测量 U11 与 V11，U11 与 W11，V11 与 W11 之间的电阻，正常阻值应为无穷大。当用螺钉旋具压下接触器触点架后，万用表应显示电动机定子绕组的阻值。

（2）控制电路检测 安装上控制电路熔断器 FU2 熔管，拆下主电路熔断器 FU1 熔管，先对 U11 与 V11 进行检测，正常阻值应为无穷大。按下起动运行按钮后，万用表应显示接触器线圈的阻值，同时按下起动按钮和停止按钮时阻值应为无穷大。松开按钮，用螺钉旋具压下接触器 KM 的触点后，万用表应显示接触器线圈的阻值。

（3）数据记录 将检测数据填入表 2-2 中，并根据检测数据判断主电路及控制电路接线是否正常，如果数据异常，需及时查明原因。

表 2-2 接触器控制三相交流异步电动机连续运行控制线路检测数据

项目	元器件状态	万用表表笔位置	阻值/Ω	结果判断	备注
主电路检测	未压下接触器 KM 触点架	U11 与 V11			
		U11 与 W11			
		V11 与 W11			
	压下接触器 KM 触点架	U11 与 V11			
		U11 与 W11			
		V11 与 W11			
控制电路检测	未按下任何元器件	U11 与 V11			
	按下连续运行按钮	U11 与 V11			
	同时按下连续运行和停止按钮	U11 与 V11			
	压下接触器 KM 触点架	U11 与 V11			

5. 调试线路

检查接线并分析所测数据无误后，就可以安装 FU1 及 FU2 熔管了。合上断路器 QF，接通交流电源，此时电动机应不转。按下连续运行按钮，电动机应起动，松开连续运行按钮，电动机应继续运行，可用钳形电流表测量电动机的工作电流。按下停止按钮，电动机应停转。若线路不能正常工作，则应先切断电源，排除故障后才能重新通电。

*任务总结与评价

参考附录 B "接触器控制三相交流异步电动机控制线路的安装与调试评价表"，对接触器控制三相交流异步电动机连续运行控制线路的安装与调试进行评价，并根据学生实际完成情况进行总结。

*任务拓展

热继电器整定值的设定

1. 热继电器的整定电流

热继电器的主要技术数据是"整定电流"。整定电流是指长期通过发热元件而不致热继电器动作的最大电流。当发热元件中通过的电流超过整定电流值的 20% 时，热继电器应在 20min 内动作。热继电器的整定电流大小可通过"整定电流"旋钮来改变。选用和整定热继电器时，一定要使整定电流值与电动机的额定电流一致。

由于热继电器是受热而动作的，热惯性较大，因而即使通过发热元件的电流短时间内超过整定电流的几倍，热继电器也不会立即动作。只有这样，在电动机起动时热继电器才不会因起动电流大而动作，否则电动机将无法起动。反之，如果电流超过整定电流不多，但时间一长也会动作。由此可见，热继电器与熔断器的作用是不同的，热继电器只能作过载保护而不能作短路保护，而熔断器只能作短路保护而不能作过载保护。在一个较完善的控制电路中，特别是功率较大的电动机中，这两种保护都应具备。

2. 热继电器的选择方法

热继电器主要用于保护电动机的过载，故选用时应了解电动机的技术性能、起动情况、负载性质以及电动机允许过载能力等。

（1）长期稳定工作的电动机　可按电动机的额定电流选用热继电器。取热继电器整定电流的 0.95～1.05 倍或中间值等于电动机的额定电流。使用时，要将热继电器的整定电流调整至电动机的额定电流值。

（2）应考虑电动机的绝缘等级及结构　由于电动机的绝缘等级不同，因而其允许温升和承受过载的能力也不同。同样条件下，绝缘等级越高，过载能力越强。即使所用的绝缘材料相同，但由于电动机结构不同，在选用热继电器时也应有所差异。例如，封闭式电动机散热比开启式电动机差，其过载能力比开启式电动机低，热继电器的整定电流应选为电动机额定电流的 60%～80%。

（3）应考虑电动机的起动电流和起动时间　电动机的起动电流一般为额定电流的 5～7 倍。对于不频繁起动、连续运行的电动机，在起动时间不超过 6s 的情况下，可按电动机的额定电流选用热继电器。

（4）若用热继电器作为电动机断相保护，应考虑电动机的接法　对于 Y 联结的电动机，当某相断相时，其余未断相绕组的电流与流过热继电器电流的增加比例相同。一般的三相式热继电器，只要整定电流调节合理，是可以对 Y 联结的电动机实现断相保护的。对于△联结的电动机，某相断开时，流过未断相绕组的电流与流过热继电器的电流增加比例则不同。也就是说，流过热继电器的电流不能反映断相后绕组的过载电流。因此，一般的热继电器，即使是三相式，也不能为△联结的三相交流异步电动机的断相运行提供充分保护。此时，应选用 JR20 型或 T 系列这类带有"差动断相保护"功能的热继电器。

（5）应考虑具体的工作情况　若要求电动机不允许随便停机，以免遭受经济损失，只有发生过载事故时，方可考虑让热继电器脱扣。此时，选取热继电器的整定电流应比电动机的额定电流偏大一些。

热继电器只适用于不频繁起动、轻载起动的电动机进行过载保护。对于正、反转频繁转换以及频繁通断的电动机（如起重用电动机），则不宜采用热继电器作过载保护。

*思考与练习

1. 什么叫自锁？什么叫自锁触点？
2. 在图 2-4 所示接触器控制三相交流异步电动机连续运行控制线路中，如果电动机不能实现连续运行，试分析产生该故障的可能原因。
3. 在图 2-4 所示接触器控制三相交流异步电动机连续运行控制线路中，起到过载保护的元件有哪些？
4. 在使用热继电器时，应该注意哪些事项？

2.2　PLC 控制电动机连续运行控制线路的安装与调试

*学习目标

技能目标：
（1）能分析 PLC 控制三相交流异步电动机连续运行控制线路的 I/O 分配表。
（2）能分析 PLC 控制三相交流异步电动机连续运行控制线路的 I/O 接线图。
（3）能分析 PLC 控制三相交流异步电动机连续运行控制线路的梯形图与指令语句表。
（4）能安装与调试 PLC 控制三相交流异步电动机连续运行控制线路。

知识目标：
（1）熟悉 PLC 硬件组成及软件系统。
（2）认识触点串联、并联指令。
（3）熟悉 PLC 控制三相交流异步电动机连续运行控制线路中各电器元件的作用。

素养目标：
（1）能高效获取、正确整理、有效运用相关信息。

(2) 具备吃苦耐劳、爱岗敬业和诚实守信的工作态度。
(3) 能总结工作学习收获，反思不足。

*描述任务

某校根据实训要求，并且为后续的技术革新做准备，将由接触器控制的三相交流异步电动机连续运行控制线路改造为 PLC 控制。

*任务分析

完成此任务应具备的知识点为 PLC 硬件及软件系统的组成，触点串联、并联指令的特点，PLC 控制三相交流异步电动机连续运行控制线路，应具备的技能点为正确选择工具、仪表、元器件，按图施工，完成 PLC 控制三相交流异步电动机连续运行控制线路的安装与调试。

*必备知识

一、认识 PLC 的硬件组成

1. 中央处理单元（CPU）

CPU 一般由控制器、运算器和寄存器组成。这些电路集成在一个芯片上。CPU 通过地址总线、数据总线与 I/O 接口电路相连接。

CPU 通过地址总线、数据总线、控制总线与存储单元、输入/输出接口、通信接口、扩展接口相连接。CPU 是 PLC 的核心，它不断地采集输入信号，执行用户程序，刷新系统的输出。

CPU 的主要任务如下：

1) 接收与存储用户由编程器输入的用户程序和数据。
2) 检查编程中的语法错误，诊断电源及 PLC 内部的工作故障。
3) 用扫描方式接收现场输入信号，并存入相应存储区。
4) 从存储器中读取指令并执行指令（顺序取指令）。
5) 处理中断处理程序。

2. 存储器

存储器是具有记忆功能的半导体电路，分为系统程序存储器和用户存储器。

系统程序存储器用以存放系统程序，包括管理程序、监控程序以及对用户程序进行编译处理的解释编译程序。它由只读存储器组成，内容不可更改，断电不消失。

用户存储器分为用户程序存储区和工作数据存储区，由随机存取存储器（RAM）组成，断电后内容消失，常用高效的锂电池作为后备电源，寿命一般为 3~5 年。

3. 输入/输出接口单元

PLC 输入/输出接口单元是现场与 PLC 之间的桥梁。输入接口电路的作用是将按钮、行程开关或传感器等产生的信号送入 CPU。输出接口电路的作用是把 PLC 内部的标准信号转换成现场执行机构所需要的开关信号，驱动负载。

（1）输入接口　光耦合器由两个发光二极管和光敏晶体管组成。

发光二极管：在光耦合器的输入端加上变化的电信号，发光二极管就产生与输入信号变化规律相同的光信号。

光敏晶体管：在光信号的照射下导通，导通程度与光信号的强弱有关。在光耦合器的线性工作区内，输出信号与输入信号有线性关系。

输入接口电路的工作过程：当开关合上时，二极管发光，然后晶体管在光的照射下导通，向内部电路输入信号。当开关断开时，二极管不发光，晶体管不导通。也就是通过输入接口电路把外部的开关信号转化成 PLC 内部所能接受的数字信号。

（2）输出接口　PLC 的继电器输出接口电路。

1）工作过程：当内部电路输出数字信号 1 时，有电流流过，继电器线圈有电流，然后动合触点闭合，提供负载导通的电流和电压。当内部电路输出数字信号 0 时，则没有电流流过，继电器线圈没有电流，然后动合触点断开，断开负载的电流或电压。

2）一般有 3 种类型：

① 继电器输出：有触点、寿命短、频率低、交直流负载。

② 晶体管输出：无触点、寿命长、直流负载。

③ 晶闸管输出：无触点、寿命长、交流负载。

4. 拓展接口和通信接口

PLC 拓展接口的作用是，将扩展单元和功能模块与基本单元相连，使 PLC 的配置更加灵活，以满足不同控制系统的需要。通信接口的功能是，通过这些通信接口可以和监视器、打印机、其他的 PLC 或计算机相连，从而实现"人—机"或"机—机"之间的对话。

5. 电源

PLC 电源：AC 220V。PLC 对电源的稳定度要求不高，一般允许电源电压额定值在 -15% ~ +10% 的范围内波动。PLC 的电源部件对供电电源采用了较多的"滤波"环节。对电网的电压波动具有过电压和欠电压保护，并采用屏蔽措施，以防止及消除工业环境中的空间电磁干扰。

6. 编程器

PLC 编程器是可编程序控制器系统的人机接口，用户可以利用编程器对可编程序控制器进行程序的输入、编辑、修改和调试。FX2N 系列 PLC 的编程器分为两种，一种是手持编程器，操作简单，使用方便；另一种是通过 PLC 的 RS-422 口，与计算机串口相连，通过专用软件（如 GX WORKS2）编写程序，并对 PLC 下载或上传程序。

二、认识 PLC 的软件系统

1. PLC 的工作方式

PLC 是采用"顺序扫描，不断循环"的方式进行工作的，即在 PLC 运行时，CPU 根据用户按控制要求编制好并存于用户存储器中的程序，按指令步序号（或地址号）做周期性循环扫描，如无跳转指令，则从第一条指令开始逐条顺序执行用户程序，直至程序结束。然后重新返回第一条指令,开始下一轮新的扫描。在每次扫描过程中,还要完成对输入信号的采样和对输出状态的刷新等工作。图 2-6 所示为 PLC 程序执行的工作原理。

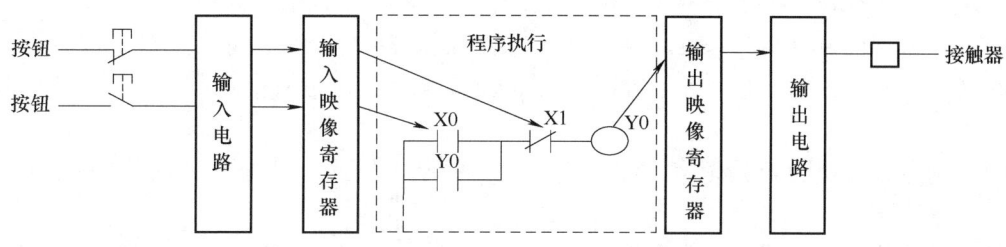

图 2-6　PLC 程序执行的工作原理

PLC 的"扫描周期"是指 PLC 从主程序的第一行一直执行到最后一行后重新回到第一行所需要的时间。PLC 扫描周期很短,以 ms 为单位计算。PLC 的一个扫描周期需经输入采样、程序执行和输出刷新 3 个阶段。

(1) 输入采样阶段　在输入采样阶段,CPU 扫描全部输入端口,读取其状态并写入状态存储器。完成输入采样工作后,将关闭输入端口,进入程序执行阶段。在程序执行期间,即使输入状态发生变化,输入状态存储器的内容也不会改变。而这些变化必须等到下一个工作周期的输入采样阶段才能被读入。

(2) 程序执行阶段　在程序执行阶段,根据用户输入的控制程序,从第一条开始逐步执行,并将相应的逻辑运算结果存入对应的内部辅助寄存器和输出状态寄存器。当最后一条控制程序执行完毕后,即转入输出刷新阶段。

(3) 输出刷新阶段　当所有指令执行完毕后,将输出状态寄存器中的内容依次送到输出锁存电路(输出映像寄存器),并通过一定输出方式输出,驱动外部相应执行元件工作,这才形成 PLC 的实际输出。

由此可见,输入刷新、程序执行和输出刷新 3 个阶段构成 PLC 的一个工作周期,由此循环往复,因此称为循环扫描工作方式。由于输入刷新阶段是紧接输出刷新阶段后马上进行的,因而也将这两个阶段统称为"I/O 刷新阶段"。实际上,除了执行程序和 I/O 刷新外,PLC 还要进行各种错误检测(自诊断功能)并与编程工具通信,这些操作统称为"监视服务",一般在程序执行之后进行。

显然扫描周期的长短主要取决于程序的长短。扫描周期越长,响应速度越慢。由于每个扫描周期只进行一次 I/O 刷新,即每一个扫描周期中 PLC 只对输入、输出状态寄存器更新一次,因而系统存在输入、输出滞后现象,这在一定程度上降低了系统的响应速度。但是由于其对 I/O 的变化每个周期只输出刷新一次,并且只对有变化的进行刷新,这对一般的开关量控制系统来说是完全允许的,不但不会造成影响,还会提高抗干扰能力。这是因为输入采样阶段仅在输入刷新阶段进行,PLC 在一个工作周期的大部分时间是与外设隔离的,而工业现场的干扰常常是脉冲、短时间的,误动作将大大减小。但是在快速响应系统中就会造成响应滞后现象,这个一般 PLC 都会采取高速模块。

总之,PLC 采用扫描的工作方式,是区别于其他设备的最大特点之一,在学习和使用 PLC 的过程中都应加强注意。

2. PLC 常用的编程语言

PLC 常用的编程语言有梯形图语言、指令表（助记符）语言、功能块图语言、结构文本等，其中梯形图语言和指令表（助记符）语言为常用的编程语言。

（1）梯形图语言　梯形图语言是在继电器控制线路的基础上简化了符号演变而来的，具有形象、直观、实用、电气人员容易接受、理解等特点，是目前用得最多的一种 PLC 编程语言。

（2）指令表（助记符）语言　基本指令语句的基本格式包括地址（或步序）、助记符、操作元件等部分。

（3）功能块图　功能块图类似于数字逻辑电路中的编程语言，用类似与门、或门等矩形框来表示逻辑运算关系。功能块图对于有数字电路基础的人来说，比较容易掌握。该语言用类似与门、或门的"矩形框"表示逻辑运算关系，矩形框左侧为逻辑运算的输入变量，右侧为逻辑运算的输出变量，输入、输出端的小圆圈表示"非"运算。用"导线"把矩形框连接起来，信号从左向右流动。

（4）结构文本　与 PASCAL、BASIC、C 语言等高级语言语法结构相似，结构文本便于实现数学运算、数据处理、图形显示、报表打印等功能。

三、认识触点串联指令（AND/ANI）

AND（与指令）、ANI（与非指令）指令分别用于单个动合触点、动断触点的串联，串联触点的数量不受限制，该指令可以连续多次使用。AND、ANI 指令说明见表 2-3。

表 2-3　AND、ANI 指令说明

助记符，名称	功能	回路表示	可用软元件	程序步
AND　与	动合触点串联	—X0—X1—(Y0)—	X、Y、M、S、T、C	1
ANI　与非	动断触点串联	—X0—X1/—(Y0)—	X、Y、M、S、T、C	1

四、认识触点并联指令（OR/ORI）

OR（或）、ORI（或非）指令分别用于单个动合触点、动断触点的并联，并联触点的数量不受限制，该指令可以连续多次使用。OR、ORI 指令说明见表 2-4。

表 2-4　OR、ORI 指令说明

助记符，名称	功能	回路表示	可用软元件	程序步
OR　或	动合触点并联	X0、X1 并联—(Y0)—	X、Y、M、S、T、C	1

(续)

助记符，名称	功能	回路表示	可用软元件	程序步
ORI 或非	动断触点并联	（X0—Y0，X1并联）	X、Y、M、S、T、C	1

五、分析 PLC 控制三相交流电动机连续运行控制线路的 I/O 线路

1. 分析 I/O 分配表

在 PLC 控制的三相交流异步电动机连续运行控制线路中，停止信号及热继电器信号在硬件上虽然可以使用动合信号，但在工程应用中建议使用动断信号，这样在元器件或其回路发生故障时可以第一时间（起动时）发现故障，而不让设备带故障运行。PLC 控制三相交流异步电动机连续运行的 I/O 分配见表 2-5。

表 2-5　PLC 控制三相交流异步电动机连续运转的 I/O 分配

类别	外接硬件			PLC	功　能
输入	按钮	SB1	动断	X0	停止
		SB2	动合	X1	起动
	热继电器	FR	动断	X2	过载保护
输出	接触器	KM	线圈	Y0	运行

2. 分析 I/O 接线图

图 2-7 为 PLC 控制三相交流异步电动机连续运行控制线路的 I/O 接线图，用于实现三相交流异步电动机连续运行、停止的控制。

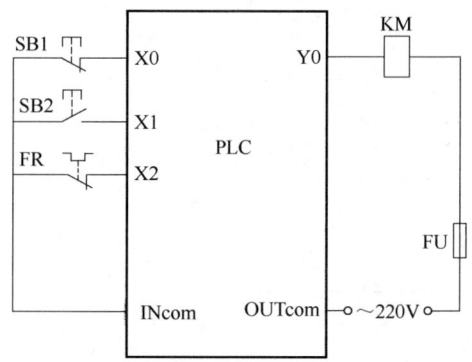

图 2-7　PLC 控制三相交流异步电动机连续运行控制线路的 I/O 接线图

3. 分析 PLC 程序

图 2-7 所示的 PLC 控制三相交流异步电动机连续运行控制线路的 I/O 接线图对应的梯形图和指令语句表如图 2-8 所示。该程序能使电动机实现连续运行控制功能。

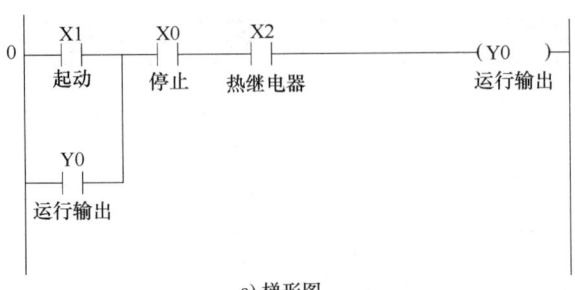

图 2-8　PLC 控制三相交流异步电动机连续运行控制程序

视频 11

*任务实施

技能训练 5　安装与调试 PLC 控制三相交流异步电动机连续运行控制线路

将图 2-4 所示的接触器控制三相交流异步电动机连续运行控制线路改为 PLC 控制。

1. 准备工具、仪表

参照附录 A "工具、仪表清单",结合本任务实际选取必要的工具、仪表,并对选用的工具、仪表进行检查,确保工具、仪表都能正常使用。

2. 领取器材

根据器材清单（见表 2-6）中的元器件名称或符号领用相应的器材,并用仪表检测元器件判断其好坏,如元器件有故障,需先进行修复或更换。参照相关元器件实物或其说明书,完成器材清单中器材品牌、型号（规格）等相关内容的填写。

表 2-6　PLC 控制三相交流异步电动机连续运行控制线路器材清单

符号	元器件名称	品牌	型号	数量	检测	备注
PLC	可编程序控制器			1		根据实训室配置填写
QF						
FU1						
FU2						
FU3						
KM						
SB1						
SB2						
FR						
M						
	冷压端子					
	接线端子排					
	导线					

3. 安装线路

（1）设计线路　首先设计出合理的 I/O 分配表，然后根据 I/O 分配表设计出 PLC 控制三相交流异步电动机连续运行控制线路电气原理图，如图 2-9 所示。

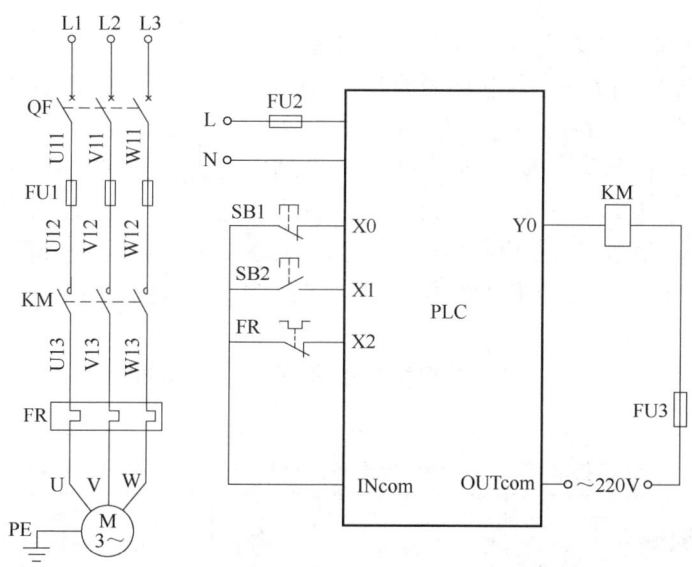

图 2-9　PLC 控制三相交流异步电动机连续运行控制线路电气原理图

（2）安装线路　参照图 2-10 所示的 PLC 控制三相交流异步电动机连续运行控制线路元器件布置参考图及实训场地实际情况，用紧固件将元器件安装在合理位置。在布置元器件时，应考虑相同元器件尽量摆放在一起，主电路中相关元器件的安装位置要与其电

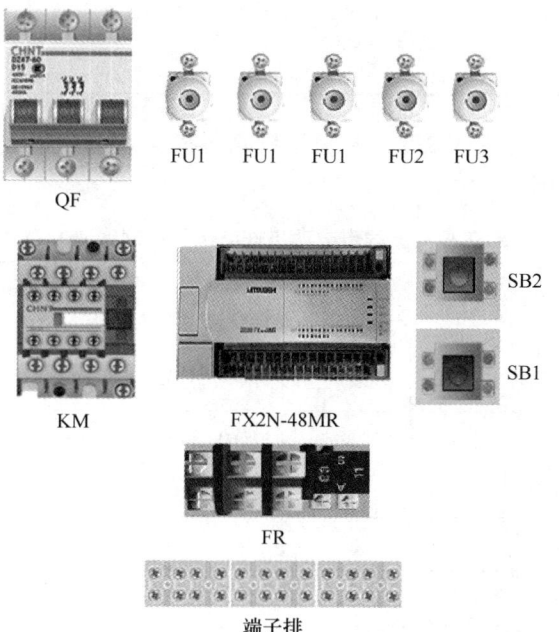

图 2-10　PLC 控制三相交流异步电动机连续运行控制线路元器件布置参考图

路图有一定的对应关系，达到布局合理、间距合适、接线方便的要求。元器件安装调整到位后，再根据图 2-9 所示的 PLC 控制三相交流异步电动机连续运行控制线路电气原理图进行接线。

4. 检测线路

安装好 PLC 控制三相交流异步电动机连续运行控制线路后，在通电前务必对主电路及 PLC 的 I/O 连线进行检测，主电路的检测方法与图 2-4 所示的接触器控制三相交流异步电动机连续运行控制线路的主电路检测方法一样。PLC 的 I/O 连线的检测可分为输入信号的检测及输出信号的检测。对输入信号进行检测：将万用表两表笔分别放在 PLC 要检测的输入端及 INcom 两端，分别按下按钮、热继电器复位按钮等输入信号，看输入信号在万用表上显示的通断变化情况。对输出电路的检测：可以将万用表两表笔分别放在 Y0 及 FU3 端子，此时应为接触器 KM 线圈电阻。将检测数据记录下来，并分析检测数据是否正常。

将主电路检测数据填入表 2-7，并根据检测数据对主电路进行分析，如果电路异常，需及时查明原因。

表 2-7 PLC 控制三相交流异步电动机连续运行控制线路主电路检测数据

项目	元器件状态	万用表表笔位置	阻值/Ω	结果判断	备注
主电路检测	未压下接触器 KM 触点架	U11 与 V11			
		U11 与 W11			
		V11 与 W11			
	压下接触器 KM 触点架	U11 与 V11			
		U11 与 W11			
		V11 与 W11			

将 I/O 连线检测数据填入表 2-8，并根据检测数据，对 I/O 连线进行分析，如果 I/O 连线异常，需及时查明原因。

表 2-8 PLC 控制三相交流异步电动机连续运行控制线路 I/O 连线检测数据

输入检测				输出检测			
万用表表笔位置	初始阻值/Ω	切换状态后阻值/Ω	结果分析	万用表表笔位置	动作	阻值/Ω	结果分析
X0 与 INcom				Y0 与 FU3	初始状态		
X1 与 INcom							
X2 与 INcom							

5. 编写程序

打开编程软件编写三相交流异步电动机连续运行控制程序，按照连续运行控制的动作要求对所编程序进行仿真演示,以确保所编程序无误后,下载程序至 PLC 中。参考程序如图 2-8 所示。

6. 调试线路

检查接线并分析所测数据无误及程序下载完成后,就可以在熔座上安装熔管了。合上断路器 QF,接通交流电源,此时电动机应不转。按下连续运行按钮,电动机应起动,松开起动按钮,电动机连续运行;按下停止按钮或热继电器测试按钮,电动机应停转。若线路不能正常工作,则应先切断电源,排除故障后才能重新通电。

视频 12

*任务总结与评价

参考附录 C "PLC 控制三相交流异步电动机控制线路的安装与调试评价表",对 PLC 控制三相交流异步电动机连续运行控制线路的安装与调试进行评价,并根据学生实际完成情况进行总结。

*任务拓展

置位与复位指令

一、置位(SET)与复位(RST)指令的作用

置位指令(SET)的作用是使被操作的目标元件置位并保持;复位指令(RST)的作用是使被操作的目标元件复位并保持清零状态,见表 2-9。

表 2-9 置位/复位指令的功能

助记符,名称	功能	回路表示	可用软元件	程序步长
SET 置位	动作保持	─┤X0├─[SET Y0]─	Y、M、S	Y、M:1 步 S、特殊 M:2 步 T、C:2 步 D、V、Z、特殊 D:3 步
RST 复位	消除动作保持,当前值及寄存器清零	─┤X0├─[RST Y0]─	Y、M、S、T、C、D、V、Z	

二、SET、RST 指令使用说明

1)SET 指令的目标元件为 Y、M、S,RST 指令的目标元件为 Y、M、S、T、C、D、V、Z。RST 指令常被用来对 D、Z、V 的内容清零,还用来复位积算定时器和计数器。

2)对于同一个目标元件,SET、RST 指令可多次使用,顺序也可随意,但最后执行者有效。

2.3 触摸屏+PLC+变频器控制电动机连续运行控制线路的安装与调试

*学习目标

技能目标：
（1）能分析触摸屏+PLC+变频器控制三相交流异步电动机连续运行控制线路的I/O分配表。
（2）能分析触摸屏+PLC+变频器控制三相交流异步电动机连续运行控制线路的I/O接线图。
（3）能分析触摸屏+PLC+变频器控制三相交流异步电动机连续运行控制线路的SFC程序。
（4）能安装与调试触摸屏+PLC+变频器控制三相交流异步电动机连续运行控制线路。

知识目标：
熟悉触摸屏+PLC+变频器控制三相交流异步电动机连续运行控制线路中各元器件的作用。

素养目标：
（1）能执行安全操作规程、施工现场管理规定及"7S"管理规定。
（2）能与他人合作，具有良好的沟通能力和团队精神。

*描述任务

某校根据实训要求，为后续的技术革新做准备，将对机床控制系统进行改造，针对三相交流异步电动机连续运行控制环节由原来的PLC控制改造成由触摸屏+PLC+变频器控制。

*任务分析

完成此任务应具备的知识点为触摸屏+PLC+变频器控制三相交流异步电动机连续运行控制线路，应具备的技能点为正确选择工具、仪表、元器件，按图施工，完成触摸屏+PLC+变频器控制三相交流异步电动机连续运行控制线路的安装与调试。

*必备知识

一、变频技术的基本类型

变频技术是一种把直流电逆变成不同频率的交流电的转换技术。它可把交流电变成直流电后再逆变成不同频率的交流电，或者先把直流电变成交流电再把交流电变成直流电。在这些变化过程中，一般只是频率发生变化。现在人们常说的变频技术主要是指交流变频调速技术，它是将工频交流电通过不同的技术手段变换成不同频率的交流电。

变频技术主要类型有以下几种：

（1）交-直变频技术（即整流技术）　它通过二极管整流、二极管续流或晶闸管、功率晶体管可控整流实现交-直流转换。

（2）直-直变频技术（即斩波技术）　它通过改变功率半导体器件的通断时间，即改变脉冲的频率（定宽变频），或改变脉冲的宽度（定频调宽），从而达到调节直流平均电压的目的。

（3）直-交变频技术（即逆变技术）　振荡器利用电子放大器件将直流电变成不同频率的交流电（甚至电磁波）。逆变器则利用功率开关将直流电变成不同频率的交流电。

（4）交-交变频技术（即移相技术）　它通过控制功率半导体器件的导通与关断时间，实现交流无触点开关、调压、调光、调速等目的。

二、分析触摸屏＋PLC＋变频器控制三相交流异步电动机连续运行控制 I/O 线路

1. 分析 I/O 分配表

触摸屏＋PLC＋变频器控制三相交流异步电动机连续运行控制线路的 I/O 分配见表 2-10。

表 2-10　触摸屏＋PLC＋变频器控制三相交流异步电动机连续运行控制线路的 I/O 分配

类别	外接硬件			PLC	功能
输入	触摸屏	SB1	复归型软按键	M0	起动控制
	触摸屏	SB2	复归型软按键	M1	停止控制
输出	触摸屏	HL1	位状态指示灯	M3	停止指示
	触摸屏	HL2	位状态指示灯	M4	运行指示
	变频器	STF	正转信号端子	Y0	正转

2. 分析 I/O 接线图

图 2-11 所示为触摸屏＋PLC＋变频器控制三相交流异步电动机连续控制线路的 I/O 接线图，在触摸屏上设计了起动、停止功能的复归型按钮及电动机运行状态指示。

3. 分析 SFC 程序

图 2-12 所示为触摸屏＋PLC＋变频器控制三相交流异步电动机连续运行控制的 SFC 程序示意图，该程序能通过触摸屏实现电动机连续运行控制功能，触摸屏上的运行状态指示灯能反映出电动机的运行状态。

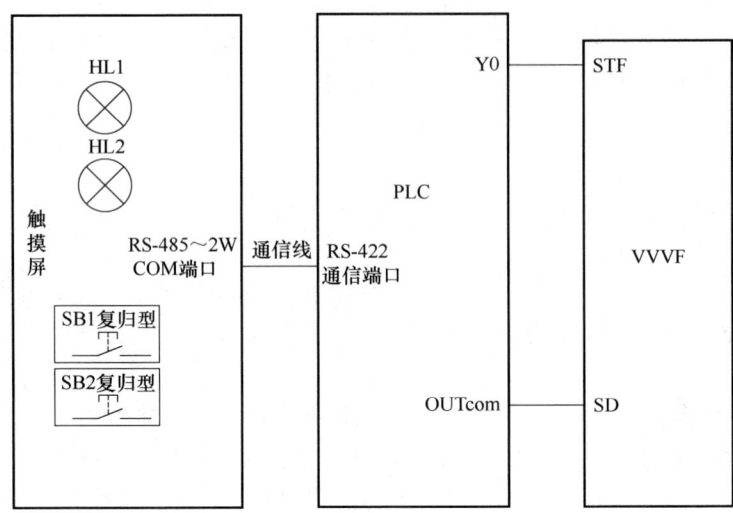

图 2-11　触摸屏 + PLC + 变频器控制三相交流异步电动机连续运行控制线路的 I/O 接线图

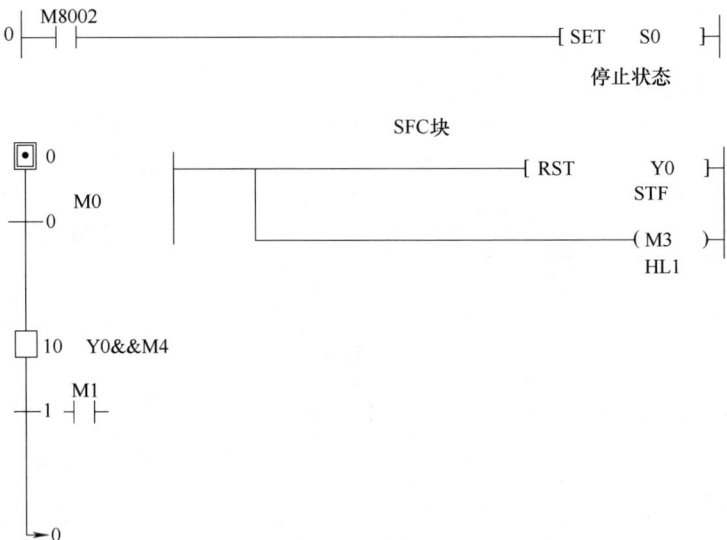

图 2-12　触摸屏 + PLC + 变频器控制三相异步电动机连续运行控制的 SFC 程序示意图

*任务实施

技能训练 6　安装与调试触摸屏 + PLC + 变频器控制三相交流异步电动机连续运行控制线路

视频 13

将图 2-9 所示的 PLC 控制三相交流异步电动机连续运行控制线路改为触摸屏 + PLC + 变频器控制。

1. 准备工具、仪表

参照附录 A "工具、仪表清单",结合本任务实际选取必要的工具、仪表,并对选用的工具、仪表进行检查,确保工具、仪表都能正常使用。

2. 领取器材

根据器材清单(见表 2-11)中的元器件名称或符号领用相应的器材,并用仪表检测元器件判断其好坏,如果元器件有故障,需要先进行修复或更换。参照相关元器件实物或其说明书,完成器材清单中器材品牌、型号(规格)等相关内容的填写。

表 2-11 触摸屏 + PLC + 变频器控制三相交流异步电动机连续运行控制线路器材清单

符号	元器件名称	品牌	型号	数量	检测	备注
PLC	可编程序控制器			1		根据实训室配置填写
FU						
M						
	变频器					
	触摸屏					
	冷压端子					
	接线端子排					
	导线					

3. 安装线路

(1) 设计线路 首先设计出合理的 I/O 分配表,可参考表 2-10,然后根据 I/O 分配表设计出触摸屏 + PLC + 变频器控制三相交流异步电动机连续控制线路的电气原理图,如图 2-13 所示。

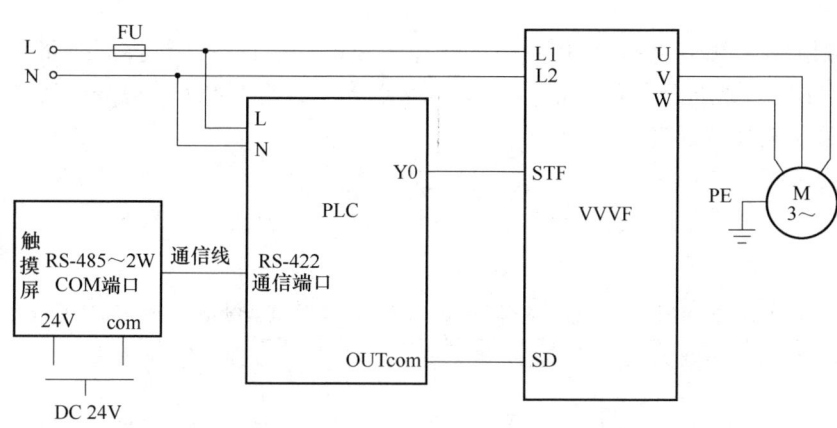

图 2-13 触摸屏 + PLC + 变频器控制三相交流异步电动机连续运行控制线路的电气原理图

(2) 安装线路 参照图 2-14 所示的元器件布置参考图及实训场地实际情况,用紧固件将元器件安装在合理位置,再根据图 2-13 所示的触摸屏 + PLC + 变频器控制三相交流异步电动机连续运行控制线路的电气原理图进行接线。

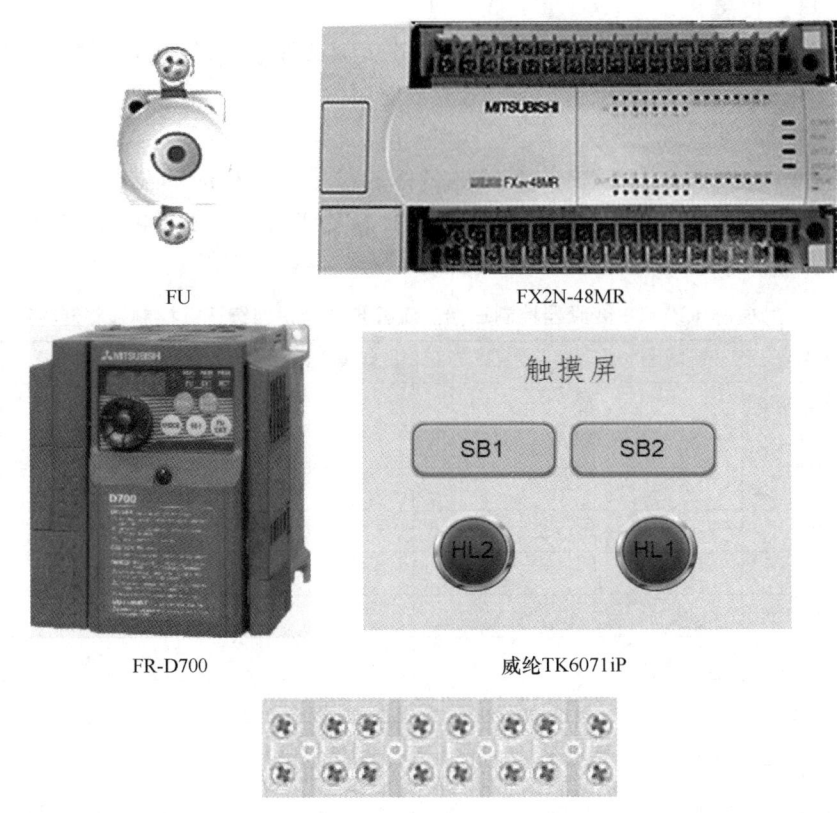

图 2-14 触摸屏 + PLC + 变频器控制三相交流异步电动机连续运行控制线路元器件布置参考图

4. 检测线路

安装好触摸屏 + PLC + 变频器控制三相交流异步电动机连续运行控制线路后，在通电前务必对接线及 I/O 连线进行检测，需特别注意各元器件的电压等级。另外，还需要检查触摸屏与 PLC 的通信连接是否牢固。

5. 设置变频器参数

接通变频器的工作电源，先将变频器参数恢复至出厂设置，再按表 2-12 中的参数设置变频器的相关参数。

表 2-12 触摸屏 + PLC + 变频器控制三相交流异步电动机连续运行制线路变频器参数

序号	变频器参数	功能说明（详细请查阅手册）	出厂值	最小设定单位	设定值
1	Pr. 79	操作模式选择	0	1	2
2	Pr. 1	上限频率	120Hz	0.01Hz	60Hz
3	Pr. 2	下限频率	0Hz	0.01Hz	15Hz
4	Pr. 3	基准频率	50Hz	0.01Hz	50Hz
5	Pr. 9	电子过电流保护	0.35A	0.01A	参考电动机额定电流
6	Pr. 7	加速时间	5s	0.1s	5s
7	Pr. 8	减速时间	5s	0.1s	0.1s

6. 编写程序

打开编程软件编写触摸屏+PLC+变频器控制三相交流异步电动机连续运行控制线路的触摸屏画面及 SFC 程序,根据连续运行控制的动作要求对所编写的程序进行仿真演示,确保所编程序无误后,下载程序至触摸屏或 PLC 中。SFC 参考程序如图 2-12 所示,触摸屏参考画面如图 2-14 所示。

视频 14

视频 15

7. 调试线路

检查接线及程序下载完成后,就可以在熔座上安装熔管了,接通交流电源,此时电动机应不转。按下复归型软按键 SB1,电动机应起动运行,触摸屏上的运行指示灯应点亮;按下复归型软按键 SB2,电动机应停止运行,运行指示灯应熄灭,停止指示灯应点亮。若线路不能正常工作,则应先切断电源,排除故障后才能重新通电。若要调整电动机的运行速度,可改变下限频率 Pr.2 的设定值。

*任务总结与评价

参考附录 D "触摸屏+PLC+变频器控制三相交流异步电动机控制线路的安装与调试评价表",对触摸屏+PLC+变频器控制三相交流异步电动机连续运行控制线路的安装与调试进行评价,并根据学生完成的实际情况进行总结。

*任务拓展

用 MOV 指令实现触摸屏+PLC+变频器控制三相交流异步电动机连续运行

用功能指令(MOV)来实现触摸屏+PLC+变频器控制三相交流异步电动机连续运行,表 2-13 是电动机输入输出信号,图 2-15 是参考梯形图。

表 2-13 电动机输入输出信号

输入			传送数据数制转换		输出	
地址	外接硬件初始状态	初始信号	十六进制数据	二进制数据	Y0	备注
M0	复归型软按键	0	H1	01	1	起动
M1	复归型软按键	0	H0	00	0	停止

*思考与练习

设计 PLC 控制三相交流异步电动机连续运行控制线路,要求能两地控制三相交流异步

```
    M0
    ─┤├──────────────────[ MOV    H1    K1Y0 ]─
   触摸屏起动

    M1
    ─┤├──────────────────[ MOV    H0    K1Y0 ]─
   触摸屏停止

                                        ─[ END ]─
```

图 2-15　MOV 指令实现触摸屏 + PLC + 变频器控制三相交流异步电动机连续运行的梯形图

电动机，一处用按钮实现，另一处用触摸屏实现，任何一处都能实现电动机的连续运行、停止控制。

1. 请设计出 I/O 分配表。
2. 请设计出 I/O 接线图。
3. 请用两种编程方法设计出梯形图。

视频 16

单元 3　电动机点动与连续运行混合控制线路的安装与调试

*学习指南

许多机床设备（如刨床、铣床等）调整刀架、刀具及工件的相对位置时，往往需要对电动机实行点动控制，而设备正常运行时又要求电动机连续运行，其电气控制线路就是典型的电动机点动与连续运行混合控制线路。三相交流异步电动机点动与连续运行混合控制线路，既可以采用接触器控制线路，也可采用PLC控制线路。

*知识体系

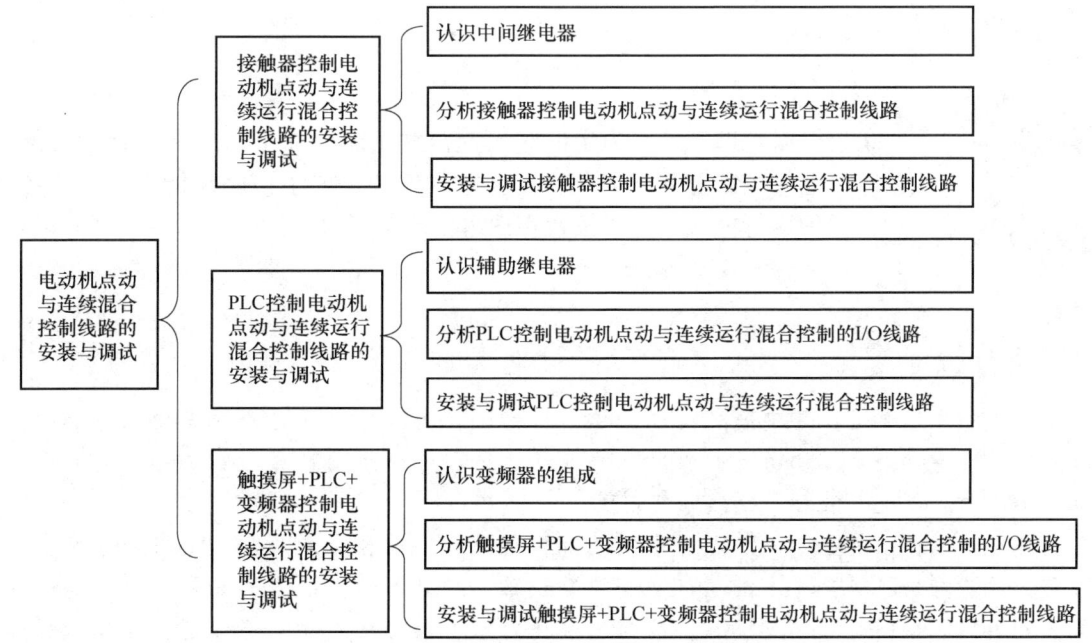

3.1 接触器控制电动机点动与连续运行混合控制线路的安装与调试

*学习目标

技能目标：
（1）能识读接触器控制三相交流异步电动机点动与连续运行混合控制线路的原理图。
（2）能分析接触器控制三相交流异步电动机点动与连续运行混合控制线路的工作原理。
（3）能安装与调试接触器控制三相交流异步电动机点动与连续运行混合控制线路。

知识目标：
（1）熟悉中间继电器的结构、型号、命名和工作原理。
（2）熟悉接触器控制三相交流异步电动机点动与连续运行混合控制线路中各元器件的作用。

素养目标：
（1）能执行安全操作规程、施工现场管理规定及"7S"管理规定。
（2）能展示施工技术要点，总结收获，反思不足。
（3）能与他人合作，具有良好的沟通能力和团队精神。

*描述任务

某校根据实训要求，为实训室配置台式钻床。加工车间有一台闲置的台式钻床，电气控制部分已老化，需要重新安装，要求该钻床能实现点动和连续运行两种运行模式，并用按钮实现远程控制。

*任务分析

台式钻床通电后，需要先点动电动机，观察主轴的旋转方向是否符合要求、钻夹头转动时是否晃动；加工产品时需要电动机连续运行。可以用接触器控制三相交流异步电动机点动与连续运行混合控制线路实现上述功能。

完成此任务应具备的知识点为中间继电器的结构、型号和工作原理，接触器控制三相交流异步电动机点动与连续运行混合控制线路，应具备的技能点为正确选择工具、仪表、元器件，按图施工完成接触器控制三相交流异步电动机点动与连续运行混合控制线路的安装与调试。

单元 3 电动机点动与连续运行混合控制线路的安装与调试

*必备知识

一、认识中间继电器

1. 知悉中间继电器的功能

中间继电器是用来增加控制线路中信号的数量或将信号放大的继电器。其输入信号是线圈的通电和断电，输出信号是触点的动作。

2. 知悉中间继电器的结构及符号

中间继电器的结构和工作原理与交流接触器基本相同，与接触器的主要区别在于：接触器的主触点可以通过大电流，而中间继电器的触点只能通过小电流；中间继电器的触点没有主辅之分，数量比较多。中间继电器只能用于控制电路。

常用的中间继电器有 JZ7 系列和 JZ8 系列，其中 JZ7 系列中间继电器的结构与中间继电器的电路符号如图 3-1 所示。它与接触器相似，由线圈、静铁心、动铁心、触点系统及反作用弹簧组成。它的触点较多，一般有 8 对，可组成 4 对动合触点、4 对动断触点，或 6 对动合触点、2 对动断触点，或 8 对动合触点三种形式。

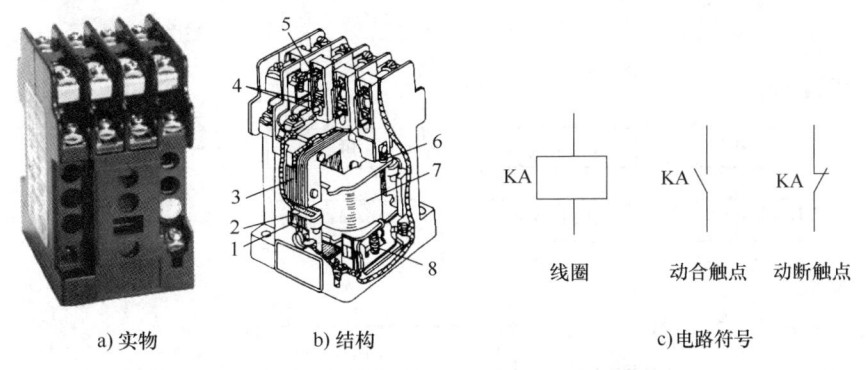

图 3-1 JZ7 系列中间继电器的结构与电路符号

1—静铁心 2—短路环 3—衔铁 4—动合触点 5—动断触点 6—反作用弹簧 7—线圈 8—缓冲弹簧

3. 知悉中间继电器的型号及含义

JZ 系列中间继电器的型号及含义如下：

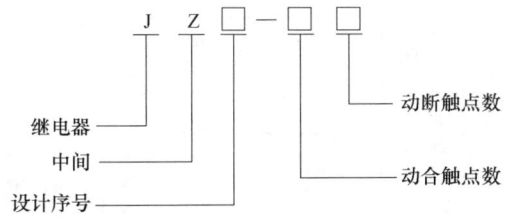

二、分析接触器控制三相交流异步电动机点动与连续运行混合控制线路

图 3-2 所示是接触器控制三相交流异步电动机点动与连续运行混合控制线路电气原理

图。合上断路器 QF，接通电源，即可操作三相交流异步电动机点动或连续运行。

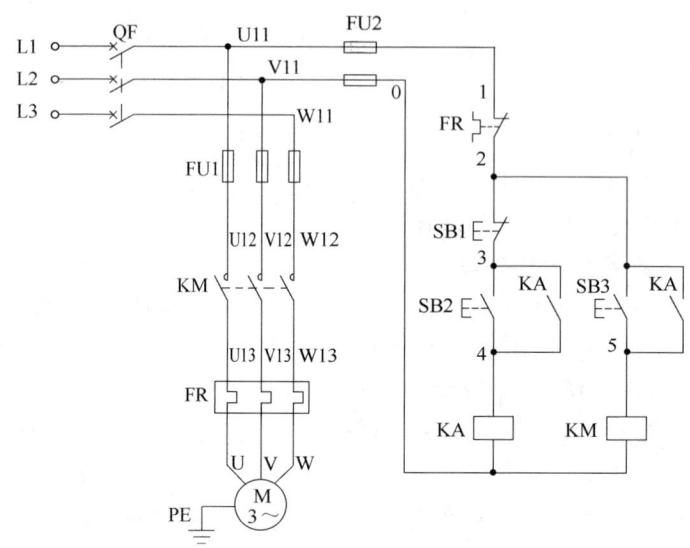

图 3-2 接触器控制三相交流异步电动机点动与连续运行混合控制线路电气原理图

该控制线路的动作过程是：
（1）点动运行

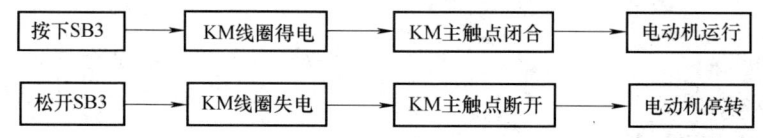

（2）连续运行

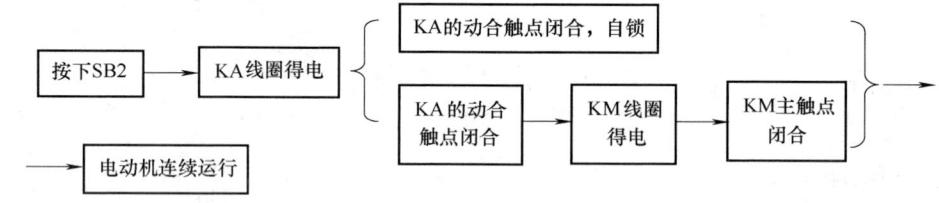

（3）停止

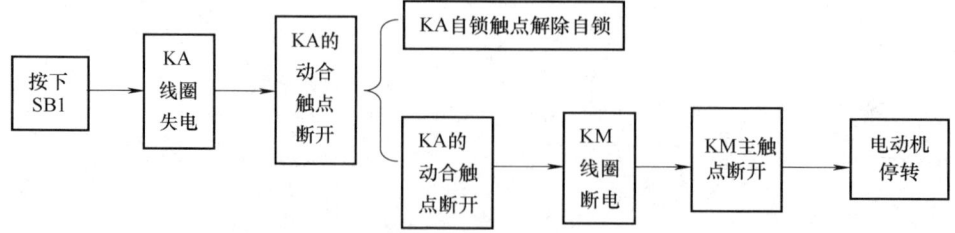

采用中间继电器实现接触器控制三相交流异步电动机点动与连续运行混合控制，点动和连续运行控制线路相对独立。这样就避免了由复合按钮控制时出现的点动控制按钮"动断触点已闭合，动合触点未断开"造成的误操作。

*任务实施

技能训练 7　安装与调试接触器控制三相交流异步电动机点动与连续运行混合控制线路

视频 17

完成图 3-2 所示的接触器控制三相交流异步电动机点动与连续运行混合控制线路的安装与调试。

1. 准备工具、仪表

参照附录 A "工具、仪表清单",结合本任务实际选取必要的工具、仪表,并对其进行检查,确保它们都能正常使用。

2. 领取器材

根据器材清单(见表 3-1)中的元器件名称或符号领用相应的器材,用仪表检测元器件并判断其好坏,如果元器件有故障,需要先进行修复或更换。参照相关元器件实物或其说明书,完成器材清单中器材品牌、型号(规格)等相关内容的填写。

表 3-1　接触器控制三相交流异步电动机点动与连续运行混合控制线路器材清单

符号	名称	品牌	型号	数量	检测情况	备注
QF						
FU1						
FU2						
KM						
KA						
SB1						
SB2						
SB3						
FR						
M						
	冷压端子					
	接线端子排					
	导线					

3. 安装线路

参照图 3-3 所示的元器件布置参考图及实训场地实际情况,用紧固件将元器件安装在合理位置，再根据图3-2所示的接触器控制三相交流异步电动机点动与连续运行混合控制线路电气原理图进行接线。

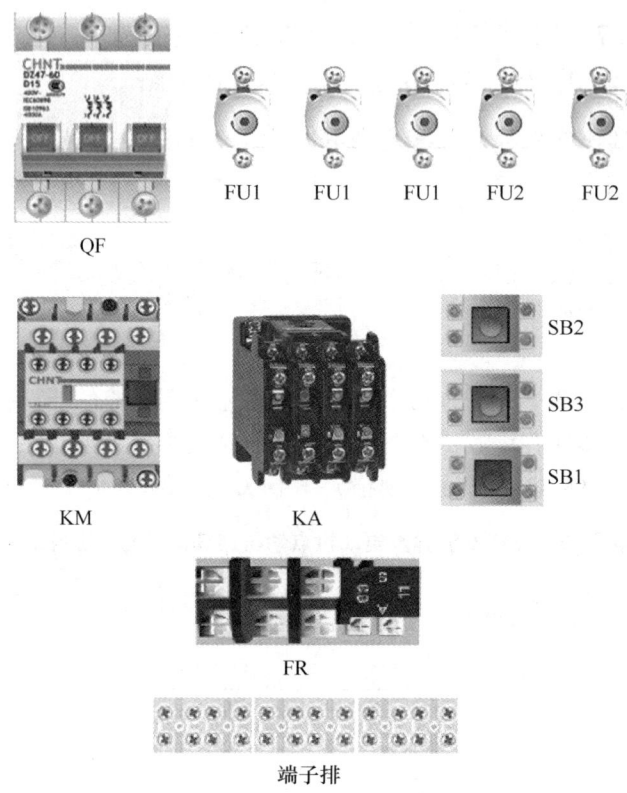

图3-3　接触器控制三相交流异步电动机点动与连续运行混合控制线路元器件布置参考图

4. 检测线路

安装好接触器控制三相交流异步电动机点动与连续运行混合控制线路后，在通电测试前务必对主电路及控制电路进行检测。

（1）主电路检测　安装上主电路中的熔断器FU1熔管，拆下控制电路中的熔断器FU2熔管，先分别测量U11与V11、U11与W11、V11与W11之间的电阻，正常阻值应为无穷大。当用螺钉旋具压下接触器触点架后，万用表应显示电动机定子绕组的阻值。

（2）控制电路检测　安装上控制电路中的熔断器FU2熔管，拆下主电路中的熔断器FU1熔管，先对U11与V11进行检测，正常阻值应为无穷大。按下点动按钮后，万用表应显示接触器线圈的阻值，按下连续运行按钮后，万用表应显示中间继电器线圈的阻值，同时按下连续运行和停止按钮时的阻值应为无穷大，同时按下点动运行和停止按钮时的阻值应为接触器线圈的阻值，同时按下点动和连续运行按钮时的阻值为接触器线圈和中间继电器线圈的并联阻值。松开按钮，用螺钉旋具压下中间继电器KA触点架后，万用表应显示接触器线圈和中间继电器线圈并联阻值。

（3）数据记录　将检测数据填入表3-2，并根据检测数据，判断主电路及控制电路接线是否正常，如果数据异常，需及时查明原因。

表 3-2 接触器控制的点动与连续混合控制线路检测数据

项目	元器件状态	万用表表笔位置	阻值/Ω	结果判断	备注
主电路检测	未压下接触器 KM 触点架	U11 与 V11			
		U11 与 W11			
		V11 与 W11			
	压下接触器 KM 触点架	U11 与 V11			
		U11 与 W11			
		V11 与 W11			
控制电路检测	未按下任何元器件	U11 与 V11			
	按下点动按钮	U11 与 V11			
	按下连续运行按钮	U11 与 V11			
	同时按下连续运行和停止按钮	U11 与 V11			
	同时按下点动运行和停止按钮	U11 与 V11			
	同时按下点动和连续运行按钮	U11 与 V11			
	压下接触器 KA 触点架	U11 与 V11			

5. 调试线路

检查接线并分析所测数据无误后，就可以安装上 FU1 及 FU2 的熔管了。合上断路器 QF，接通交流电源，此时电动机应不转。按下点动按钮，电动机应起动，松开点动按钮，电动机应停止；按下连续运行按钮，电动机应起动，松开连续运行按钮，电动机应继续运行，可用钳形电流表测量电动机的工作电流。按下停止按钮，电动机应停转。若线路不能正常工作，则应先切断电源，排除故障后才能重新通电。

*任务总结与评价

参考附录 B "接触器控制三相交流异步电动机控制线路的安装与调试评价表"，对接触器控制点动与连续运行混合控制线路的安装与调试进行评价，并根据学生实际完成情况进行总结。

*任务拓展

固态继电器

1. 知悉固态继电器的功能

固态继电器（Solid State Relay，SSR），是由微电子电路、分立电子器件和电力电子功率器件组成的无触点开关。控制端与负载端的隔离采用光耦合或脉冲信号。固态继电器的输入端用微小的控制信号，达到直接驱动大电流负载的目的。

固态继电器除了具有与电磁继电器一样的功能外，还具有逻辑电路兼容、耐振动和机械冲击、安装位置无限制、具有良好的防潮防霉防腐蚀性能、在防爆和防止臭氧污染方面的性能极佳、输入功率小、灵敏度高、控制功率小、电磁兼容性好、噪声低和工作频率高等特点。专用固态继电器还具有短路保护、过载保护和过热保护功能，与组合逻辑固化封装后就可以组成用户需要的智能模块，直接用在控制系统中。

图 3-4　固态继电器

2. 知悉固态继电器的结构、分类及符号

固态继电器由输入电路、驱动电路和输出电路 3 部分组成，如图 3-5 所示。

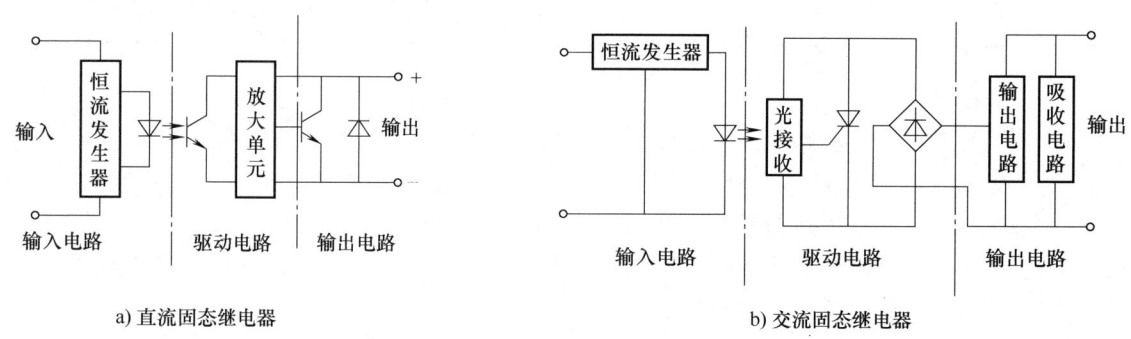

图 3-5　固态继电器的结构

（1）输入电路　按输入电压的不同，输入电路可分为直流输入电路、交流输入电路和交直流输入电路 3 种。有些输入控制电路还具有与 TTL/CMOS 兼容、正负逻辑控制和反相等功能，可以方便地与 TTL 和 CMOS 逻辑电路连接。

对于控制电压固定的控制信号，采用阻性输入电路，控制电流应大于 5mA。对于变化范围较大的控制信号，则采用恒流电路，以保证在整个电压变化范围内电流在大于 5mA 的条件下可靠地工作。

（2）驱动电路　固态继电器输入与输出电路的隔离及耦合方式有"光耦合"和"变压器耦合"两种。其中，光耦合通常使用光电二极管-光电晶体管、光电二极管-双向光控晶闸管、光伏电池，实现控制侧与负载侧隔离控制；高频变压器耦合利用输入的控制信号产生的自激高频信号耦合到二次侧，经过检波整流和逻辑电路处理形成驱动信号。

（3）输出电路　固态继电器的功率开关直接接入电源与负载端，实现对负载电源的通断切换。主要有大功率晶体管（开关管-Transistor）、单向晶闸管（Thyristor 或 SCR）、双向晶闸管（Triac）、功率场效应晶体管（MOSFET）和绝缘栅型双极晶体管（IGBT）。固态继电器的输出电路也可分为直流输出电路、交流输出电路和交直流输出电路等形式。直流输出时可使用双极性器件或功率场效应晶体管,交流输出时通常使用两个晶闸管或一个双向晶闸管。

按负载类型,固态继电器可分为直流固态继电器和交流固态继电器。交流固态继电器又可分为单相交流固态继电器和三相交流固态继电器。按导通与关断的时机,交流固态继电器,可分为随机型交流固态继电器和过零型交流固态继电器。固态继电器的符号如图3-6所示。

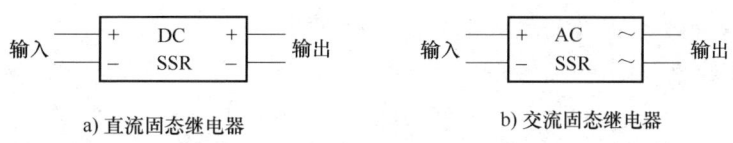

图 3-6　固态继电器的符号

3. 知悉固态继电器的型号及含义

固态继电器的型号及含义如下:

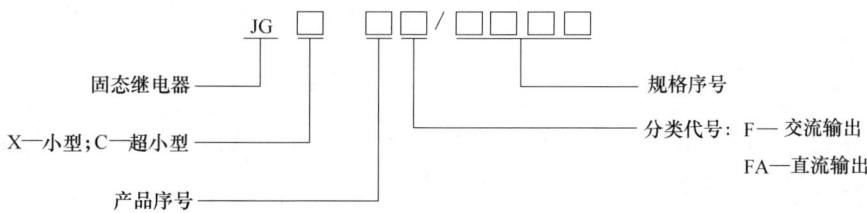

> ✱ **思考与练习**

1. 继电器与接触器有哪些相同点?有哪些区别?
2. 在图3-2所示的接触器控制三相交流异步电动机点动与连续运行混合控制线路中,如果中间继电器与SB2并联的动合辅助触点误接为KM的辅助动合触点,分析故障现象。
3. 在图3-2所示的接触器控制三相交流异步电动机点动与连续运行混合控制线路中,如果中间继电器与SB2并联的动合辅助触点误接为KA的辅助动断触点,分析故障现象。
4. 在图3-2所示的接触器控制三相交流异步电动机点动与连续运行混合控制线路中,如果中间继电器与SB3并联的动合辅助触点误接为KM的动合辅助触点,分析故障现象。

3.2　PLC控制电动机点动与连续运行混合控制线路的安装与调试

> ✱ **学习目标**

技能目标:

(1) 能分析PLC控制三相交流异步电动机点动与连续运行混合控制线路的I/O分配表。

(2) 能分析PLC控制三相交流异步电动机点动与连续运行混合控制线路的I/O接线图。

(3) 能分析PLC控制三相交流异步电动机点动与连续运行混合控制线路的梯形图与指令语句表。

(4) 能安装与调试PLC控制三相交流异步电动机点动与连续运行混合控制线路。

知识目标：

(1) 熟悉辅助继电器M的特点、命名、分类。

(2) 熟悉PLC控制三相交流异步电动机点动与连续运行混合控制线路中各元器件的作用。

素养目标：

(1) 能高效获取、正确整理、有效运用相关信息。

(2) 能树立安全环保、技术革新意识。

(3) 具备吃苦耐劳、爱岗敬业和诚实守信的工作态度。

*描述任务

某校根据实训要求，并且为后续的技术革新做准备，将由接触器控制三相交流异步电动机点动与连续运行混合控制线路改造为PLC控制。

*任务分析

完成此任务应具备的知识点为PLC辅助继电器M和PLC控制三相交流异步电动机点动与连续运行混合控制线路，应具备的技能点为正确选择工具、仪表、元器件，按图施工，完成PLC控制三相交流异步电动机点动与连续运行混合控制线路的安装与调试。

*必备知识

一、认识辅助继电器M

辅助继电器不能直接驱动外部负载，负载只能由输出继电器的外部触点驱动。辅助继电器的动合触点与动断触点在PLC内部编程时可无限次使用。

辅助继电器根据功能的不同分为通用辅助继电器、断电保持辅助继电器和特殊辅助继电器3类。

1. 通用辅助继电器（M0~M499）

FX2N系列PLC共有500点通用辅助继电器。通用辅助继电器在PLC运行时，如果电源突然断电，则全部线圈均失电（OFF）。当电源再次接通时，除了因外部输入信号而变为ON的以外，其余的仍保持OFF状态，没有断电保护功能，如图3-7所示。通用辅助继电器常在逻辑运算中作为辅助运算、状态暂存、移位等。

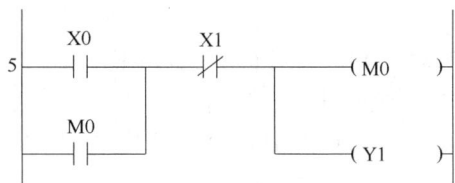

图 3-7 通用辅助继电器的应用

2. 断电保持辅助继电器（M500～M3071）

FX2N 系列 PLC 有 2572 个断电保持辅助继电器，具有断电保护功能，即能记忆电源中断瞬时的状态，并在重新通电后再现其状态，如图 3-8 所示。其中，M500～M1023（524个）可用参数设定方法转换成通用辅助继电器，M1024～M3071（2048个）为断电保持专用辅助继电器。

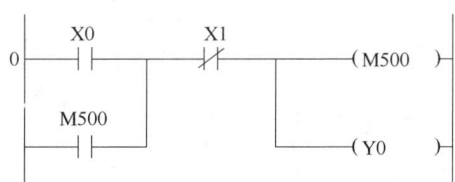

图 3-8 断电保持辅助继电器的应用

3. 特殊辅助继电器

PLC 内有大量的特殊辅助继电器，它们都有各自的特殊功能。FX2N 系列中有 156 个特殊辅助继电器，可分为触点型和线圈型两大类。

（1）触点型特殊辅助继电器　触点型特殊辅助继电器的线圈由 PLC 自动驱动，用户只可使用其触点。举例如下：

M8000：运行监视器（在 PLC 运行中接通），M8001 与 M8000 逻辑相反。

M8002：初始脉冲（仅在运行开始时瞬间接通），M8003 与 M8002 逻辑相反。

M8011、M8012、M8013 和 M8014 分别是产生 10ms、100ms、1s 和 1min 时钟脉冲的特殊辅助继电器。

M8000、M8002、M8012 的波形如图 3-9 所示。

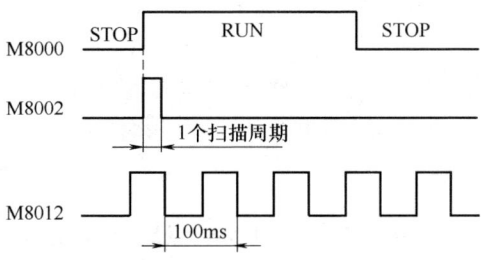

图 3-9 触点型特殊辅助继电器 M8000、M8002、M8012 的波形

（2）线圈型特殊辅助继电器　线圈型特殊辅助继电器的线圈由用户程序驱动后，PLC 执行特定的动作。举例如下：

M8033：若使其线圈得电，则 PLC 停止时保持输出映像存储器和数据寄存器内容。

M8034：若使其线圈得电，则将 PLC 的输出全部禁止。

M8039：若使其线圈得电，则 PLC 按 D8039 中指定的扫描时间工作。

二、分析 PLC 控制三相交流异步电动机点动与连续运行混合控制线路的 I/O 线路

1. 分析 I/O 分配表

PLC 控制三相交流异步电动机点动与连续运行混合控制线路的 I/O 分配见表 3-3。

表 3-3　PLC 控制三相交流异步电动机点动与连续运行混合控制线路的 I/O 分配

类别	外接硬件			PLC	功能
输入	按钮	SB1	动断	X0	停止
		SB2	动合	X1	连续
		SB3	动合	X2	点动
	热继电器	FR	动断	X3	过载保护
输出	接触器	KM	线圈	Y0	运行

2. 分析 I/O 接线图

图 3-10 为 PLC 控制三相交流异步电动机点动与连续运行混合控制线路的 I/O 接线图，可实现三相交流异步电动机点动、连续运行、停止的控制。

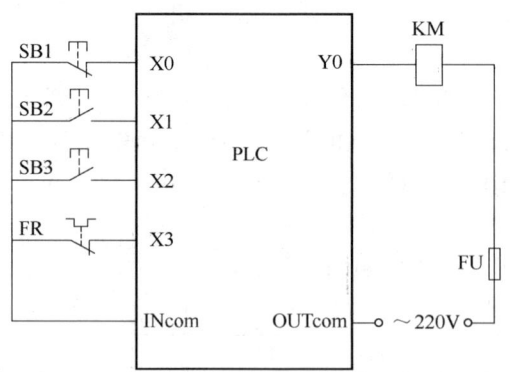

图 3-10　PLC 控制三相交流异步电动机点动与连续运行
混合控制线路的 I/O 接线图

3. 分析 PLC 程序

图 3-10 所示的 PLC 控制三相交流异步电动机点动与连续运行混合控制线路的 I/O 接线图对应的梯形图和指令语句表如图 3-11 所示。该程序能使电动机实现点动与连续运行混合控制功能。

单元 3　电动机点动与连续运行混合控制线路的安装与调试

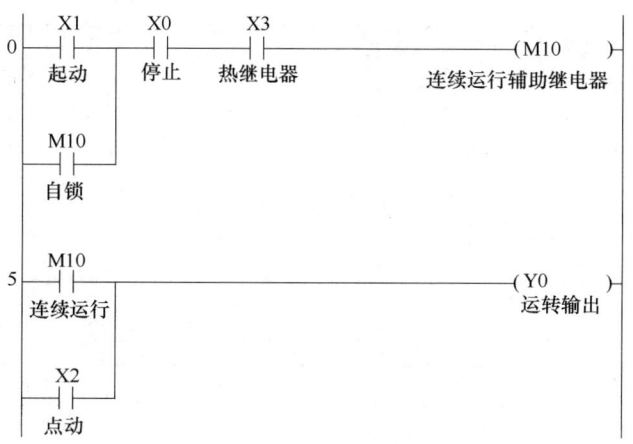

a) 梯形图　　　　　　　　　　　　　b) 指令语句表

图 3-11　PLC 控制三相交流异步电动机点动与连续运行混合控制程序

*任务实施

技能训练 8　安装与调试 PLC 控制三相交流异步电动机点动与连续运行混合控制线路

视频 18

将图 3-2 所示的接触器控制三相交流异步电动机点动与连续运行混合控制线路改为 PLC 控制。

1. 准备工具、仪表

参照附录 A "工具、仪表清单",结合本任务实际选取必要的工具、仪表,并对选用的工具、仪表进行检查,确保工具、仪表都能正常使用。

2. 领取器材

根据器材清单(见表 3-4)中的元器件名称或符号领用相应的器材,并用仪表检测元器件判断其好坏,如果元器件有故障,需要先进行修复或更换。参照相关元器件实物或其说明书,完成器材清单中器材品牌、型号(规格)等相关内容的填写。

表 3-4　PLC 控制三相交流异步电动机点动与连续运行混合控制线路器材清单

符号	元器件名称	品牌	型号	数量	检测	备　注
PLC	可编程序控制器			1		根据实训室配置填写
QF						
FU1						
FU2						
FU3						
KM						
SB1						

（续）

符号	元器件名称	品牌	型号	数量	检测	备注
SB2						
SB3						
FR						
M						
	冷压端子					
	接线端子排					
	导线					

3. 安装线路

（1）设计线路　首先设计出合理的 I/O 分配表，可参考表 3-3，然后根据 I/O 分配表设计出 PLC 控制三相交流异步电动机点动与连续运行混合控制线路电气原理图，如图 3-12 所示。

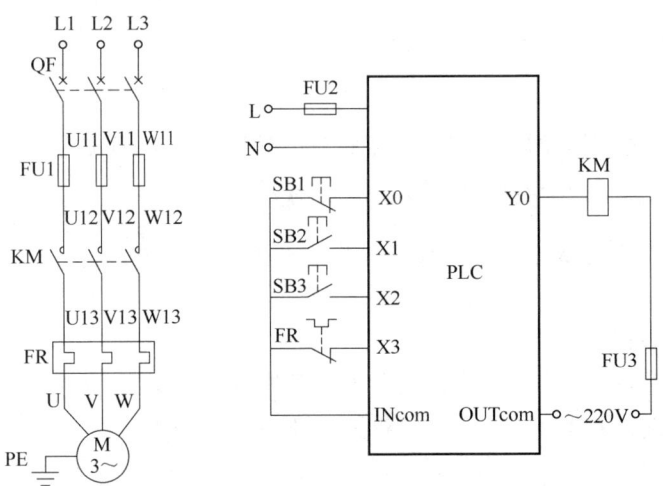

图 3-12　PLC 控制三相交流异步电动机点动与连续运行混合控制线路电气原理图

（2）安装线路　参照图 3-13 所示的 PLC 控制三相交流异步电动机点动与连续运行混合控制线路元器件布置参考图及实训场地实际情况，用紧固件将元器件安装在合理位置。在布置元器件时，应考虑相同元器件尽量摆放在一起，主电路中相关元器件的安装位置要与电路图有一定的对应关系，达到布局合理、间距合适、接线方便的要求。元器件安装调整到位后，再根据图 3-12 所示的 PLC 控制三相交流异步电动机点动与连续运行混合控制线路电气原理图进行接线。

4. 检测线路

安装好 PLC 控制三相交流异步电动机点动与连续运行混合控制线路后，在通电前务必对主电路及 PLC 的 I/O 连线进行检测。主电路的检测方法与图 3-2 所示的接触器控制三相交流异步电动机点动与连续运行混合控制线路的主电路检测方法一样。PLC 的 I/O 连线的检测可分为输入信号的检测及输出信号的检测。对输入信号进行检测：将万用表两表笔分别放在

单元 3　电动机点动与连续运行混合控制线路的安装与调试

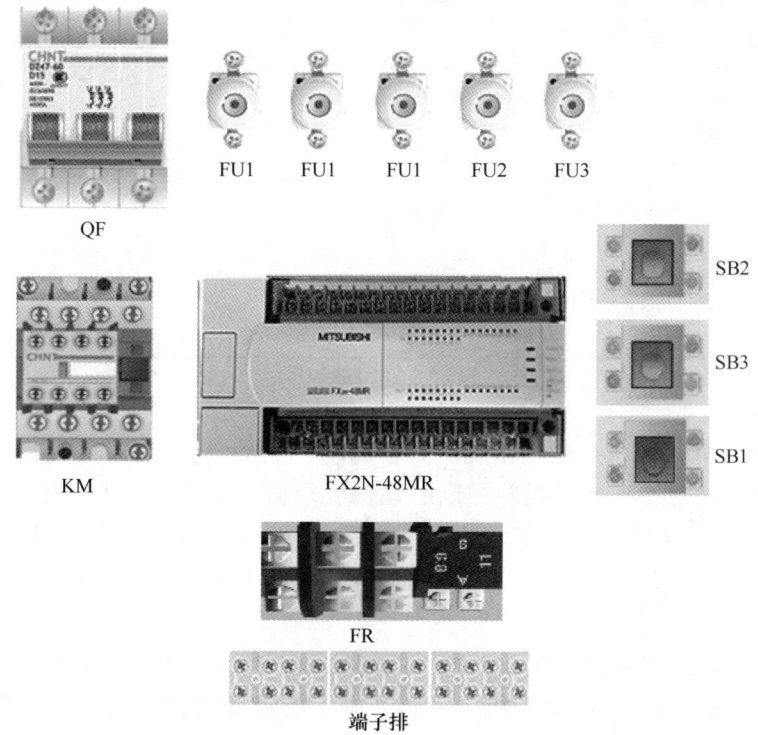

图 3-13　PLC 控制三相交流异步电动机点动与连续运行混合控制线路元器件布置参考图

PLC 要检测的输入端及 INcom 两端，分别按下按钮、热继电器复位按钮等输入信号，看输入信号在万用表上显示的通断变化情况。对输出电路的检测：可以将万用表两表笔分别放在 Y0 及 FU3 端子上，此时应为接触器 KM 线圈的电阻。将检测数据记录下来，并分析检测数据是否正常。

将主电路检测数据填入表 3-5，并根据检测数据对主电路进行分析，如果电路异常，需及时查明原因。

表 3-5　PLC 控制三相交流异步电动机点动与连续运行混合控制线路主电路检测数据

项目	元器件状态	万用表表笔位置	阻值/Ω	结果判断	备注
主电路检测	未压下接触器 KM 触点架	U11 与 V11			
		U11 与 W11			
		V11 与 W11			
	压下接触器 KM 触点架	U11 与 V11			
		U11 与 W11			
		V11 与 W11			

将 I/O 连线检测数据填入表 3-6，并根据检测数据对 I/O 连线进行分析，如果 I/O 连线异常，需及时查明原因。

表3-6 PLC控制三相交流异步电动机点动与连续运行混合控制线路 I/O 连线检测数据

输入检测				输出检测			
万用表表笔位置	初始阻值/Ω	切换状态后阻值/Ω	结果分析	万用表表笔位置	动作	阻值/Ω	结果分析
X0 与 INcom				Y0 与 FU3	初始状态		
X1 与 INcom							
X2 与 INcom							
X3 与 INcom							

5. 编写程序

打开编程软件编写 PLC 控制三相交流异步电动机点动与连续运行混合控制程序，按照点动与连续运行混合控制的动作要求对所编程序进行仿真演示，确保所编程序无误后，下载程序至 PLC 中。参考程序如图 3-11 所示。

视频 19

6. 调试线路

检查接线并分析所测数据无误及程序下载完成后，就可以在熔座上安装熔管了。合上断路器 QF，接通交流电源，此时电动机应不转。按下点动按钮，电动机应起动，松开点动按钮，电动机应停转；按下连续运行按钮，电动机应起动，松开连续按钮，电动机应继续运行；按下停止按钮或热继电器测试按钮，电动机应停转。若电路不能正常工作，则应先切断电源，排除故障后才能重新通电。

*任务总结与评价

参考附录 C "PLC 控制三相交流异步电动机控制线路的安装与调试评价表"，对 PLC 控制三相交流异步电动机点动与连续运行混合控制线路的安装与调试进行评价，并根据学生实际完成情况进行总结。

*任务拓展

PLC 的分类

PLC 产品种类繁多，其规格和性能也各不相同。对于 PLC，通常根据其结构形式的不同、功能的差异和 I/O 点数的多少等进行大致分类。

（1）按结构形式分类 根据 PLC 的结构形式，可将 PLC 分为整体式和模块式两类。

1）整体式 PLC：是将电源、CPU、I/O 接口等部件都集中装在一个机箱内，如图 3-14 所示，具有结构紧凑、体积小、价格低的特点。小型 PLC 一般采用整体式结构。整体式 PLC 由不同 I/O 点数的基本单元（又称为"主机"）和扩展单元组成，基本单元内有 CPU、I/O 接口、与 I/O 扩展单元相连的扩展口以及与编程器或 EPROM 写入器相连的接口等；扩展单元内只有 I/O 和电源，而没有 CPU。基本单元和扩展单元之间一般用扁平电缆连接。整体式 PLC 一般还可配备特殊功能单元，如模拟量单元、位置控制单元等，使其功能得以扩展。

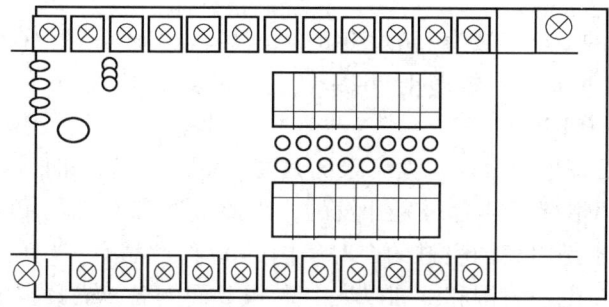

图 3-14　整体式 PLC

2) 模块式 PLC：是将 PLC 的各组成部分分别做成若干个单独的模块，如 CPU 模块、I/O 模块、电源模块（有的含在 CPU 模块中）以及各种功能模块。模块式 PLC 由框架或基板和各种模块组成，各模块安装在框架或基板的插座上，如图 3-15 所示。模块式 PLC 的特点是配置灵活，可根据需要选配不同规模的系统，而且装配方便，便于扩展和维修。大中型 PLC 一般采用模块式结构。

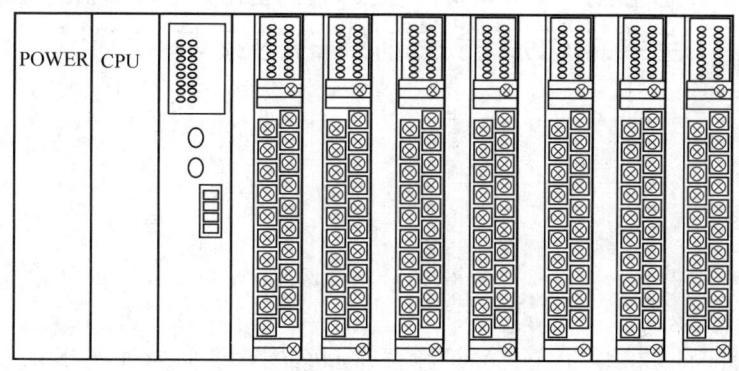

图 3-15　模块式 PLC

(2) 按功能分类　根据功能不同，PLC 可分为低档、中档、高档 3 类。

1) 低档 PLC：具有逻辑运算、定时、计数、移位以及自诊断、监控等基本功能，还可有少量模拟量输入/输出、算术运算、数据传送和比较及通信等功能，主要用于逻辑控制、顺序控制或少量模拟量控制的单机控制系统。

2) 中档 PLC：除了具有低档 PLC 的功能外，还具有较强的模拟量输入/输出、算术运算、数据传送和比较、数制转换、远程 I/O、子程序及通信联网等功能；有些还可增设中断控制、PID 控制等功能，适用于复杂的控制系统。

3) 高档 PLC：除了具有中档 PLC 的功能外，还增加了带符号算术运算、矩阵运算、位逻辑运算、平方根运算和其他特殊功能函数的运算，以及制表及表格传送功能等。高档 PLC 具有更强的通信联网功能，可用于大规模过程控制或构成分布式网络控制系统，进而实现工厂自动化。

(3) 按 I/O 点数分类　根据 I/O 点数不同，PLC 可分为小型、中型和大型 3 类。

1) 小型 PLC：它的 I/O 点数少于 256 个，具有单 CPU 及 8 位（或 16 位）处理器，用户存储器容量为 4KB 以下。

2) 中型 PLC：它的 I/O 点数为 256～2048 个，具有双 CPU，用户存储器容量为 2～8KB。

3) 大型 PLC：它的 I/O 点数多于 2048 个，具有多 CPU 及 16 位（或 32 位）处理器，用户存储器容量为 8～16KB。

目前，PLC 产品可按地域分成三大流派：美国产品欧洲产品和日本产品。美国和欧洲的 PLC 技术是在相互隔离情况下独立研究开发的，因此美国和欧洲的 PLC 产品有明显的差异性。而日本的 PLC 技术是由美国引进的，对美国的 PLC 产品有一定的继承性，但日本的主推产品定位在小型 PLC 上。美国和欧洲以大中型 PLC 而闻名，而日本则以小型 PLC 著称。

*思考与练习

1. 简述 PLC 的分类。
2. 简述辅助继电器 M 的分类及相关特点。
3. 如果不使用辅助继电器 M，能否实现三相交流异步电动机点动与连续运行混合控制？

3.3　触摸屏 + PLC + 变频器控制电动机点动与连续运行混合控制线路的安装与调试

*学习目标

技能目标：

（1）能分析触摸屏 + PLC + 变频器控制三相交流异步电动机点动与连续运行混合控制线路的 I/O 分配表。

（2）能分析触摸屏 + PLC + 变频器控制三相交流异步电动机点动与连续运行混合控制线路的 I/O 接线图。

（3）能分析触摸屏 + PLC + 变频器控制三相交流异步电动机点动与连续运行混合控制线路的 SFC 程序。

（4）能安装与调试触摸屏 + PLC + 变频器控制三相交流异步电动机点动与连续运行混合控制线路。

知识目标：

（1）熟悉变频器的组成和功能。

（2）熟悉触摸屏 + PLC + 变频器控制三相交流异步电动机点动与连续运行混合控制线路中各元器件的作用。

素养目标：

（1）能执行安全操作规程、施工现场管理规定及"7S"管理规定。

（2）能与他人合作，具有良好的沟通能力和团队精神。

*描述任务

某校实训室台式钻床作为完整生产线的一个加工环节,需要进行技术革新,将原来由 PLC 控制三相交流异步电动机点动与连续运行混合控制改造为由触摸屏 + PLC + 变频器控制。

*任务分析

完成此任务应具备的知识点为变频器的组成、触摸屏 + PLC + 变频器控制三相交流异步电动机点动与连续运行混合控制线路,应具备的技能点为正确选择工具、仪表、元器件,按图施工,完成触摸屏 + PLC + 变频器控制三相交流异步电动机点动与连续运行混合控制线路的安装与调试。

*必备知识

一、变频器的组成

变频器是现代最先进的一种异步电动机调速装置,能实现软起动、软停车、无级调速以及特殊要求的增、减速特性等,具有显著的节电效果。它具有过载、过电压、欠电压、短路、接地等保护功能,具有各种预警、预报信息和状态信息及诊断功能,便于调试和监控,可用于恒转矩、平方转矩和恒力功率等各种负载。

变频器的基本结构框图如图 3-16 所示。它把工频(50Hz 或 60Hz)电源变换成各种频率的交流电源,以实现电动机的变速运行。其中,控制电路用来完成对主电路的控制,整流电路将交流电变换成直流电,直流中间电路对整流电路的输出进行平滑滤波,逆变电路将直流电再逆成交流电。

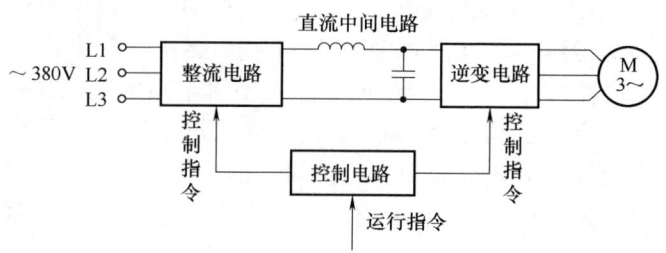

图 3-16 变频器的基本结构框图

变频器的原理框图如图 3-17 所示,它由主电路、控制电路、操作显示电路和保护电路 4 部分组成。

1. 主电路

给异步电动机提供调频调压电源的电力变换部分称为"主电路"。主电路包括整流电路、直流中间电路和逆变电路。

(1)整流电路 它由全波整流桥组成,其作用是把工频交流电源变换成直流电源。整

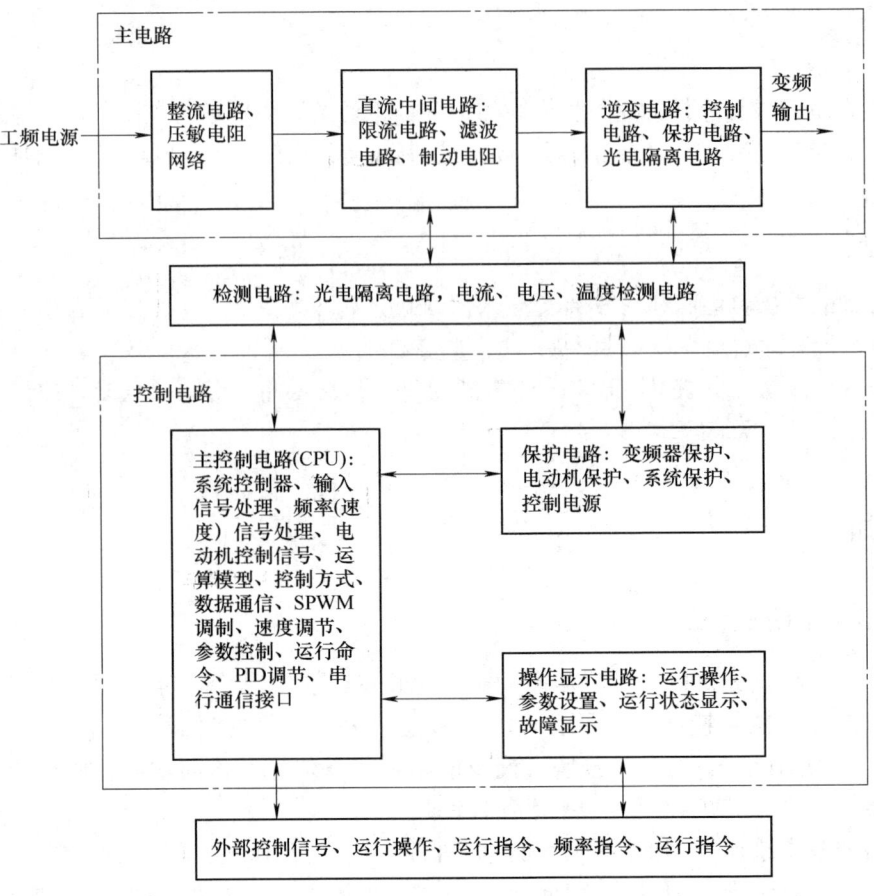

图 3-17 变频器的原理框图

流电路的输入端接压敏电阻网络,可保护变频器免受浪涌过电压及大气过电压的冲击。

(2) 直流中间电路 由于逆变电路的负载为异步电动机,属于感性负载,因此在直流中间电路和电动机之间总会有无功功率交换,这种无功能量要靠直流中间电路的储能元件(电容器或电感器)来缓冲。另外,直流中间电路对整流电路的输出进行滤波,以减小直流电压或电流的波动。在直流电路里设有限流电路,以保护整流桥免受冲击电流的作用而损坏。制动电阻是为了满足异步电动机制动需要而设置的。

(3) 逆变电路 它与整流电路的作用相反,是将直流电源变换成频率和电压都任意可调的三相交流电源。逆变电路的常见结构是由 6 个功率开关器件组成的三相桥式逆变电路。它们的工作状态受控于控制电路。

2. 控制电路

控制电路由运算放大电路,检测电路,控制信号的输入、输出电路,驱动电路等构成,一般采用微机进行全数字控制,主要靠软件完成各种功能。

3. 操作显示电路

操作显示电路用于运行操作、参数设置、运行状态显示和故障显示。

4. 保护电路

保护电路用于变频器本身保护及电动机保护等。

二、分析触摸屏+PLC+变频器控制三相交流异步电动机点动与连续运行混合控制线路的 I/O 线路

1. 分析 I/O 分配表

触摸屏+PLC+变频器控制三相交流异步电动机点动与连续运行混合控制线路的 I/O 分配见表 3-7。

表 3-7 触摸屏+PLC+变频器控制三相交流异步电动机点动与连续运行混合控制线路的 I/O 分配

类别	外接硬件		PLC	功能
输入	触摸屏	SB1	复归型软按键	M0	停止控制
		SB2	复归型软按键	M1	连续运行起动
		SB3	复归型软按键	M2	点动运行起动
输出	触摸屏	HL1	位状态指示灯	M3	停止指示
		HL2	位状态指示灯	M4	运行指示
	变频器	STF	正转信号端子	Y0	正转

2. 分析 I/O 接线图

图 3-18 所示为触摸屏+PLC+变频器控制三相交流异步电动机点动与连续运行混合控制线路的 I/O 接线图,在触摸屏上设计了点动、连续运行、停止功能的复归型按钮及电动机运行状态指示。

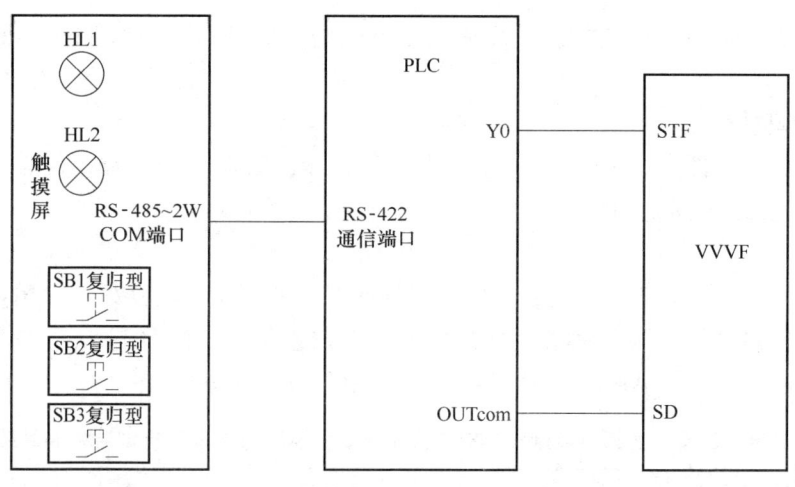

图 3-18 触摸屏+PLC+变频器控制三相交流异步电动机点动与连续运行混合控制线路的 I/O 接线图

3. 分析 SFC 程序

图 3-19 所示为触摸屏+PLC+变频器控制三相交流异步电动机点动与连续运行混合控制线路的 SFC 程序示意图。该程序能通过触摸屏实现电动机点动、连续运行、停止控制功能,触摸屏上的运行状态指示灯能反映出电动机的运行状态。

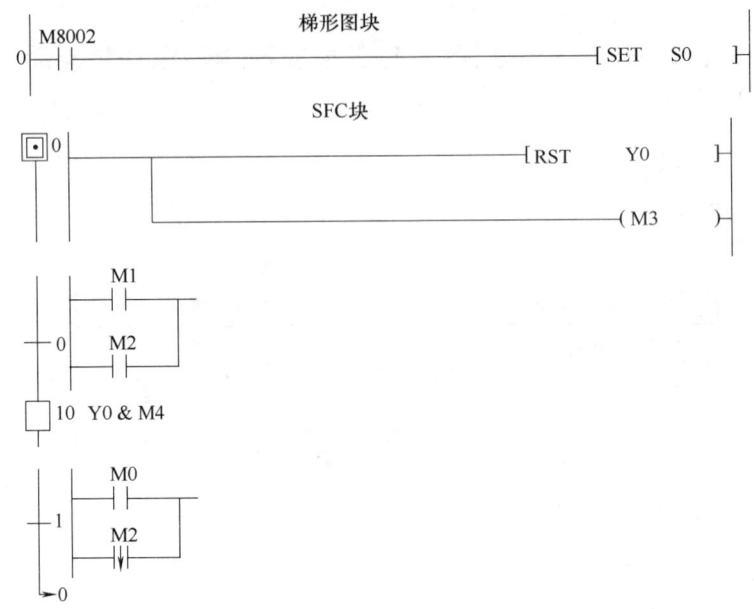

图 3-19 触摸屏 + PLC + 变频器控制三相交流异步电动机点动与
连续运行混合控制线路的 SFC 程序示意图

*任务实施

技能训练 9 安装与调试触摸屏 + PLC + 变频器控制三相交流异步电动机点动与连续运行混合控制线路

视频 20

将图 3-2 所示的 PLC 三相交流异步电动机点动与连续运行混合控制线路改为触摸屏 + PLC + 变频器控制。

1. 准备工具、仪表

参照附录 A "工具、仪表清单",结合本任务实际选取必要的工具、仪表,并对其进行检查,确保它们都能正常使用。

2. 领取器材

根据器材清单(见表 3-8)中的元器件名称或符号领用相应的器材,并用仪表检测元器件判断其好坏,如果元器件有故障,需要先进行修复或更换。参照相关元器件实物或其说明书,完成器材清单中器材品牌、型号(规格)等相关内容的填写。

表 3-8 触摸屏 + PLC + 变频器控制三相交流异步电动机点动与连续运行混合控制线路器材清单

符号	元器件名称	品牌	型号	数量	检测	备注
PLC	可编程序控制器			1		根据实训室配置填写
FU						
M						
	变频器					
	触摸屏					
	冷压端子					
	接线端子排					
	导线					

3. 安装线路

(1) 设计线路 首先设计出合理的 I/O 分配表,可参考表 3-7,然后根据 I/O 分配表设计出触摸屏+PLC+变频器控制三相交流异步电动机点动与连续运行混合控制线路电气原理图,如图 3-20 所示。

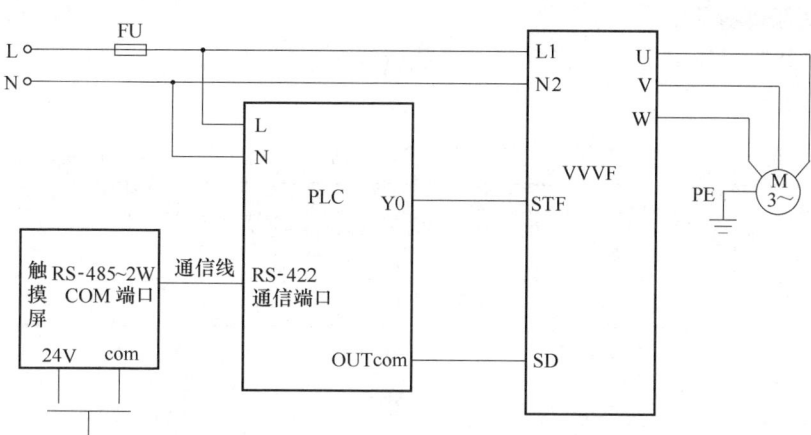

图 3-20 触摸屏+PLC+变频器控制三相交流异步电动机点动与连续运行混合控制线路电气原理图

(2) 安装线路 参照图 3-21 所示的元器件布置参考图及实训场地实际情况,用紧固件将元器件安装在合理位置,再根据图 3-20 所示的触摸屏+PLC+变频器控制的三相交流异步电动机点动与连续运行混合控制线路电气原理图进行接线。

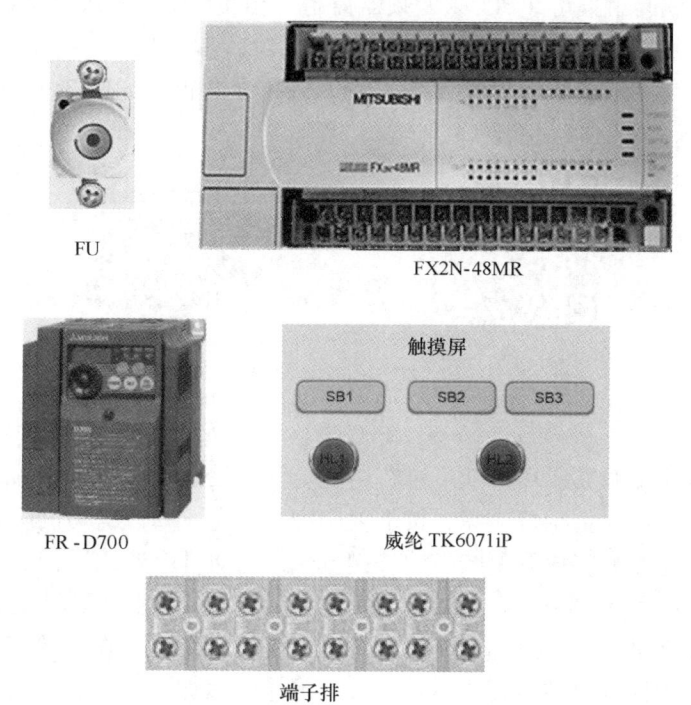

图 3-21 触摸屏+PLC+变频器控制三相交流异步电动机点动与连续运行混合控制线路元器件布置参考图

4. 检测线路

安装好触摸屏+PLC+变频器控制三相交流异步电动机点动与连续运行混合控制线路后，在通电前务必对接线及 I/O 连线进行检测，需特别注意各元器件的电压等级。另外，还需要检查触摸屏与 PLC 的通信连接是否牢固。

5. 设置变频器参数

接通变频器的工作电源，先将变频器参数恢复至出厂设置，再按表 3-9 所示的参数去设置变频器的相关参数。

表 3-9　触摸屏+PLC+变频器控制三相交流异步电动机点动与连续运行混合控制线路变频器参数

序号	变频器参数	功能说明	出厂值	最小设定单位	设定值
1	Pr. 79	操作模式选择	0	1	3
2	Pr. 1	上限频率	120Hz	0.01Hz	50Hz
3	Pr. 2	下限频率	0Hz	0.01Hz	15Hz
4	Pr. 3	基准频率	50Hz	0.01Hz	50Hz
5	Pr. 9	电子过电流保护	0.35A	0.01A	参考电动机额定电流
6	Pr. 7	加速时间	5s	0.1s	0.5s
7	Pr. 8	减速时间	5s	0.1s	0.1s

6. 编写程序

打开编程软件编写触摸屏+PLC+变频器控制三相交流异步电动机点动与连续运行混合控制的触摸屏画面及 SFC 程序，根据控制动作要求对所编写的程序进行仿真演示，确保所编程序无误后，将程序下载至触摸屏或 PLC 中。SFC 参考程序如图 3-19 所示，触摸屏参考画面如图 3-21 所示。

视频 21

视频 22

7. 调试线路

检查接线及程序下载完成后，就可以在熔座上安装熔管了。接通交流电源，此时电动机应不转，触摸屏上的停止指示灯应亮；按下复归型软按键 SB2，电动机应起动并运行，触摸屏上的运行指示灯应点亮，松开复归型软按键 SB2，电动机应连续运行；按下复归型软按键 SB1，电动机应停止运行，触摸屏上的运行指示灯应熄灭，停止指示灯应亮；按下复归型软按键 SB3，电动机应起动并运行，触摸屏上的运行指示灯应亮，松开复归型软按键 SB3，电动机应停止运行，触摸屏上的运行指示灯应灭，停止指示灯应亮。若电路不能正常工作，则应先切断电源，排除故障后才能重新通电。若要调整电动机的运行转速，可改变下限频率 Pr. 2 的设定值。

单元3 电动机点动与连续运行混合控制线路的安装与调试

*任务总结与评价

参考附录 D "触摸屏+PLC+变频器控制三相交流异步电动机控制线路的安装与调试评价表",对触摸屏+PLC+变频器控制三相交流异步电动机点动与连续运行混合控制线路的安装与调试进行评价,并根据学生实际完成情况进行总结。

*任务拓展

用 MOV 指令实现触摸屏+PLC+变频器控制三相交流异步电动机点动与连续运行混合控制

用功能指令(MOV)来实现触摸屏+PLC+变频器控制三相交流异步电动机点动与连续运行混合控制,表 3-10 是输入/输出信号表,图 3-22 是参考梯形图。

表 3-10 输入/输出信号表

输入			传送数据数制转换		输出	
地址	外接硬件初始状态	初始信号	十六进制数据	二进制数据	Y0	备注
M0	复归型软按键	0	H0	00	0	正转停止
M1	复归型软按键	0	H1	01	1	连续运行起动
M2	复归型软按键	0	H1	01	1	点动运行起动

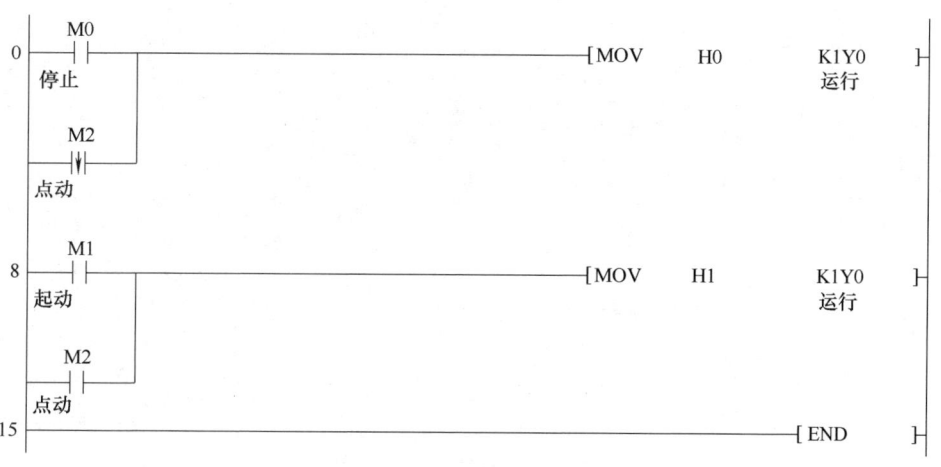

图 3-22 参考梯形图

*思考与练习

设计 PLC 控制三相交流异步电动机点动与连续运行混合控制线路,要求能两地控制三相交流异步电动机，一处用按钮实现，另一处用触摸屏实现，任何一处都能实现点动、连续运行、停止控制。

1. 请设计出 I/O 分配表。
2. 请设计出 I/O 接线图。
3. 请用两种编程方法设计出梯形图。

视频 23

单元 4　电动机正反转控制线路的安装与调试

*学习指南

生产机械常常需要上下、左右、前后等方向的运动，这就要求电动机能够正反转运行，如电梯的升降控制线路。三相交流异步电动机的正反转控制线路有许多类型，如接触器联锁控制线路、按钮和接触器双重联锁控制线路、PLC控制控制线路、变频器控制线路等。

*知识体系

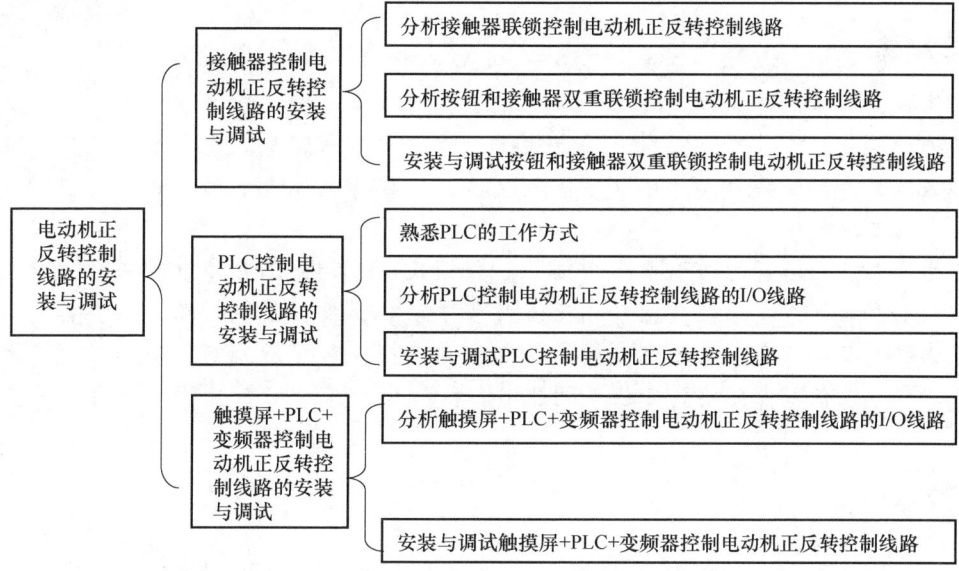

4.1　接触器控制电动机正反转控制线路的安装与调试

*学习目标

技能目标：

（1）能识读接触器控制三相交流异步电动机正反转控制线路的原理图。

(2) 能分析接触器控制三相交流异步电动机正反转控制线路的工作原理。
(3) 能安装与调试接触器控制三相交流异步电动机正反转控制线路。
知识目标：
(1) 熟悉接触器控制电动机正反转控制线路中各元器件的作用。
(2) 熟悉正反转控制线路中的互锁原理。
素养目标：
(1) 能执行安全操作规程、施工现场管理规定及"7S"管理规定。
(2) 能展示施工技术要点，总结收获，反思不足。
(3) 能与他人合作，具有良好的沟通能力和团队精神。

*描述任务

某小型纺织生产企业根据生产要求采购了一款电动机为三相交流异步电动机的排风扇，但需要对电气控制线路进行改装，要求排风扇能实现排出式与吸入式的排风方式，并用"按钮"实现远程控制。

*任务分析

排出式排风方式是从自然进气口进入空气，通过排气扇排出污浊空气；吸入式排风方式是通过换气扇吸入新鲜空气，从自然排气口排出污浊空气。同一台排风扇要实现排出式与吸入式两种工作方式，可以用接触器控制三相交流异步电动机正反转控制线路来实现。

完成此任务应具备的知识点为，接触器联锁控制三相交流异步电动机正反转控制线路、按钮和接触器双重联锁控制三相交流异步电动机正反转控制线路，应具备的技能点为正确选择工具、仪表、元器件，按图施工，完成按钮和接触器双重联锁控制三相交流异步电动机正反转控制线路的安装与调试。

*必备知识

一、分析接触器联锁控制三相交流异步电动机正反转控制线路

改变三相交流异步电动机绕组接入电源的相序，可实现三相交流异步电动机的正反转控制，将其3根电源相线中的任意两根对调即可（称为换相），通常是保持V相不变，将U相与W相对调。为了保证两个接触器动作时，能够可靠地调换电动机的电源相序，接线时应使接触器主触点的上接线柱保持一致，在接触器主触点的下接线柱调相。

图4-1所示为接触器联锁控制三相交流异步电动机正反转控制线路电气原理图。合上断路器QF，接通电源，即可操作电动机转动。

该控制线路的动作过程是：

单元 4　电动机正反转控制线路的安装与调试

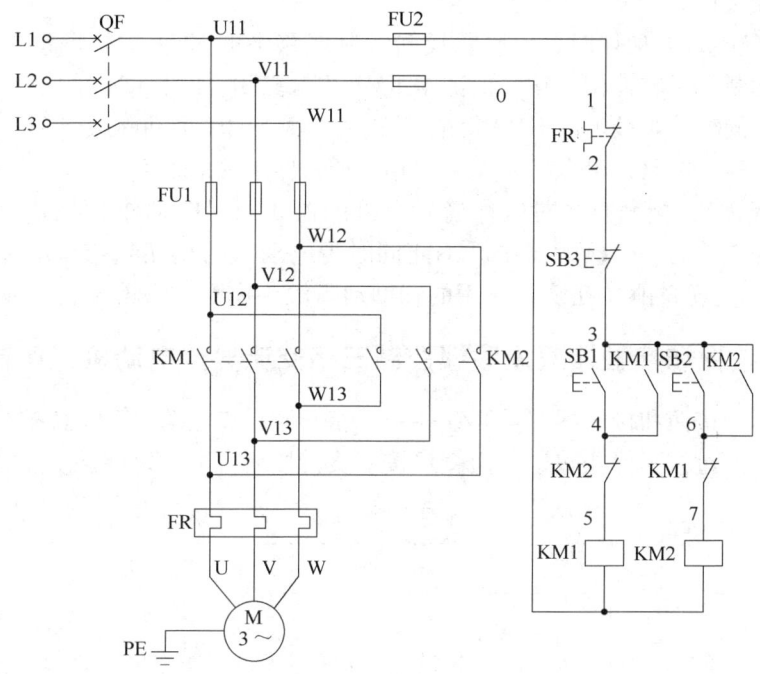

图 4-1　接触器联锁控制三相交流异步电动机正反转控制线路电气原理图

（1）正向起动过程

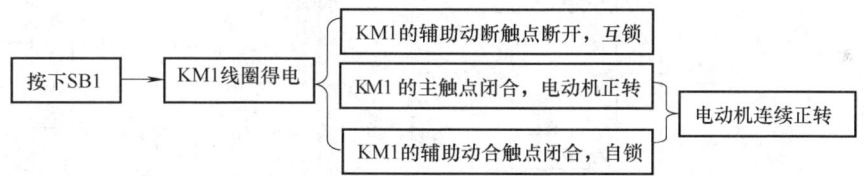

（2）停止控制过程

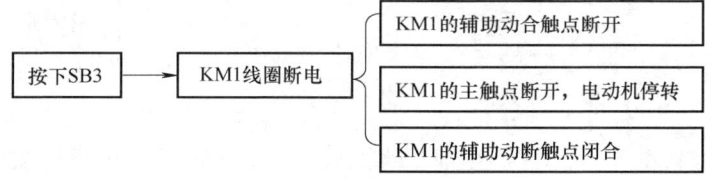

（3）反向起动过程

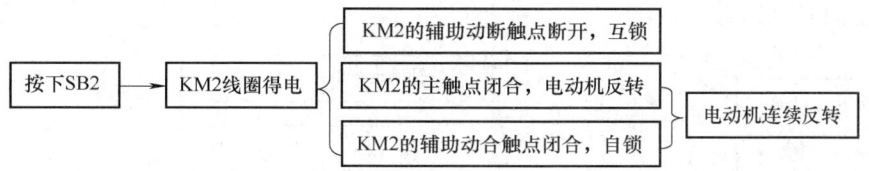

根据以上分析可以得出，接触器联锁控制三相交流异步电动机正反转控制线路的优点是：工作安全可靠，其缺点是操作不便，电动机从正转变为反转时，必须先按下停止按钮，

才能按反转起动按钮。

当接触器 KM1 得电动作时，串联在反转控制线路中的 KM1 的辅助动断触点分断，切断了反转控制电路，保证了 KM1 主触点闭合时，KM2 的主触点不能闭合。同样，当接触器 KM2 得电动作时，KM2 的辅助动断触点分断，切断了正转控制电路，可靠地避免了两相电源短路事故的发生。

视频 24

联锁（或互锁）：接触器之间这种当一个接触器线圈得电动作时，通过其辅助动断触点使另一个接触器线圈不能同时得电动作的相互制约作用称为"接触器联锁（或互锁）"。实现联锁（互锁）作用的辅助动断触点称为"联锁触点（或互锁触点）"。

二、分析按钮和接触器双重联锁控制三相交流异步电动机正反转控制线路

图 4-2 所示为按钮和接触器双重联锁控制三相交流异步电动机正反转控制线路电气原理图，能够实现不经过按下停止按钮，而直接按下反转按钮，电动机就能从正转到反转。

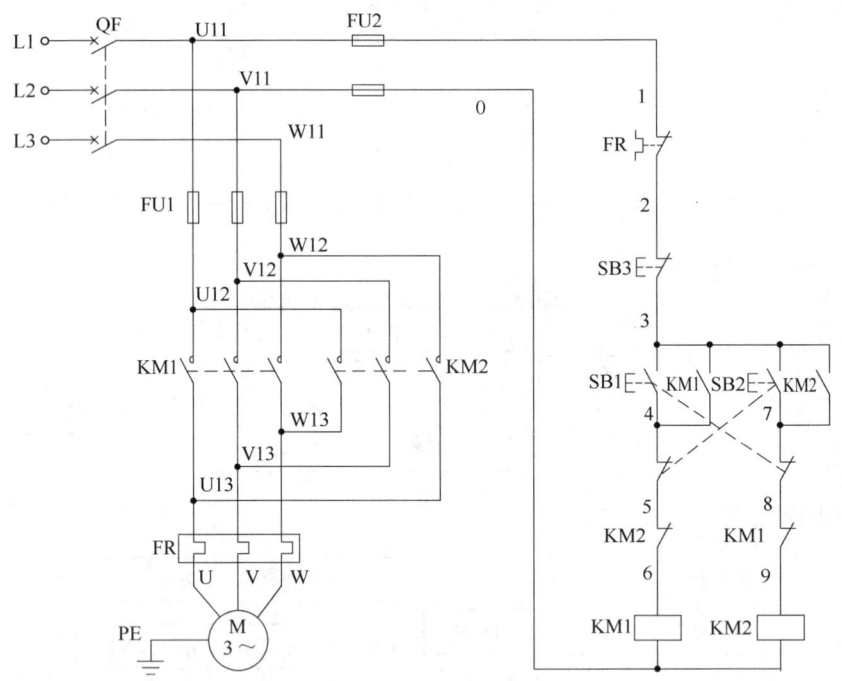

图 4-2 按钮和接触器双重联锁控制三相交流异步电动机正反转控制线路电气原理图

该控制线路的动作过程是：

（1）正向起动过程

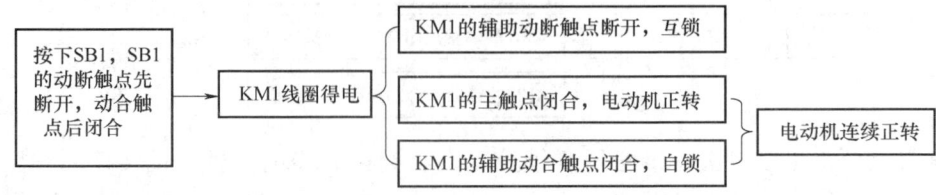

（2）反向起动过程

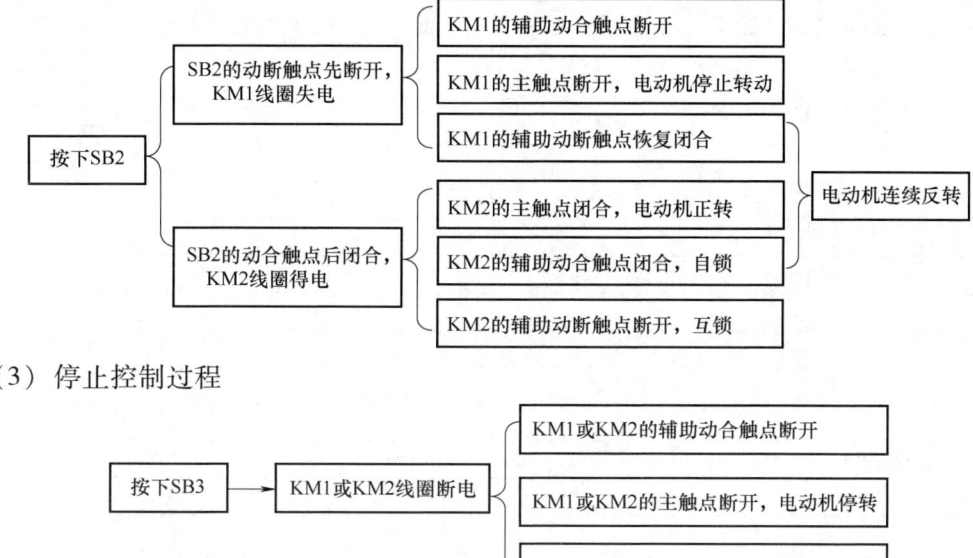

（3）停止控制过程

在工程运用过程中，常采用按钮和接触器双重联锁控制三相交流电动机正反转控制线路。其优点是：当需要改变电动机的转向时，只要直接按反转按钮就行了，不必先按停止按钮。这是因为，当电动机按正转方向运转时，线圈是通电的，如果正转状态时按下反转按钮 SB2，它串联在 KM1 线圈回路中的动断触点首先断开，将 KM1 线圈回路断开，相当于按下停止按钮 SB3 的作用，使电动机停转，随后反转按钮 SB2 的动合触点闭合，接通 KM2 线圈并自锁反转回路，KM2 主触点接通使电源相序相反，电动机反向旋转。同样，当电动机反向旋转时，若按下正转按钮 SB1，电动机就先停转后正转。该线路是利用按钮动作时，动断触点先断开、动合触点后闭合的时间差来保证换向时 KM1 与 KM2 的动断触点复位。

视频 25

*任务实施

技能训练 10　安装与调试按钮和接触器双重联锁控制三相交流异步电动机正反转控制线路

完成图 4-2 所示的按钮和接触器双重联锁控制三相交流异步电动机正反转控制线路的安装与调试。

1. 准备工具、仪表

参照附录 A"工具、仪表清单"，结合本任务实际选取必要的工具、仪表，并对其进行检查，确保它们都能正常使用。

2. 领取器材

根据器材清单（见表 4-1）中的元器件名称或符号领用相应的器材，并用仪表检测元器件判断其好坏，如元器件有故障，需先进行修复或更换。参照相关元器件实物或其说明书，完成器材清单中器材品牌、型号（规格）等相关内容的填写。

表 4-1 按钮和接触器双重联锁控制三相交流异步电动机正反转控制线路器材清单

符号	名称	品牌	型号	数量	检测情况	备注
QF						
FU1						
FU2						
KM1						
KM2						
SB1						
SB2						
SB3						
FR						
M						
	冷压端子					
	接线端子排					
	导线					

3. 安装线路

参照图 4-3 所示的元器件布置参考图及实训场地实际情况，用紧固件将元器件安装在合理位置，再根据图 4-2 所示的电气原理图进行接线。

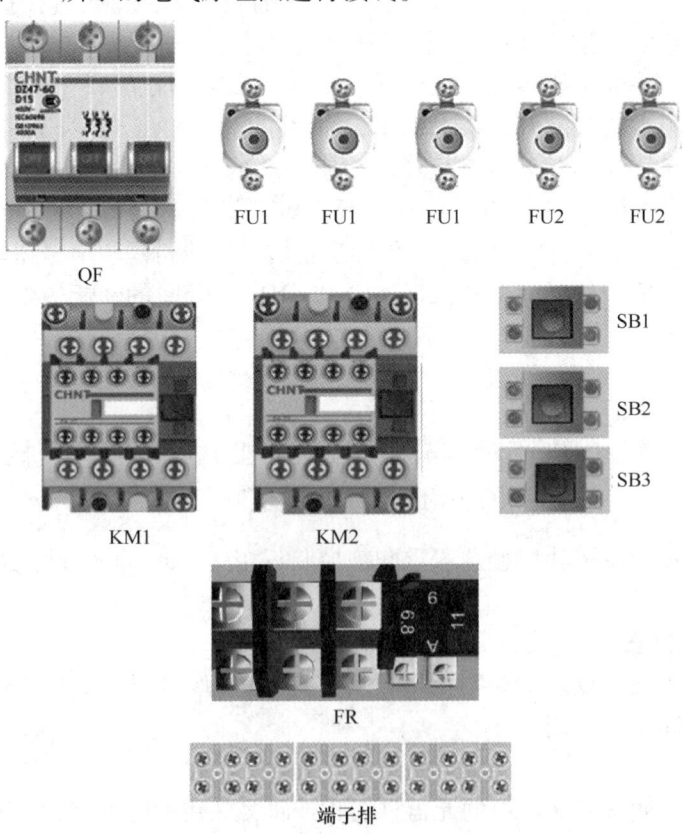

图 4-3 按钮和接触器双重联锁控制三相交流异步电动机正反转控制线路元器件布置参考图

4. 检测线路

安装好按钮和接触器双重联锁控制三相交流异步电动机正反转控制线路后,在通电测试前务必对主电路及控制电路进行检测。

(1) 主电路检测　安装上主电路中的熔断器 FU1 熔管,拆下控制电路中的熔断器 FU2 熔管,先分别测量 U11 与 V11,U11 与 W11,V11 与 W11 之间的电阻,正常阻值应为无穷大。当用螺钉旋具分别压下接触器触点架后,万用表应显示电动机定子绕组的阻值,而当同时压下接触器 KM1 与 KM2 时,则会出现 U11 与 W11 相间短路的现象。

(2) 控制电路检测　安装上控制电路中的熔断器 FU2 熔管,拆下主电路中的熔断器 FU1 熔管,先对 U11 与 V11 进行检测,正常阻值应为无穷大。按下正转或反转按钮后,万用表应显示接触器线圈的阻值,同时按下正转和停止或反转和停止按钮时阻值应为无穷大,同时按下正转和反转按钮时阻值也应为无穷大,否则是没有按钮互锁。松开按钮,用螺钉旋具分别压下接触器 KM1、KM2 触点架后,万用表应显示接触器线圈的阻值,用螺钉旋具同时压下接触器 KM1、KM2 触点架后阻值应为无穷大,否则是没有接触器互锁。

(3) 数据记录　将检测数据填入表 4-2,并根据检测数据判断主电路及控制电路的接线是否正常,如果数据异常,需及时查明原因。

表 4-2　双重联锁的正反转控制线路检测数据

项目	元器件状态	万用表表笔位置	阻值/Ω	结果判断	备注
主电路检测	未压下接触器 KM1 或 KM2 触点架	U11 与 V11			
		U11 与 W11			
		V11 与 W11			
	压下接触器 KM1 触点架	U11 与 V11			
		U11 与 W11			
		V11 与 W11			
	压下接触器 KM2 触点架	U11 与 V11			
		U11 与 W11			
		V11 与 W11			
	同时压下接触器 KM1 与 KM2 触点架	U11 与 W11			
控制电路检测	未按下任何元器件	U11 与 V11			
	按下正转按钮	U11 与 V11			
	按下反转按钮	U11 与 V11			
	同时按下正转和停止按钮	U11 与 V11			
	同时按下反转和停止按钮	U11 与 V11			
	同时按下正转和反转按钮	U11 与 V11			
	压下接触器 KM1 触点架	U11 与 V11			
	压下接触器 KM2 触点架	U11 与 V11			
	同时压下接触器 KM1 与 KM2 触点架	U11 与 V11			

5. 调试线路

检查接线并分析所测数据无误后,就可以安装上 FU1 及 FU2 熔管了。合上断路器 QF,接通交流电源,此时电动机应不转。按下正转按钮,电动机应起动并正向转动;按下停止按钮,电动机应停转;按下反转按钮,电动机应反向转动,可用钳形电流表测量电动机的工作电流。本线路是按钮和接触器双重联锁控制三相交流异步电动机正反转控制线路,三相交流异步电动机应当可以实现从正转到反转的直接切换。若线路不能正常工作,则应先切断电源,排除故障后才能重新通电。

*任务总结与评价

参考附录 B "接触器控制三相交流异步电动机控制线路的安装与调试评价表",对按钮和接触器双重联锁控制三相交流异步电动机正反转控制线路的安装与调试进行评价,并根据学生实际完成情况进行总结。

*任务拓展

交流异步电动机的保护主要有 4 种,对应的故障危害,保护电器和工作原理见表 4-3。

表 4-3 交流异步电动机的保护电器和工作原理

项目	故障危害	保护电器	工作原理
短路保护	线路出现短路现象时,会产生很大的短路电流,电器及导线等电气设备严重损坏,甚至引发火灾	熔断器和低压断路器	熔断器的熔体与被保护的线路串联,当线路正常工作时,熔断器的熔体不起作用,相当于一根导线,其上面的降压很小,可忽略不计。当线路短路时,很大的短路电流通过熔体,使熔体立刻熔断,切断电动机电源,电动机停转。同样,若电动机中接入低压断路器,当出现短路现象时,低压断路器会立即跳闸,切断电源使电动机停转
过载保护	电动机负载过大,起动操作频繁或断相运行,会使电动机的工作电流长时间超过其额定电流,电动机绕组过热,温升超过其允许值,导致电动机的绝缘材料变脆,寿命缩短,严重时会使电动机发热烧坏	热继电器	当电动机的工作电流小于或等于额定电流时,热继电器不动作;当电动机短时间过载或过载电流较小时,热继电器不动作,或经过较长时间才动作;当电动机过载电流较大时,串联在主电路中的发热元件会在较短时间内发热弯曲变形,使串联在控制电路中的动断触点断开,先后切断控制电路和主电路的电源,使电动机停转
欠电压保护	电动机欠电压运行时,负载没有改变,电动机转速下降,定子绕组的电流增加。此时,电流增加的幅度尚不足以使熔断器和热继电器动作,如长时间不采取措施,会使电动机过热损坏。欠电压将引起一些电器释放,使线路不能正常工作,可能危害人身安全或导致设备事故	接触器和电磁式电压继电器	在大多数机床电气控制线路中,接触器兼有欠电压保护功能,少数线路需专门装设电磁式电压继电器,起欠电压保护作用。一般当电网电压降低到额定电压的 85% 以下时,接触器(或电压继电器)线圈产生的电磁吸力将小于复位弹簧的拉力,动铁心被迫释放,其主触点和自锁触点同时断开,切断主电路和控制电路电源,使电动机停转

(续)

项目	故障危害	保护电器	工作原理
失电压保护/零电压保护	生产机械在工作时，由于某种原因而发生电网突然同时停电，这时电源电压下降为0V，电动机停转，生产机械的动作部件也随之停止运转。一般情况下，操作人员不可能及时拉开电源开关，如不采取措施，当电源电压恢复正常时，电动机便会自动起动运转，很可能造成人身和设备事故，并引起过电流和瞬间网路电压下降	接触器和中间继电器	当电网停电时，接触器和中间继电器线圈中的电流消失，电磁吸力也随之消失，动铁心释放，触点复位，切断了主电路和控制电路电源，当电网恢复供电时，若不重新按下起动按钮，则电动机就不会自动起动

*思考与练习

1. 怎样使三相交流异步电动机改变旋转方向？
2. 什么叫联锁？在三相交流异步电动机正反转控制线路中为什么必须使用联锁？
3. 在图4-1所示接触器联锁控制三相交流异步电动机正反转控制线路中，如果KM1接触器不能自锁，试分析产生该故障的可能原因。
4. 在图4-1所示接触器联锁控制三相交流异步电动机正反转控制线路中，如果在调试线路时出现电动机能正向连续旋转及停止，但不能反向起动，试分析产生该故障的可能原因。
5. 在图4-1所示接触器联锁控制三相交流异步电动机正反转控制线路与图4-2所示按钮和接触器双重联锁控制三相交流异步电动机正反转控制线路在控制功能上有哪些不同点？
6. 在图4-2所示按钮和接触器双重联锁控制三相交流异步电动机正反转控制线路中，如果KM2接触器不能自锁，试分析产生该故障的可能原因。

4.2 PLC控制电动机正反转控制线路的安装与调试

*学习目标

技能目标：
(1) 能分析PLC控制三相交流异步电动机正反转控制线路的I/O分配表。
(2) 能分析PLC控制三相交流异步电动机正反转控制线路的I/O接线图。
(3) 能分析PLC控制三相交流异步电动机正反转控制线路的梯形图与指令语句表。
(4) 能安装与调试PLC控制三相交流异步电动机正反转控制线路。

知识目标：
(1) 理解PLC的扫描工作方式及扫描周期。
(2) 熟悉PLC控制三相交流异步电动机正反转控制线路中各元器件的作用。

素养目标：
(1) 能高效获取、正确整理、有效运用相关信息。

(2) 能树立安全环保、技术革新意识。
(3) 具备吃苦耐劳、爱岗敬业和诚实守信的工作态度。

*描述任务

某小型纺织生产企业为了提高排风系统的可靠性，需要进行技术革新，将原来的按钮和接触器双重联锁控制三相交流异步电动机正反转的排风扇改造为 PLC 控制。

*任务分析

完成此任务应具备的知识点为 PLC 的软件组成、PLC 控制三相交流异步电动机正反转控制线路，应具备的技能点为正确选择工具、仪表、元器件，按图施工，完成 PLC 控制三相交流异步电动机正反转控制线路的安装与调试。

*必备知识

一、熟悉 PLC 的软件组成

PLC 的软件包括系统监控程序和用户程序两大部分。系统监控程序是由 PLC 的生产厂家编制的，用于控制 PLC 的运行，包括管理程序、用户指令解释程序、标准程序模块和系统调用 3 个部分。用户程序又称为用户软件、应用软件等，是 PLC 的使用者编制的针对控制问题的程序。

二、分析 PLC 控制三相交流异步电动机正反转控制线路的 I/O 线路

1. 分析 I/O 分配表

PLC 控制三相交流异步电动机正反转控制线路的 I/O 分配见表 4-4。

表 4-4 PLC 控制三相交流异步电动机正反转控制线路的 I/O 分配

类别	外接硬件			PLC	功能
输入	按钮	SB1	动合	X0	正转
		SB2	动合	X1	反转
		SB3	动断	X2	停止
	热继电器	FR	动断	X3	过载保护
输出	交流接触器	KM1	线圈	Y0	正转
		KM2	线圈	Y1	反转

2. 分析 I/O 接线图

图 4-4 为 PLC 控制三相交流异步电动机正反转控制线路的 I/O 接线图，实现三相交流异

步电动机正转→停止→反转（或反转→停止→正转）控制或正转→反转→停止（或反转→正转→停止）控制。

在设计 PLC 控制三相交流异步电动机正反转控制线路的 I/O 接线图时，还需要考虑硬件的响应速度，务必要对接触器 KM1 及 KM2 进行互锁，不进行互锁会因为 PLC 扫描周期短而接触器响应速度慢，极易发生 KM1 与 KM2 主电路短路的现象。不能使用 PLC 内部定时器来延长 KM1 线圈失电与 KM2 线圈得电（或 KM2 线圈失电与 KM1 线圈得电）的切换速度，而省去接触器 KM1 与 KM2 的互锁，因为即使接触器线圈失电了，但接触器的触点也有可能不能复位，主要原因有接触器剩磁（接触器线圈断电后，接触器存在剩磁，导致接触器主触点不能断开或延时断开）、接触器机械卡死及安装角度等原因。

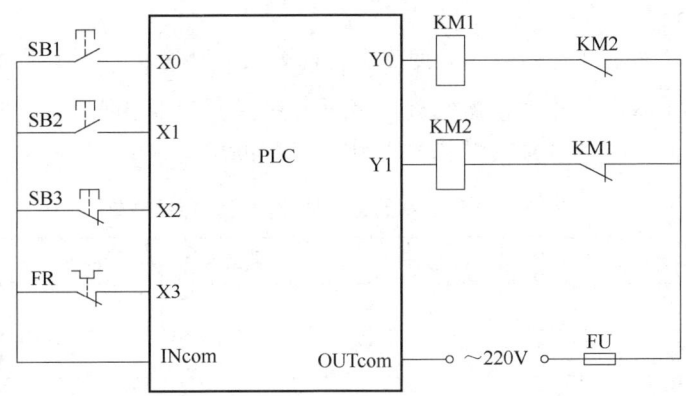

图 4-4 PLC 控制三相交流异步电动机正反转控制线路的 I/O 接线图

3. 分析 PLC 程序

图 4-4 所示的 PLC 控制三相交流异步电动机正反转控制线路的 I/O 接线图对应的梯形图和指令语句表如图 4-5 所示。该程序能使电动机实现正转→反转→停止（或反转→正转→停止）控制功能。

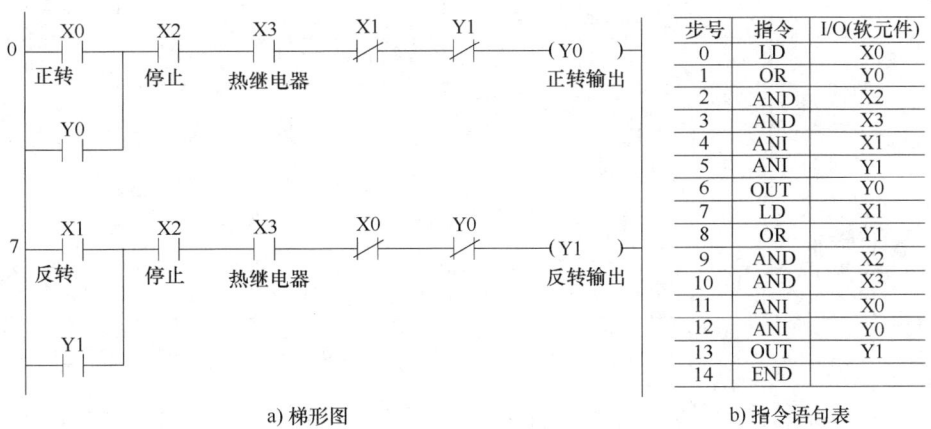

图 4-5 PLC 控制电动机正转→反转→停止控制程序

*任务实施

技能训练 11　安装与调试 PLC 控制三相交流异步电动机正反转控制线路

将图 4-2 所示的按钮和接触器双重联锁控制三相交流异步电动机正反转控制线路改为 PLC 控制。

1. 准备工具、仪表

参照附录 A "工具、仪表清单",结合本任务实际选取必要的工具、仪表,并对其进行检查,确保它们都能正常使用。

视频 26

2. 领取器材

根据器材清单(见表 4-5)中的元器件名称或符号领用相应的器材,并用仪表检测元器件判断其好坏,如元器件有故障,需先进行修复或更换。参照相关元器件实物或其说明书,完成器材清单中器材品牌、型号(规格)等相关内容的填写。

表 4-5　PLC 控制的正反转控制线路器材清单

符号	元器件名称	品牌	型号	数量	检测	备注
PLC	可编程序控制器			1		根据实训室配置填写
QF						
FU1						
FU2						
FU3						
KM1						
KM2						
SB1						
SB2						
SB3						
FR						
M						
	冷压端子					
	接线端子排					
	导线					

3. 安装线路

(1) 设计线路　首先设计出合理的 I/O 分配表,可参考表 4-5,然后根据 I/O 分配表设计出 PLC 控制三相交流异步电动机正反转控制线路电气原理图,如图 4-6 所示。

(2) 安装线路　参照图 4-7 所示的 PLC 控制三相交流异步电动机正反转控制线路元器件布置参考图及实训场地实际情况,用紧固件将元器件安装在合理位置。在布置元器件时,

单元 4　电动机正反转控制线路的安装与调试

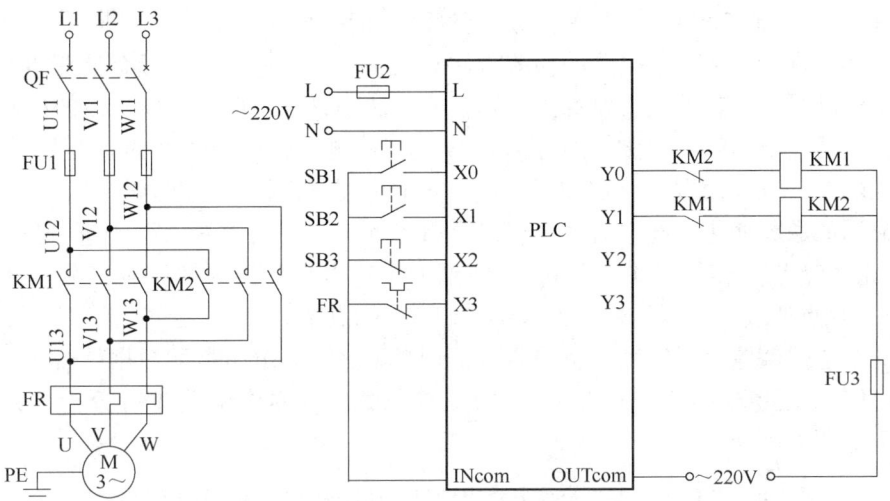

图 4-6　PLC 控制三相交流异步电动机正反转控制线路电气原理图

应考虑相同元器件尽量摆放在一起，主电路中相关元器件的安装位置要与电路图有一定的对应关系，达到布局合理、间距合适、接线方便的要求。元器件安装调整到位后，再根据图 4-6 所示的 PLC 控制三相交流异步电动机正反转控制线路电气原理图进行接线。

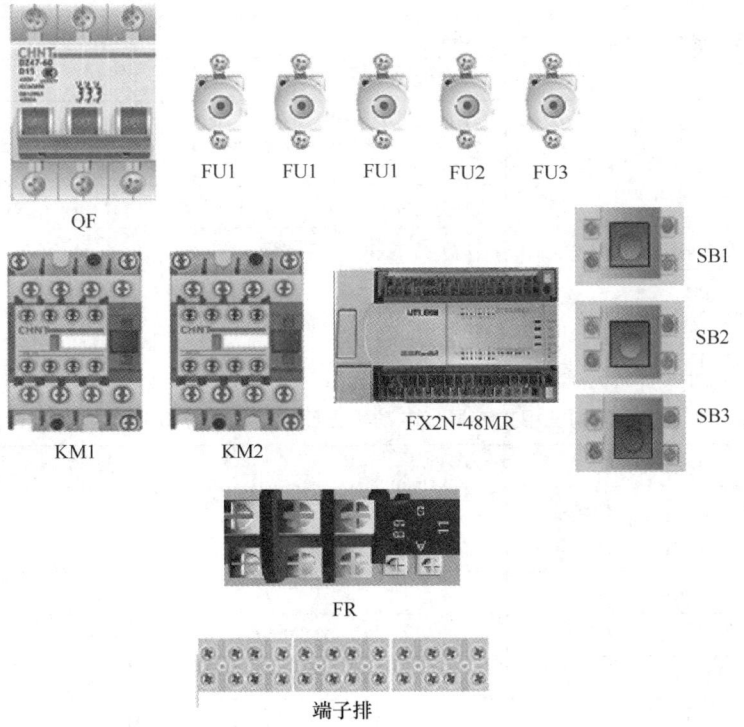

图 4-7　PLC 控制三相交流异步电动机正反转控制线路元器件布置参考图

4. 检测线路

安装好 PLC 控制三相交流异步电动机正反转控制线路后，在通电前务必对主电路及 PLC 的 I/O 连线进行检测，主电路的检测方法与图 4-2 所示的按钮和接触器双重联锁控制三相交流异步电动机正反转控制线路的主电路检测方法一样。PLC 的 I/O 连线的检测可分为输入信号的检测及输出信号的检测。对输入信号进行检测：将万用表两表笔分别放在 PLC 要检测的输入端及 INcom 两端，分别按下按钮、热继电器复位按钮等输入信号，看输入信号在万用表上显示的通断变化情况。对输出信号进行检测：可以将万用表两表笔分别放在 Y0 及 Y1 两端，此时应为接触器 KM1 与 KM2 两线圈的串联电阻；当用螺钉旋具分别压下接触器 KM1 与 KM2 触点架或同时压下接触器 KM1 与 KM2 触点架时，因为接触器 KM1 与 KM2 的互锁关系，此时电阻值应为无穷大。将检测数据记录下来，并分析检测数据是否正常。

将主电路的检测数据填入表 4-6，并根据检测数据，对主电路进行分析，如果电路异常，需及时查明原因。

表 4-6　PLC 控制三相交流异步电动机正反转控制线路主电路检测数据

项目	元器件状态	万用表表笔位置	阻值/Ω	结果判断	备注
主电路检测	未压下接触器 KM1 或 KM2 触点架	U11 与 V11			
		U11 与 W11			
		V11 与 W11			
	压下接触器 KM1 触点架	U11 与 V11			
		U11 与 W11			
		V11 与 W11			
	压下接触器 KM2 触点架	U11 与 V11			
		U11 与 W11			
		V11 与 W11			
	同时压下接触器 KM1 与 KM2 触点架	U11 与 W11			

将 I/O 连线检测数据填入表 4-7，并根据检测数据对 I/O 连线进行分析，如果 I/O 连线异常，需及时查明原因。

表 4-7　PLC 控制三相交流异步电动机正反转控制线路 I/O 连线检测数据

输入检测				输出检测			
万用表表笔位置	初始阻值/Ω	切换状态后阻值/Ω	结果分析	万用表表笔位置	动作	阻值/Ω	结果分析
X0 与 INcom				Y0 与 Y1	初始状态		
X1 与 INcom				Y0 与 Y1	压下 KM1 触点架		
X2 与 INcom				Y0 与 Y1	压下 KM2 触点架		
X3 与 INcom				Y0 与 Y1	同时压下 KM1 与 KM2 触点架		

5. 编写程序

打开编程软件编写 PLC 控制三相交流异步电动机正反转控制程序,按照正反转控制的动作要求对所编程序进行仿真演示,确保所编程序无误后下载程序至 PLC 中。参考程序如图 4-5 所示。

6. 调试线路

检查接线并分析所测数据无误及程序下载完成后,就可以在熔座上安装熔管了。合上断路器 QF,接通交流电源,此时电动机应不转。按下正转按钮,电动机应起动并正向旋转,按下反转按钮,电动机应反向旋转,可用钳形电流表测量电动机的工作电流。按下停止按钮,电动机应停转。若线路不能正常工作,则应先切断电源,排除故障后才能重新通电。

视频 27

*任务总结与评价

参考"PLC 控制三相交流异步电动机控制线路的安装与调试评价表"(见附录 C),对 PLC 控制三相交流异步电动机正反转控制线路的安装与调试进行评价,并根据学生实际完成情况进行总结。

*任务拓展

PLC 的历史与发展趋势

1. PLC 的历史

1968 年,美国通用汽车公司提出取代继电器控制装置的要求。

1969 年,美国数字设备公司(DEC)研制出了第一台可编程序控制器 PDP-14,在美国通用汽车公司的生产线上试用成功,首次采用程序化的手段应用于电气控制,这是第一代可编程序控制器,称为 Programmable,是世界上公认的第一台 PLC。

1971 年,日本研制出第一台 DCS-8。

1973 年,德国研制出第一台 PLC。

1974 年,中国研制出第一台 PLC。

20 世纪 70 年代初出现了微处理器,人们很快将其引入可编程序控制器,使 PLC 增加了运算、数据传送及处理等功能,完成了真正具有计算机特征的工业控制装置。此时的 PLC 为微机技术和继电器常规控制概念相结合的产物。个人计算机发展起来后,为了方便和反映可编程序控制器的功能特点,可编程序控制器命名为 Programmable Logic Controller(PLC)。PLC 是一种专门为在工业环境下应用而设计的数字运算操作的电子装置。它采用可以编制程序的存储器,用来在其内部存储执行逻辑运算、顺序运算、计时、计数和算术运算等操作的指令,并能通过数字式或模拟式的输入和输出,控制各种类型的机械或生产过程。

20 世纪 70 年代中末期,可编程序控制器进入实用化发展阶段,计算机技术已全面引入可编程序控制器中,使其功能发生了飞跃。更高的运算速度、超小型体积、更可靠的工业抗干扰设计、模拟量运算、PID 功能及极高的性价比奠定了它在现代工业中的地位。

20 世纪 80 年代初,可编程序控制器在先进工业国家中已获得广泛应用。世界上生产可编程序控制器的国家日益增多，产量日益上升。这标志着可编程序控制器已步入成熟阶段。

20世纪80年代至90年代中期，是PLC发展最快的时期，年增长率一直保持为30%~40%。在这个时期，PLC在处理模拟量能力、数字运算能力、人机接口能力和网络能力方面得到了大幅度提高，PLC逐渐进入"过程控制"领域，在某些应用上取代了在过程控制领域处于统治地位的"DCS系统"。

20世纪末期，可编程序控制器的发展特点是更加适应现代工业的需要。这个时期发展了大型机和超小型机，诞生了各种各样的特殊功能单元，生产了各种人机界面单元、通信单元，使应用可编程序控制器的工业控制设备的配套更加容易。

2. PLC的发展趋势

PLC在功能上必须要不断地提高，应用上要不断地扩展和深入，具体发展趋势主要表现为以下几个方面：

1）功能向增强化和专业化的方向发展。针对不同行业的应用特点，开发出专业化的PLC产品，以此来提高产品的性能和降低产品的成本，提高产品的易用性和专业化水平。

2）规模向小型化和大型化的方向发展。"小型化"是指在提高系统可靠性的基础上，产品的体积越来越小，功能越来越强；"大型化"是指应用在工业过程控制领域较大的应用市场，应用功能从单一的逻辑运算扩展几乎能够满足所有的用户要求。

3）系统向标准化和开放化方向发展。开放性向计算机靠拢，在Windows平台上开发符合全新一代开放体系结构的PLC。通过提供标准化和开放化的接口，可以很方便地将PLC接入其他系统。

> *思考与练习

1. 简述PLC的工作方式和发展趋势。
2. 在PLC控制三相交流异步电动机正反转控制线路中，梯形图中有了互锁，为什么在外部硬件回路中还需要加互锁？
3. 在图4-4所示的PLC控制三相交流异步电动机正反转控制线路的I/O接线图中，如果停止按钮在硬件上使用动合信号，试编写其对应的梯形图，要求能实现从正转直接切换至反转。

4.3 触摸屏+PLC+变频器控制电动机正反转控制线路的安装与调试

> *学习目标
>
> **技能目标：**
> （1）能分析触摸屏+PLC+变频器控制三相交流异步电动机正反转控制线路的I/O分配表。
> （2）能分析触摸屏+PLC+变频器控制三相交流异步电动机正反转控制线路的I/O接线图。

(3) 能分析触摸屏+PLC+变频器控制三相交流异步电动机正反转控制线路的SFC程序。

(4) 能安装与调试触摸屏+PLC+变频器控制三相交流异步电动机正反转控制线路。

知识目标：

熟悉触摸屏+PLC+变频器控制三相交流异步电动机正反转控制线路中各元器件的作用。

素养目标：

(1) 能执行安全操作规程、施工现场管理规定及"7S"管理规定。

(2) 能与他人合作，具有良好的沟通能力和团队精神。

*描述任务

某小型纺织生产企业为了实现排风系统的节能增效，需要进行技术革新，将原来由PLC控制三相交流异步电动机正反转的排风扇改造为由触摸屏+PLC+变频器控制。

*任务分析

完成此任务应具备的知识点为触摸屏+PLC+变频器控制三相交流异步电动机正反转控制线路，需具备的技能点为正确选择工具、仪表、元器件，按图施工，完成触摸屏+PLC+变频器控制三相交流异步电动机正反转控制线路的安装与调试。

*必备知识

分析触摸屏+PLC+变频器控制三相交流异步电动机正反转控制线路的I/O线路。

1. 分析I/O分配表

由触摸屏+PLC+变频器控制三相交流异步电动机正反转的I/O分配见表4-8。

表4-8 触摸屏+PLC+变频器控制三相交流异步电动机正反转的I/O分配

类别	外接硬件			PLC	功能
输入	触摸屏	SB1	复归型软按键	M0	正转控制
		SB2	复归型软按键	M1	反转控制
		SB3	复归型软按键	M2	停止控制
输出	触摸屏	HL1	位状态指示灯	M3	停止指示
		HL2	位状态指示灯	M4	正转指示
		HL3	位状态指示灯	M5	反转指示
	变频器	STF	正转信号端子	Y0	正转
		STR	反转信号端子	Y1	反转

2. 分析I/O接线图

图4-8所示为触摸屏+PLC+变频器控制三相交流异步电动机正反转的I/O接线图，在

触摸屏上设计了正转、反转、停止功能的复归型按钮及电动机运行状态指示。

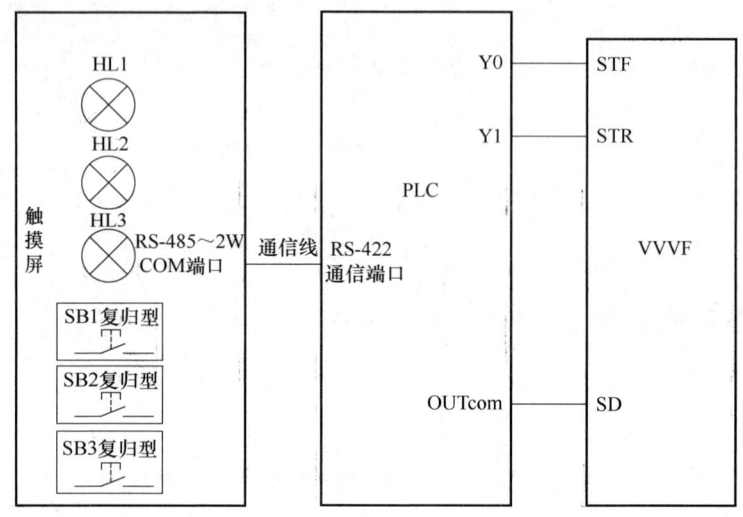

图 4-8　触摸屏 + PLC + 变频器控制三相交流异步电动机正反转的 I/O 接线图

3. 分析 SFC 程序

图 4-9 所示为触摸屏 + PLC + 变频器控制三相交流异步电动机正反转的 SFC 程序示意图。该程序能通过触摸屏实现电动机正转→反转→停止（或反转→正转→停止）控制功能，触摸屏上的运行状态指示灯能反映出电动机的运行状态。

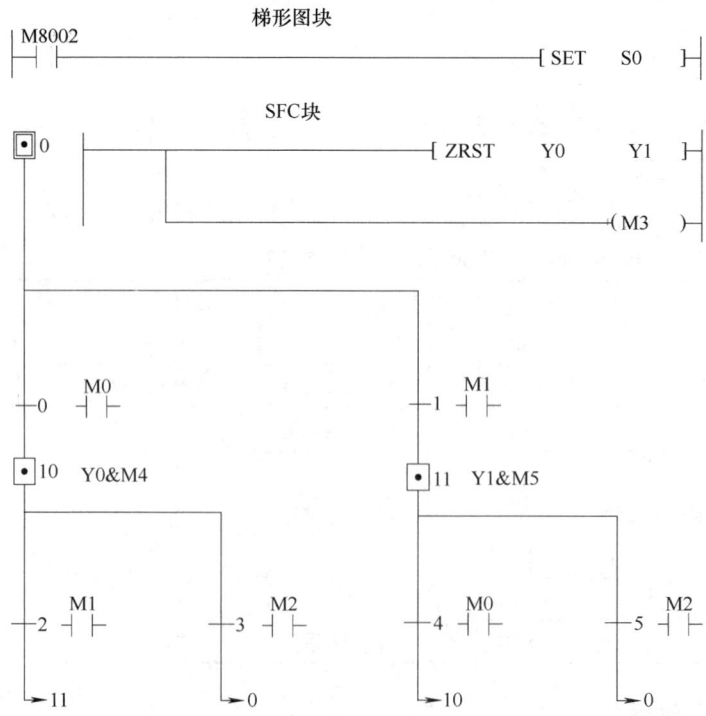

图 4-9　触摸屏 + PLC + 变频器控制三相交流异步电动机正反转的 SFC 程序示意图

*任务实施

技能训练 12　安装与调试触摸屏+PLC+变频器控制三相交流异步电动机正反转控制线路

视频 28

将图 4-6 所示的 PLC 控制三相交流异步电动机正反转控制线路改为触摸屏+PLC+变频器控制。

1. 准备工具、仪表

参照附录 A"工具、仪表清单",结合本任务实际选取必要的工具、仪表,并对选用的工具、仪表进行检查,确保工具、仪表都能正常使用。

2. 领取器材

根据器材清单(见表 4-9)中的元器件名称或符号领用相应的器材,并用仪表检测元器件判断其好坏,如元器件有故障,需先进行修复或更换。参照相关元器件实物或其说明书,完成器材清单中器材品牌、型号(规格)等相关内容的填写。

表 4-9　触摸屏+PLC+变频器控制三相交流异步电动机正反转控制线路器材清单

符号	元器件名称	品牌	型号	数量	检测	备注
PLC	可编程序控制器			1		根据实训室配置填写
FU						
M						
	变频器					
	触摸屏					
	冷压端子					
	接线端子排					
	导线					

3. 安装线路

(1) 设计线路　首先设计出合理的 I/O 分配表,可参考表 4-8,然后根据 I/O 分配表设计出触摸屏+PLC+变频器控制三相交流异步电动机正反转控制线路电气原理图,如图 4-10 所示。

(2) 安装线路　参照图 4-11 所示的元器件布置参考图及实训场地实际情况,用紧固件将元器件安装在合理位置,再根据图 4-10 所示的触摸屏+PLC+变频器控制三相交流异步电动机正反转控制线路电气原理图进行接线。

4. 检测线路

安装好触摸屏+PLC+变频器控制三相交流异步电动机正反转控制线路后,在通电前务必对接线及 I/O 连线进行检测,需特别注意各器件的电压等级。另外,还需要检查触摸屏与 PLC 的通信连接是否牢固。

5. 设置变频器参数

接通变频器的工作电源,先将变频器参数恢复至出厂设置,再按表 4-10 所示的参数设

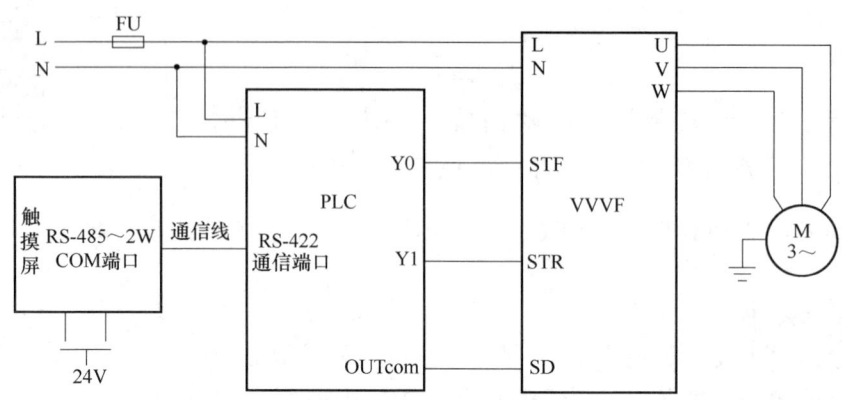

图 4-10　触摸屏 + PLC + 变频器控制三相交流异步电动机正反转控制线路电气原理图

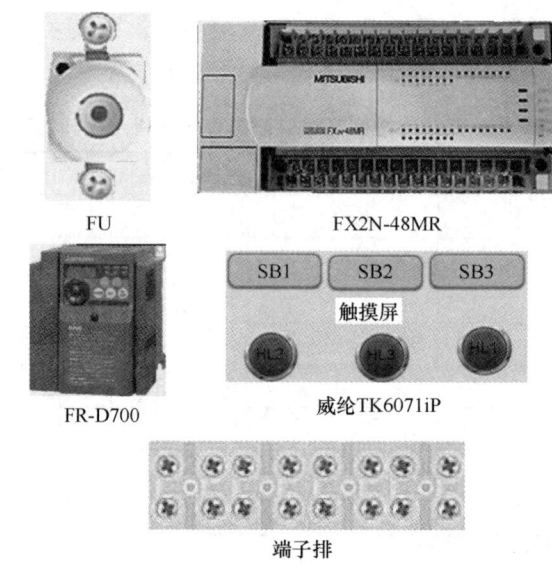

图 4-11　触摸屏 + PLC + 变频器控制三相交流异步电动机正反转控制线路元器件布置参考图

置变频器的相关参数。

表 4-10　触摸屏 + PLC + 变频器控制三相交流异步电动机正反转控制线路变频器参数

序号	变频器参数	功能说明	出厂值	最小设定单位	设定值
1	Pr. 79	操作模式选择	0	1	2
2	Pr. 1	上限频率	120Hz	0.01Hz	60Hz
3	Pr. 2	下限频率	0	0.01Hz	15Hz
4	Pr. 3	基准频率	50Hz	0.01Hz	50Hz
5	Pr. 7	加速时间	5s	0.1s	5s
6	Pr. 8	减速时间	5s	0.1s	0.1s
7	Pr. 9	电子过电流保护	0.35A	0.01A	参考电动机额定电流

6. 编写程序

打开编程软件编写触摸屏+PLC+变频器控制三相交流异步电动机正反转控制的触摸屏画面及 SFC 程序，根据正反转控制的动作要求对所编写的程序进行仿真演示，确保所编程序无误后，下载程序至触摸屏或 PLC 中。SFC 参考程序如图 4-6 所示，触摸屏参考画面如图 4-11 所示。

视频 29

视频 30

7. 调试线路

检查接线及程序下载完成后，就可以在熔座上安装熔管了。接通交流电源，此时电动机应不转。按下复归型软按键 SB1，电动机应正向转动，触摸屏上的正转指示灯点亮；按下复归型软按键 SB2，电动机应先停止正转，正转指示灯熄灭，后反向转动，触摸屏上的反转指示灯点亮；按下复归型软按键 SB3，电动机应停转。若线路不能正常工作，则应先切断电源，排除故障后才能重新通电。若要调整电动机的运行速度，可改变下限频率 Pr.2 的设定值。

*任务总结与评价

参考"触摸屏+PLC+变频器控制三相交流异步电动机控制线路的安装与调试评价表"（见附录 D），对触摸屏+PLC+变频器控制三相交流异步电动机正反转控制线路的安装与调试进行评价，并根据学生实际完成的情况进行总结。

*任务拓展

MOV 指令实现触摸屏+PLC+变频器控制三相交流异步电动机正反转

用功能指令（MOV）来实现触摸屏+PLC+变频器控制三相交流异步电动机正反转，表 4-11 是输入/输出信号表，图 4-12 是参考梯形图。

表 4-11 输入/输出信号表

输入			传送数据数制转换		输出		备注
地址	外接硬件初始状态	初始信号	十六进制数据	二进制数据	Y1	Y0	备注
M0	复归型软按键	0	H1	01	0	1	正转
M1	复归型软按键	0	H2	10	1	0	反转
M2	复归型软按键	0	H0	00	0	0	停止

```
     M0
     ─┤├─────────────────────────[ MOV      H1         K1Y0 ]─
   触摸屏正转

     M1
     ─┤├─────────────────────────[ MOV      H2         K1Y0 ]─
   触摸屏反转

     M2
     ─┤├─────────────────────────[ MOV      H0         K1Y0 ]─
   触摸屏停止

                                                      [ END ]─
```

图 4-12 梯形图

视频 31

*思考与练习

设计 PLC 控制三相交流异步电动机正反转线路，要求能两地控制三相交流异步电动机，一处用按钮实现，另一处用触摸屏实现，任何一处都能实现从正转直接到反转（或反转直接到正转）。

1. 请设计出 I/O 分配表。
2. 请设计出 I/O 接线图。
3. 请用两种编程方法设计出梯形图。

单元 5　电动机星三角减压起动控制线路的安装与调试

*学习指南

三相交流异步电动机因结构简单、价格便宜、可靠性高等优点被广泛应用,但在起动过程中起动电流较大,所以功率比较大的电动机必须采用特定方式起动。星三角减压起动就是一种简单方便的减压起动方式。

*知识体系

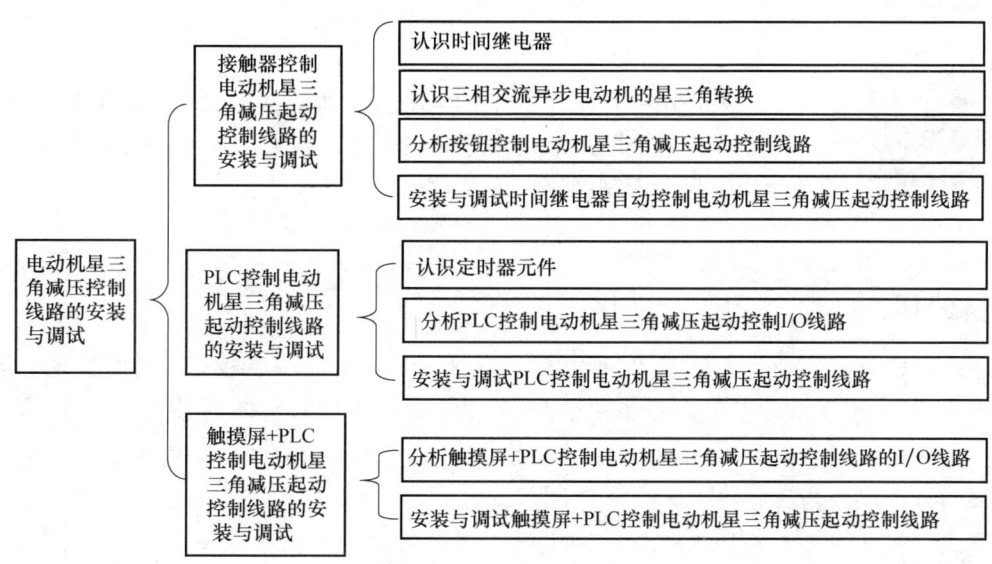

5.1 接触器控制电动机星三角减压起动控制线路的安装与调试

*学习目标

技能目标：
(1) 能识读三相交流异步电动机星三角减压起动控制线路的原理图。
(2) 能分析三相交流异步电动机星三角减压起动控制线路的工作原理。
(3) 能安装与调试接触器控制三相交流异步电动机星三角减压起动控制线路。

知识目标：
(1) 熟悉时间继电器的结构、工作原理和功能符号。
(2) 熟悉接触器控制三相交流异步电动机星三角减压起动控制原理。

素养目标：
(1) 能执行安全操作规程、施工现场管理规定及"7S"管理规定。
(2) 能展示施工技术要点，总结收获，反思不足。
(3) 能与他人合作，具有良好的沟通能力和团队精神。

*描述任务

某公司一台车床的主轴电动机，如果直接起动则容易造成瞬间电流过大，造成跳闸或烧毁电路的现象，现要求采用减压起动的方式设计减压起动控制线路并安装调试。

*任务分析

全压起动时的起动电流较大，一般为额定电流的 4~7 倍。电动机起动时，定子绕组接成星形（Y）联结时，加在每相定子绕组上的起动电压只有三角形（△）联结时的 $1/\sqrt{3}$，起动电流为△联结时的 1/3，起动转矩也只有△联结时的 1/3。凡是在正常运行时定子绕组作△联结的三相交流异步电动机，均可采用星三角减压起动方法。

完成此任务应具备的知识点为按钮控制三相交流异步电动机星三角减压起动控制线路、时间继电器自动控制三相交流异步电动机星三角减压起动控制线路，应具备的技能点为正确选择工具、仪表、元器件，按图施工并完成时间继电器自动控制三相交流异步电动机星三角减压起动控制线路的安装与调试。

单元 5　电动机星三角减压起动控制线路的安装与调试

*必备知识

一、认识时间继电器

1. 知悉时间继电器的种类及功能

在得到动作信号后，能按照一定的时间要求控制触点动作的继电器，称为时间继电器。

时间继电器的种类很多，常用的有电磁式、电动式、空气阻尼式、晶体管式、单片机控制式等类型。电磁式时间继电器的结构简单，价格低廉，但体积和重量大，延时时间较短，而且只能用于直流断电延时。电动式时间继电器是利用同步微电动机与特殊的电磁传动机械来产生延时的，延时精度高，延时可调范围大，但结构复杂，价格贵。空气阻尼式时间继电器的延时精度不高，体积大，已逐步被晶体管式取代。单片机控制式时间继电器是为了适应工业自动化控制水平越来越高而生产的，如 DHC6 多制式时间继电器，采用单片机控制，LCD 显示，具有 9 种工作制式，正计时、倒计时任意设定；8 种延时时段，延时范围从 0.01 s ~ 999.9h 任意设定；键盘设定时，设定完成之后可以锁定键盘，以防止误操作；可以按要求任意选择控制模式，使控制线路简单可靠。目前在电力拖动控制线路中，应用较多的是晶体管式时间继电器。图 5-1 所示为几款时间继电器实物图。

a) 晶体管式　　　b) 空气阻尼式　　　c) 电动式　　　d) 单片机控制式

图 5-1　时间继电器实物图

晶体管式时间继电器又称为半导体时间继电器或电子式时间继电器，具有机械结构简单、延时范围宽、整定精度高、体积小、耐冲击和耐振动、消耗功率小、调整方便及寿命长等优点，所以这种时间继电器发展迅速，已成为时间继电器的主流产品，应用越来越广。

2. 知悉晶体管式时间继电器的结构、分类及符号

晶体管式时间继电器按结构分为阻容式和数字式两类，按延时方式分为通电延时型、断电延时型及带瞬动触点的通电延时型。

JS20 系列晶体管式时间继电器是全国推广的统一设计产品，适用于交流 50Hz、电压 380V 及以下或直流电压 220V 及以下的控制电路中作为延时元件，按预定的时间接通或分断电路。它具有体积小、重量轻、精度高、寿命长、通用性强等优点。

（1）基本结构　JS20 系列晶体管式时间继电器的外形如图 5-1 所示，它具有保护外壳，其内部结构采用印制电路组件。安装和接线采用专用的插接座，并配有带插脚标记的下标牌作为接线指示，上标牌上还带有发光二极管作为动作指示。

JS20 系列时间继电器的结构形式有外接式、装置式和面板式 3 种。其中，外接式时间继电器的整定电位器可通过插座用导线连接到所需的控制板上；装置式时间继电器具有带接线端子的胶木底座；面板式时间继电器采用通用 8 大脚插座，可直接安装在控制台的面板上，另外还带有延时刻度和延时旋钮供整定延时时间用。JS20 系列通电延时型时间继电器的接线示意图和电路图如图 5-2 所示。

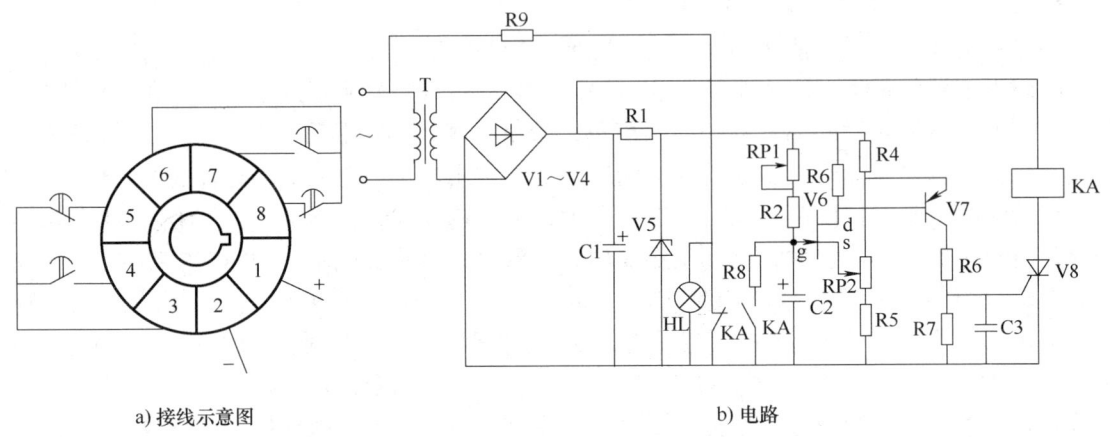

图 5-2　JS20 系列通电延时型时间继电器的接线示意图和电路图

（2）工作原理　如图 5-2b 所示，JS20 系列通电延时型时间继电器由电源、电容充放电电路、电压鉴别电路、输出电路和指示电路 5 部分组成。电源接通后，经整流滤波和稳压后的直流电，经过 RP1 和 R2 向电容 C2 充电。当场效应晶体管 V6 的栅源电压 U_{gs} 低于夹断电压 U_p 时，V6 截止，因而 V7、V8 也处于截止状态。随着充电的不断进行，电容 C2 的电位按指数规律上升；当满足 U_{gs} 高于 U_p 时，V6 导通，V7、V8 也导通，继电器 KA 吸合，输出延时信号。同时，电容 C2 通过 R8 和 KA 的动合触点放电，为下次动作做好准备。当切断电源时，继电器 KA 释放，电路恢复原始状态，等待下次动作。调节 RP1 和 RP2 即可调整延时时间。

（3）电路符号　时间继电器的电路符号如图 5-3 所示。

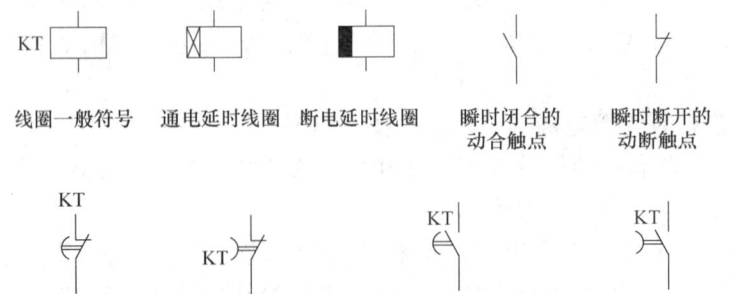

图 5-3　时间继电器的电路符号

3. 知悉晶体管式时间继电器的型号及含义

JS20 系列晶体管式时间继电器的型号及含义如下：

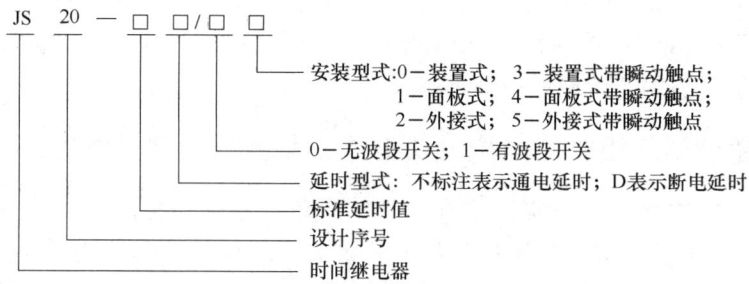

二、认识三相交流异步电动机的星三角转换

三相交流异步电动机常见的减压起动方法有定子绕组串联电阻减压起动、自耦变压器减压起动、星三角减压起动和延边三角形起动等。通常规定：电源容量在180kV·A以上，电动机功率在7kW以下的三相交流异步电动可采用全压起动，否则，需要进行减压起动。

三相交流异步电动机定子绕组的连接方式，一般有Y联结和△联结两种。若电动机的铭牌标注为"电压380V，接法为△"，则表示电动机的额定电压为380V时，三相定子绕组应接成△联结。若铭牌标注电压为"380/220V，接法为Y/△"，则表示当电源线电压为380V时，三相定子绕组应接成Y联结，当电源线电压为220V时，三相绕组应接成△联结。

三相交流异步电动机接线盒外形以及Y联结和△联结如图5-4所示。

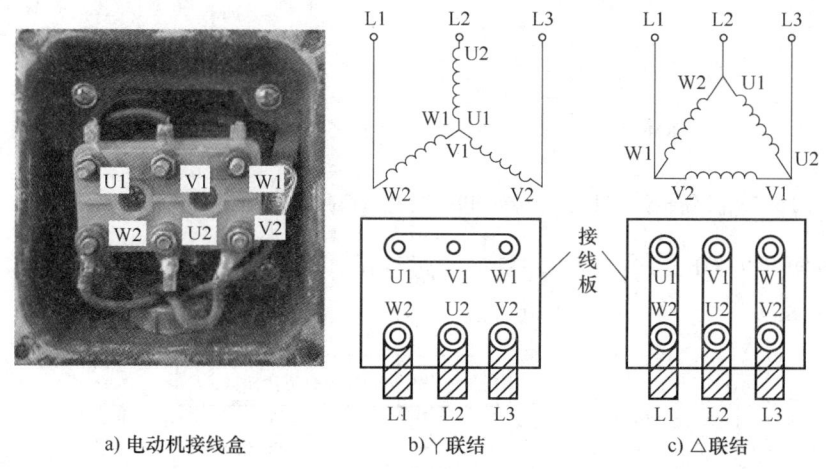

a) 电动机接线盒　　b) Y联结　　c) △联结

图5-4　三相交流异步电动机定子绕组接线法

三相交流异步电动机星三角减压起动，就是以改变电动机定子绕组接法来达到减压起动的目的。电动机起动时，把定子绕组接成星形（Y），以降低起动电压，限制起动电流；待电动机起动后接近或达到额定转速时，再把定子绕组改接成三角形（△），使电动机全压运行。

需要注意的是，只有正常运行时定子绕组作△联结的异步电动机才可以采用星三角减压起动方法。电动机起动时，定子绕组接成星形，加在每相定子绕组上的起动电压只有三角形

联结直接起动时的 $1/\sqrt{3}$，起动电流为直接采用△联结的 1/3，起动转矩也只有△联结直接起动时的 1/3。采用星三角起动方式时，起动电流不会对电网造成过大冲击，但转矩变小，所以这种减压起动方法只适用于轻载或空载下起动。

三、分析按钮控制三相交流异步电动机星三角减压起动控制线路

图 5-5 所示是按钮控制三相交流异步电动机星三角减压起动控制线路电气原理图。其中，KM 为三相电源接触器，KM_Y 为 Y 联结控制接触器，$KM_△$ 为△联结控制接触器。

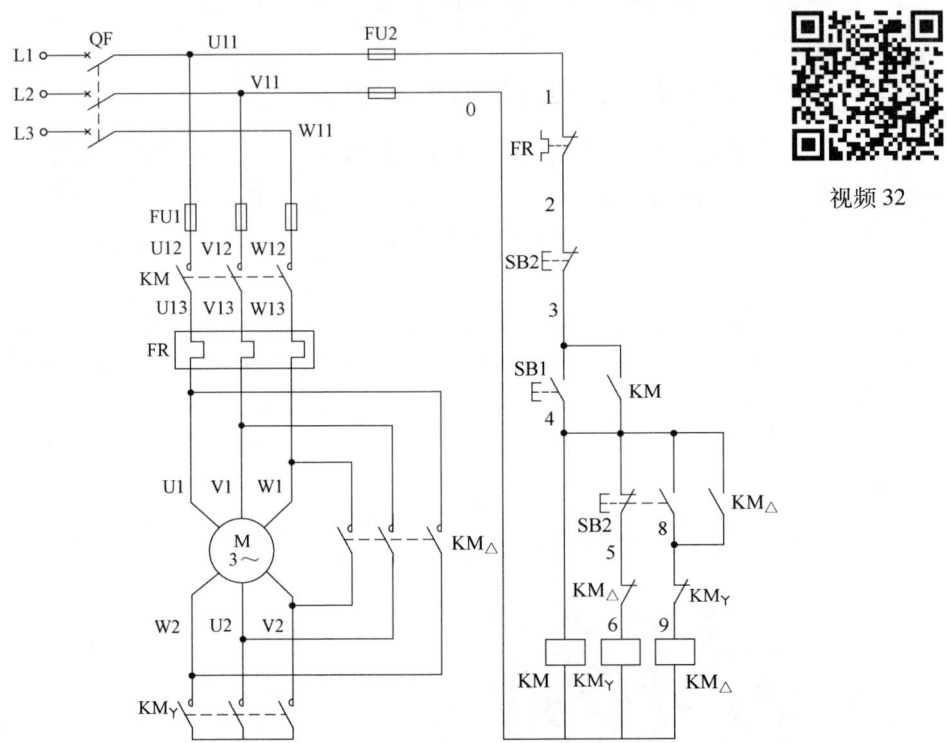

图 5-5　按钮控制三相交流异步电动机星三角减压起动控制线路电气原理图

先合上电源开关 QF，该控制线路的动作过程是：

（1）减压起动

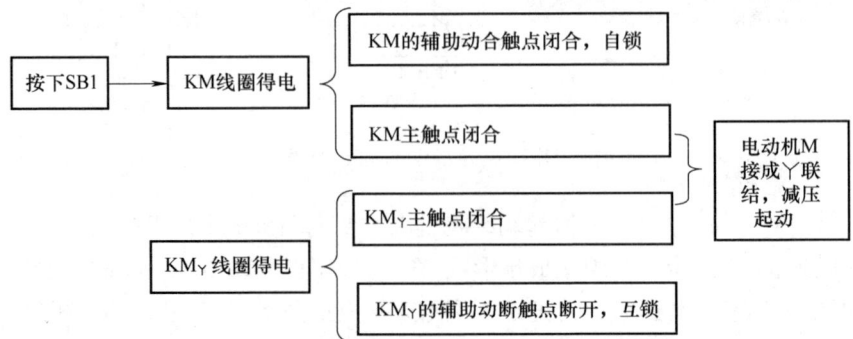

（2）全压运行　当电动机 M 的转速接近或达到额定转速后：

单元 5 电动机星三角减压起动控制线路的安装与调试

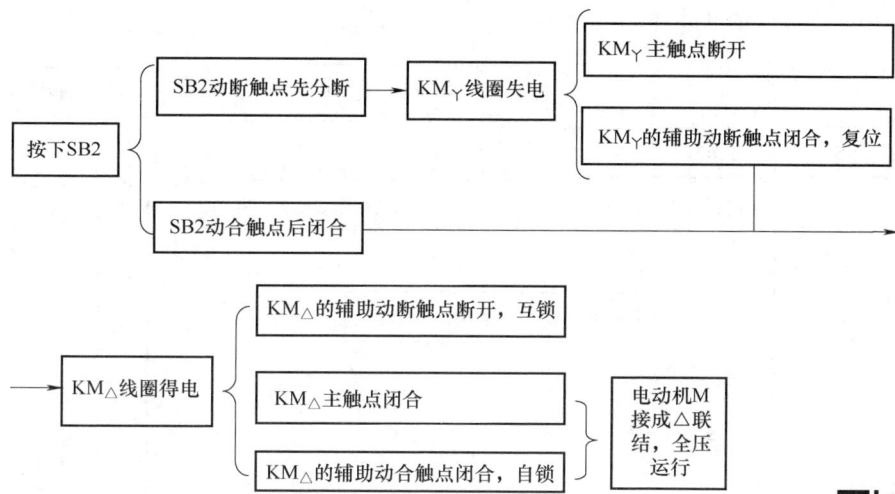

若需电动机停止转动，按下 SB3 即可。

根据以上分析可以得出，按钮控制三相交流异步电动机星三角减压起动控制线路的优点：工作安全可靠。它的缺点是：操作不便，电动机从减压起动到全压运行，必须人工控制。

视频 33

四、分析时间继电器自动控制三相交流异步电动机星三角减压起动控制线路

图 5-6 所示为时间继电器自动控制三相交流异步电动机星三角减压起动控制线路。通过时间继电器 KT 来控制 Y 联结减压起动时间和完成星三角自动切换，从而实现自动控制。

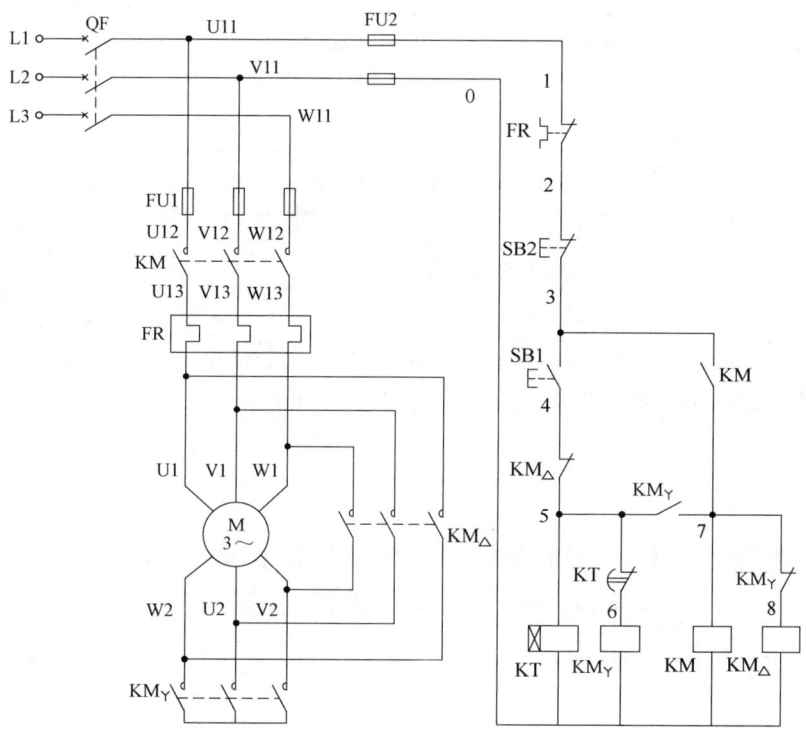

图 5-6 时间继电器自动控制三相交流异步电动机星三角减压起动控制线路

129

先合上电源开关 QF，则该控制线路的动作过程是：

```
                          ┌─ KM_Y的辅助动合触点闭合 ──→ KM线圈得电 ─┐
                          │                                    │ KM    KM
按下SB1 ─→ KM_Y线圈得电 ──┼─ KM_Y主触点闭合                    │ 主    的
                          │                                    │ 触    辅
                          └─ KM_Y的辅助动断触点断开，互锁        │ 点    助
                                                               │ 闭    动
                                                               │ 合    合
             ┌─ 电动机M接成Y联结，减压起动 ──────────────────────┘ 触
             │                                                    点
             │                                                    闭
             │                                                    合
             │                                                    ，
             │                                                    自
             │                                                    锁
             │
             │              当M转速接近或
             └─ KT线圈得电 ── 达到额定转速时 ──→ KT动断触点断开 ──→
                              KT延时结束
                          ┌─ KM_Y的辅助动合触点分断 ──→ KT线圈失电，KT
                          │                            动断触点闭合
  ──→ KM_Y线圈失电 ───────┼─ KM_Y主触点分断,解除Y联结
                          │
                          └─ KM_Y的辅助动断触点闭合 ──→ KM_△线圈得电 ──→

             ┌─ KM_△的辅助动断触点断开 ──→ 对KM_Y互锁
  ──→ ──────┤
             └─ KM_△的主触点闭合 ──────→ 电动机M接成△联结全压运行
```

若需电动机停止转动，按下 SB2 即可。

该控制线路中，接触器 KM_Y 线圈得电以后，通过 KM_Y 的辅助动合触点使接触器 KM 得电动作，这样 KM_Y 的主触点在无负载的条件下闭合完成电动机的 Y 联结，故可延长接触器 KM_Y 的主触点的使用寿命。

视频 34

*任务实施

技能训练 13 安装与调试时间继电器自动控制三相交流异步电动机星三角减压起动控制线路

完成图 5-6 所示的时间继电器自动控制三相交流异步电动机星三角减压起动控制线路的安装与调试。

1. 准备工具、仪表

参照附录 A"工具、仪表清单",结合本任务实际选取必要的工具、仪表,并对选用的工具、仪表进行检查,确保工具、仪表都能正常使用。

2. 领取器材

根据器材清单(见表 5-1)中的元器件名称或符号领用相应的器材,并用仪表检测元器件判断其好坏,如元器件有故障,需先进行修复或更换。参照相关元器件实物或其说明书,完成器材清单中器材品牌、型号(规格)等相关内容的填写。

表 5-1 时间继电器自动控制三相异步电动机星三角减压起动控制线路器材清单

符号	名称	品牌	型号	数量	检测情况	备注
QF						
FU1						
FU2						
KM						
KM_Y						
$KM_\triangle$						
SB1						
SB2						
KT						
FR						
M						
	冷压端子					
	接线端子排					
	导线					

3. 安装线路

参照图 5-7 所示的元器件布置参考图及实训场地实际情况,用紧固件将元器件安装在合理位置,再进行接线。

4. 检测线路

安装好时间继电器自动控制三相交流异步电动机星三角减压起动控制线路后,在通电测试前务必对主电路及控制电路进行检测。

(1) 主电路检测 安装上主电路中的熔断器 FU1 熔管,拆下控制电路中的熔断器 FU2 熔管,先分别测量 U11 与 V11、U11 与 W11、V11 与 W11 之间的电阻,正常阻值应为无穷大。当用螺钉旋具同时压下 KM、KM_Y 触点架,分别对 U11 与 V11、U11 与 W11、V11 与 W11 进行检测时,测得电阻为电动机两相绕组的串联电阻;同时压下 KM、$KM_\triangle$ 触点架,分别对 U11 与 V11、U11 与 W11、V11 与 W11 进行检测,测得电阻应为电动机两相绕组串联后与另一相绕组的并联电阻。

(2) 控制电路检测 安装上控制电路中的熔断器 FU2 熔管,拆下主电路中的熔断器 FU1 熔管,先对 U11 与 V11 进行检测,正常阻值应为无穷大;按下 SB1,测得 KT 线圈和

| 机床电气控制与 PLC |

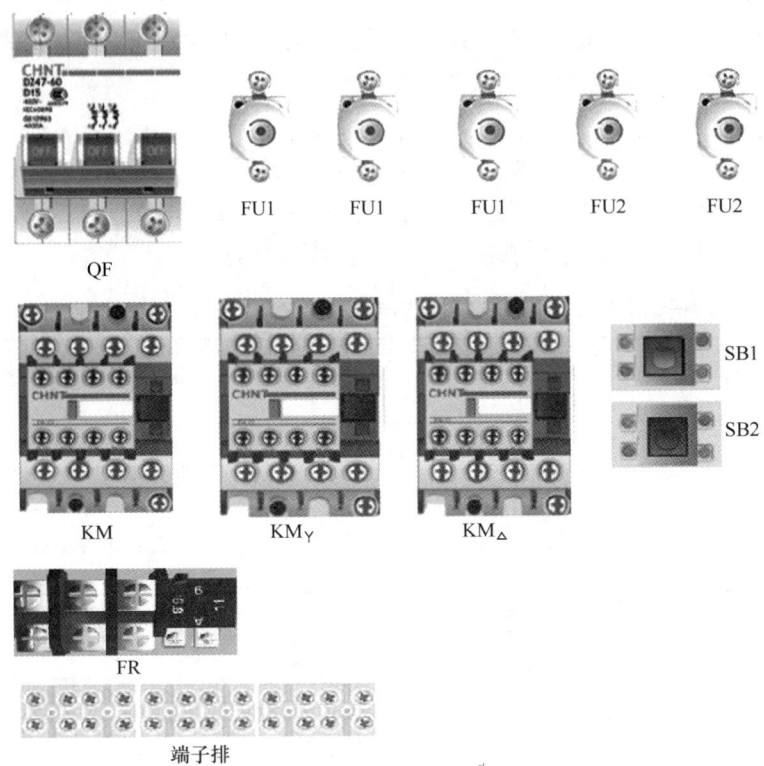

图 5-7 时间继电器自动控制三相交流异步电动机星三角减压起动控制元器件布置参考图

KM_Y 线圈的并联电阻，一般约等于 KM_Y 线圈电阻；压下 KM 触点架，测出 KM 线圈与 KM_△ 线圈的并联电阻；按下 SB1 的同时压下 KM_Y 触点架，测出 KT 线圈、KM_Y 线圈和 KM 线圈三个线圈的并联电阻，一般约等于 KM_Y 线圈与 KM 线圈两个线圈的并联电阻。

（3）数据记录　将检测数据填入表 5-2，并根据检测数据判断主电路及控制电路的接线是否正常，如果数据异常，需及时查明原因。

表 5-2　时间继电器自动控制三相交流异步电动机星三角减压起动控制线路检测数据

项目	元器件状态	万用表表笔位置	阻值/Ω	结果判断	备注
主电路检测	未压下接触器 KM、KM_Y、KM_△ 触点架	U11 与 V11			
		U11 与 W11			
		V11 与 W11			
	同时压下接触器 KM、KM_Y 触点架	U11 与 V11			
		U11 与 W11			
		V11 与 W11			
	同时压下接触器 KM、KM_△ 触点架	U11 与 V11			
		U11 与 W11			
		V11 与 W11			

（续）

项目	元器件状态	万用表表笔位置	阻值/Ω	结果判断	备注
控制电路检测	未按下任何元器件	U11 与 V11			
	按下起动按钮 SB1	U11 与 V11			
	同时按下起动按钮 SB1 和停止按钮 SB2	U11 与 V11			
	同时压下接触器 KM、KMY 触点架	U11 与 V11			
	同时压下接触器 KM、KM△ 触点架	U11 与 V11			

5. 调试线路

检查接线并分析所测数据无误后，就可以安装上 FU1 及 FU2 熔管了。整定好热继电器 FR 电流和时间继电器 KT 延时时间，合上断路器 QF，接通交流电源，此时电动机应不转。按下按钮 SB1，电动机定子绕组应接成星形联结减压起动，KT 延时时间到后，电动机定子绕组应接成三角形联结全压运行，可用钳形电流表监测电动机星三角减压起动过程中电流的变化情况。在电动机运行的过程中按下按钮 SB2，电动机应失电停转。若控制线路不能正常工作，则应先切断电源，排除故障后才能重新通电。

*任务总结与评价

参考附录 B "接触器控制三相交流异步电动机控制线路的安装与调试评价表"，对时间继电器自动控制三相交流异步电动机星三角减压起动控制线路的安装与调试进行评价，并根据学生实际完成情况进行总结。

*任务拓展

时间继电器的技术参数及选用方法

一、技术参数

JS20 系列晶体管式时间继电器的主要技术参数见表 5-3。

表 5-3　JS20 系列晶体管式时间继电器的主要技术参数

型号	结构形式	延时整定元件位置	延时范围/s	延时触点对数				不延时触头对数		误差（%）		环境温度/℃	工作电压/V		功率消耗/W	机械寿命（万次）
				通电延时		断电延时							交流	直流		
				动合	动断	动合	动断	动合	动断	重复	综合					
JS20-○/00	装置式	内接	0.1~300	2	2					±3	±10	-10~40	36、110、127、220、380	24、28、110	≤5	1000
JS20-○/01	面板式	内接		2	2											
JS20-○/02	装置式	外接		2	2											
JS20-○/03	装置式	内接		1	1			1	1							
JS20-○/04	面板式	内接		1	1			1	1							

(续)

型号	结构形式	延时整定元件位置	延时范围/s	延时触点对数				不延时触头对数		误差（%）		环境温度/℃	工作电压/V		功率消耗/W	机械寿命（万次）
				通电延时		断电延时							交流	直流		
				动合	动断	动合	动断	动合	动断	重复	综合					
JS20-○/05	装置式	外接	0.1~300	1	1	—	—	1	1	±3	±10	−10~40	36、110、127、220、380	24、28、110	≤5	1000
JS20-○/10	装置式	内接	0.1~3600	2	2	—	—									
JS20-○/11	面板式	内接		2	2	—	—									
JS20-○/12	装置式	外接		2	2	—	—									
JS20-○/13	装置式	内接		1	1	—	—	1	1							
JS20-○/14	面板式	内接		1	1	—	—	1	1							
JS20-○/15	装置式	外接		1	1	—	—	1	1							
JS20-○D/00	装置式	内接	0.1~1800	—	—	2	2									
JS20-○D/01	面板式	内接		—	—	2	2									
JS20-○D/02	装置式	外接		—	—	2	2									

二、时间继电器的选用方法

1）根据系统的延时范围和精度选择时间继电器的类型及系列。目前在电力拖动控制线路中，一般选用晶体管式时间继电器。

2）根据控制线路的要求选择时间继电器的延时方式（通电延时或断电延时）。同时，还必须考虑线路对瞬时动作触点的要求。

3）根据控制线路电压选择时间继电器吸引线圈的电压。

*思考与练习

1. 写出如下所示的符号所表示的时间继电器各元件的名称。

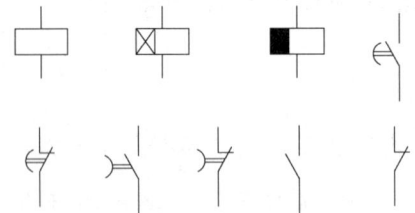

2. 在图 5-5 中，若控制线路中 SB2 按钮动断触点短接了，电路功能上有没有影响？

3. 在图 5-6 所示的控制线路中，若按下起动按钮 SB1，接触器 KM、KM_Y 和时间继电器均能吸合，但是 M 无法减压起动，其可能的故障原因有哪些？

4. 在图 5-6 所示的控制线路中，若按下起动按钮 SB1，接触器 KM、KM_Y 和时间继电器均不能吸合，M 无法减压起动，其可能的故障原因有哪些？

5. 在图 5-6 中所示的控制线路中，若按下起动按钮 SB1，电动机 M 减压起动，突然停转，其可能的故障原因有哪些？

5.2 PLC控制电动机星三角减压起动控制线路的安装与调试

*学习目标

技能目标：
（1）能分析PLC控制三相交流异步电动机星三角减压起动控制线路的I/O分配表。
（2）能分析PLC控制三相交流异步电动机星三角减压起动控制线路的I/O接线图。
（3）能分析PLC控制三相交流异步电动机星三角减压起动控制线路的梯形图与指令语句表。
（4）能安装与调试PLC控制三相交流异步电动机星三角减压起动控制线路。

知识目标：
（1）认识定时器元件T。
（2）熟悉PLC控制三相交流异步电动机星三角减压起动控制线路中各元器件的作用。

素养目标：
（1）能高效获取、正确整理、有效运用相关信息。
（2）能树立安全环保、技术革新意识。
（3）具备吃苦耐劳、爱岗敬业和诚实守信的工作态度。

*描述任务

某公司一台车床的主轴电动机，如果直接起动，则容易形成瞬间电流过大，造成跳闸现象，现需要进行技术改造，要求采用PLC控制三相交流异步电动机星三角减压起动方式进行线路设计。

*任务分析

完成此任务应具备的知识点为定时器T的相关知识，PLC控制三相交流异步电动机减压起动控制线路，应具备的技能点为正确选择工具、仪表、元器件，按图施工，完成PLC控制三相交流异步电动机减压起动控制线路的安装与调试。

*必备知识

一、认识定时器

8个连续的二进制位组成一个字节（Byte），16个连续的二进制位组成一个字（Word），两个连续的字元件组成一个双字（Double Word）。定时器和计数器的当前值和设定值均为有符号字，最高位（第15位）为符号位，正数的符号位为0，负数的符号位为1。有符号可以表示的最大正整数为32767。

PLC中的定时器（T）相当于继电器控制系统中的时间继电器，它有一个设定值寄存器字，一个当前值寄存器字，一个用来储存输出触点状态的映像寄存器位，这三个存储单元使用同一个元件号。可以用常数K或数据寄存器（D）的值来做定时器的设定值。例如，可以将外部数字拨码开关输入的数据存入数据寄存器，作为定时器的设定值。

1. 一般用途定时器

FX各子系列可用的定时器见表5-4。100ms定时器的定时范围为0.1~32767s，10ms定时器的定时范围为0.01~327.67s，1ms定时器的定时范围为0.001~32.767s。FX1S的特殊辅助继电器M8028为ON时，T32~T62（31点）被定义为10ms定时器。

表5-4　FX各子系列可用的定时器

PLC系列	FX1S	FX1N, FX1NC, FX2N, FX2NC	FX3G	FX3U, FX3UC
100ms一般用途定时器	63点，T0~T62	200点，T0~T199		
10ms一般用途定时器	31点，T32~T62	46点，T200~T245		
1ms累计型定时器	—	4点，T246~T249		
100ms累计型定时器	—	6点，T250~T255		
1ms一般用途定时器	1点，T31	—	64点，T256~T319	256点，T256~T511

图5-8中X0的动合触点接通时，T1的当前值计数器从零开始，对100ms时钟脉冲进行累加计数。当前值等于设定值100时，定时器的输出触点动作，梯形图中T1的动合触点接通，动断触点断开，当前值保持不变。T1的输出触点在其线圈被驱动10s（100ms×100）后动作。X0的动合触点断开或PLC断电时，定时器被复位，它的输出触点也被复位，梯形图中T1的动合触点断开，动断触点接通，当前值被清零。一般用途定时器没有断电保持功能。

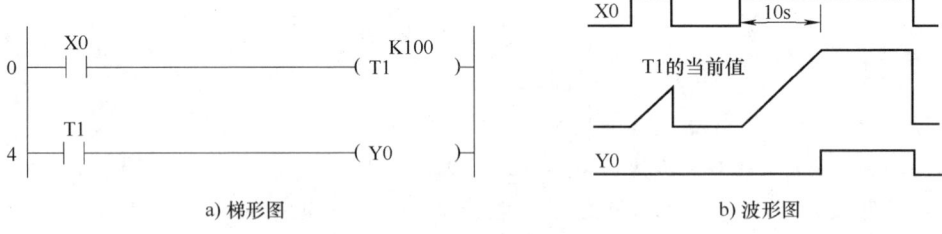

a) 梯形图　　　　　　　　b) 波形图

图5-8　一般用途定时器梯形图与波形

如果需要在定时器的线圈"通电"时就动作的瞬动触点，可以在定时器线圈的两端并联一个辅助继电器的线圈，并使用它的触点。

在输入定时器线圈时，单击工具条上的线圈按钮，输入"T1 K100"，单击"确定"按钮，生成T1的线圈，线圈上面是设定值，如图5-8a所示。仿真时可以通过用软元件监视视图中的"T（Current Value）"窗口来监视定时器的当前值。

一般用途定时器没有保持功能，在输入电路断开或PLC停电时被复位。

2. 累计型定时器

100ms 累计型定时器 T250~T255 的定时范围为 0.1~3276.7s。图 5-9 中 X1 的动合触点接通时，T250 的当前值计数器对 100ms 时钟脉冲进行累加计数。X1 的动合触点断开或 PLC 断电时停止定时，T250 的当前值保持不变。X1 的动合触点再次接通或重新通电时继续定时，若累计时间（见图 5-9 中的 t_1+t_2）为 9s（90×100ms），T250 的输出触点动作。因为累计型定时器的线圈断电时不会复位，需要用复位指令 RST 将累计型定时器强制复位。

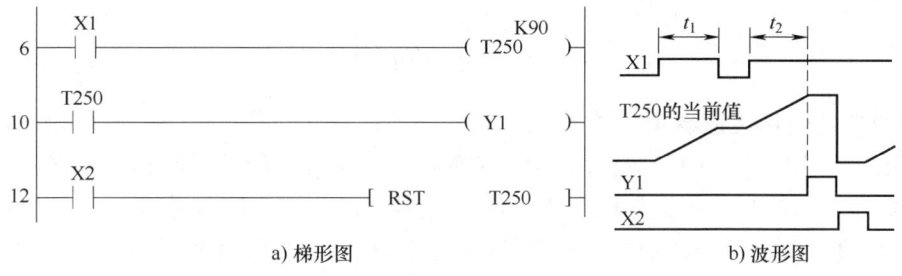

图 5-9 累计型定时器

3. 断开延时定时器

某些主设备（如大型变频调速电动机）在运行时需要用电风扇冷却，停机后电风扇应延时一段时间才能断电。用户可以用断开延时定时器来方便地实现这一功能，用反映主设备运行的信号作为断开延时定时器的输入信号。

FX 系列定时器只能提供其线圈"通电"后延迟动作的触点，如果需要在输入信号变为 OFF 之后的延迟动作，可以使用图 5-10 所示的电路。图中的 X3 是主设备运行信号，Y2 用来控制冷却电风扇。

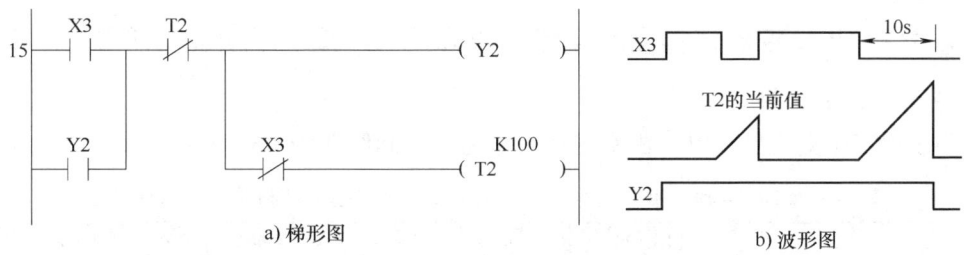

图 5-10 输入电路断开后延时的电路

当 X3 为 ON 时，Y2 变为 ON 并自保持。T2 因为线圈断电被复位，其当前值为 0。在 X3 变为 OFF 的下降沿时，X3 的动断触点接通，T2 开始定时。定时时间到时，T2 的动断触点断开，Y2 变为 OFF，同时 T2 因为线圈断电被复位。

4. 脉冲定时器

有的 PLC 有脉冲定时器，在输入信号的上升沿，脉冲定时器输出一个宽度等于定时器设定值的脉冲。可以用 FX 的一般用途定时器实现脉冲定时器的功能，如图 5-11 所示。

在输入信号 X4 的上升沿 Y3 的线圈通电并保持，T3 开始定时。定时时间到的时候，T3 的动断触点断开，使 Y3 为 ON 的时间等于 T3 的设定值。输入脉冲的宽度，既可以大于输出脉冲的宽度，也可以小于输出脉冲的宽度。

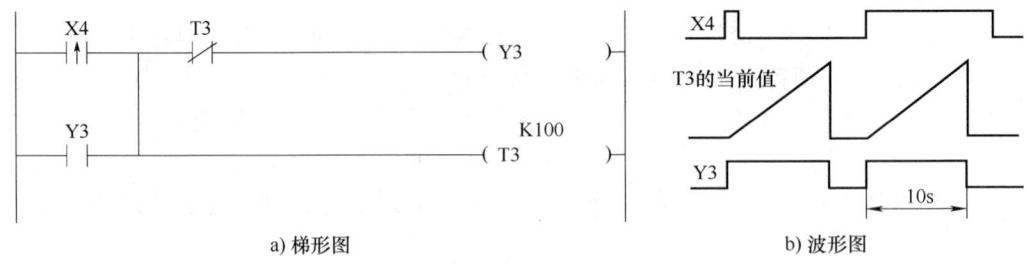

图 5-11 脉冲定时器电路

5. 定时器的使用注意事项

在子程序或中断程序中，应使用 T192~T199，在执行它们的线圈指令或 END 指令时进行定时。如果它们的当前值达到设定值，在执行其线圈指令或 END 指令时，输出触点动作。而其他定时器仅仅在执行其线圈指令的时候进行定时，所以在条件满足时才执行的子程序和中断子程序中，其他定时器不能正常动作。

如果 1ms 累计型定时器 T246~T249 用于中断程序和子程序，在它的当前值达到设定值以后，其输出触点在执行该定时器的第一条线圈指令时动作。

6. 定时器的定时精度

定时器的精度与程序的安排有关，如果定时器的触点在线圈之前，精度将会降低。平均误差约为 1.5 倍扫描周期。最小定时误差为输入滤波器时间减去定时器的分辨率，1ms、10ms 和 100ms 定时器的分辨率分别为 1ms、10ms 和 100ms。

如果定时器的触点在线圈之后，最大定时误差为 2 倍扫描周期加上输入滤波器时间；如果定时器的触点在线圈之前，最大定时误差为 3 倍扫描周期加上输入滤波器时间。

二、分析 PLC 控制三相交流异步电动机星三角减压起动控制线路的 I/O 线路

1. 分析 I/O 分配表

PLC 控制三相交流异步电动机星三角减压起动控制线路的 I/O 分配见表 5-5。

表 5-5 PLC 控制三相交流异步电动机星三角减压起动控制线路的 I/O 分配

类别	外接硬件			PLC	功能
输入	按钮	SB1	动合	X0	起动
	按钮	SB2	动断	X1	停止
	热继电器	FR	动断	X2	过载保护
输出	交流接触器	KM	线圈	Y0	接通电源
		KM$_Y$	线圈	Y1	Y 联结
		KM$_\triangle$	线圈	Y2	△联结

2. 分析 I/O 接线图

图 5-12 所示为 PLC 控制三相交流异步电动机星三角减压起动的 I/O 接线图，实现三相交流异步电动机由 Y 联结起动，并转换为△联结运行的控制。

在设计 PLC 控制三相交流异步电动机星三角减压起动的 I/O 接线图时，还需要考虑硬

单元 5 电动机星三角减压起动控制线路的安装与调试

件的响应速度,务必要对接触器 KM_Y 及 $KM_\triangle$ 进行互锁,不进行互锁会因为 PLC 扫描周期短,而使接触器响应时间慢,极易发生 KM_Y 与 $KM_\triangle$ 主电路短路的现象。

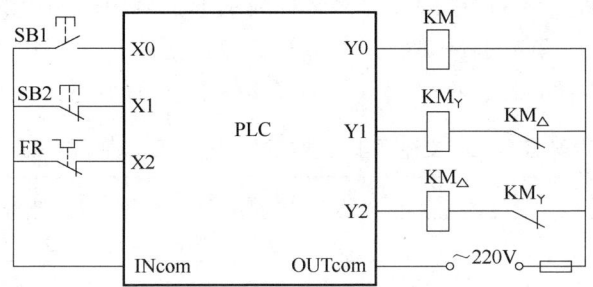

图 5-12 PLC 控制三相交流异步电动机星三角减压起动的 I/O 接线图

3. 分析 PLC 程序

图 5-12 所示的 PLC 控制三相交流异步电动机星三角减压起动控制线路的 I/O 接线对应的梯形图和指令语句表如图 5-13 所示。该程序能在 KM_Y 的主触点在无负载的条件下闭合,使电动机实现 Y 联结,并转换为 △ 运行的控制功能。

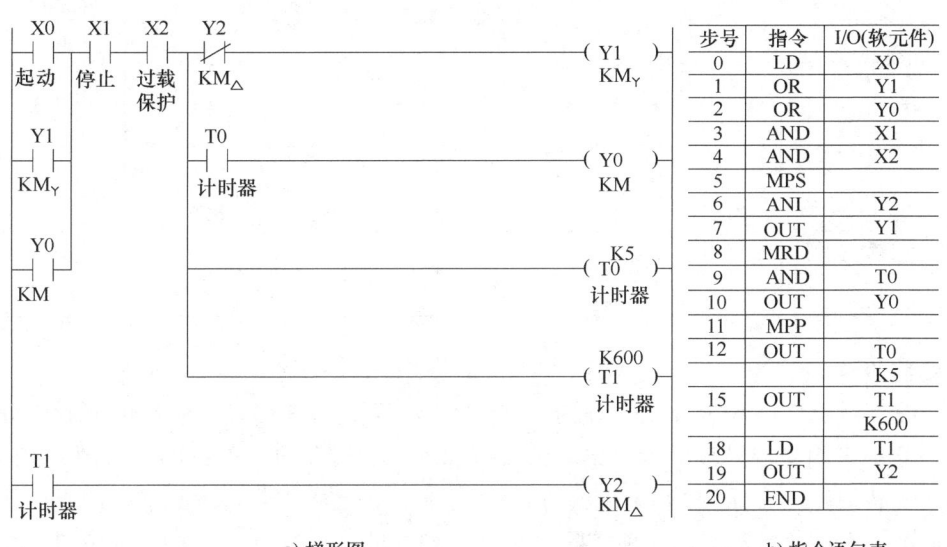

a) 梯形图   b) 指令语句表

图 5-13 PLC 控制电动机星三角减压起动控制程序

视频 35

*任务实施

技能训练 14 安装与调试 PLC 控制三相交流异步电动机星三角减压起动控制线路

将图 5-5 所示的按钮控制三相交流异步电动机星三角减压起动线路改为 PLC 控制。

1. 准备工具、仪表

参照附录 A "工具、仪表清单",结合本任务实际选取必要的工具、仪表,并对选用的工具、仪表进行检查，确保工具、仪表都能正常使用。

2. 领取器材

根据器材清单（见表5-6）中的元器件名称或图形符号领用相应的器材，并用仪表检测元器件判断其好坏，如元器件有故障，需先进行修复或更换。参照相关元器件实物或其说明书，完成器材清单中器材品牌、型号（规格）等相关内容的填写。

表5-6 PLC控制三相交流异步电动机星三角减压起动控制线路器材清单

符号	元器件名称	品牌	型号	数量	检测	备注
PLC	可编程序控制器			1		根据实训室配置填写
QF						
FU1						
FU2						
FU3						
KM						
KM$_Y$						
KM$_\triangle$						
SB1						
SB2						
FR						
M						
	冷压端子					
	接线端子排					
	导线					

3. 安装线路

（1）设计线路　首先设计出合理的I/O分配表，可参考表5-5，然后根据I/O分配表设计出PLC控制三相交流异步电动机星三角减压起动控制线路电气原理图，如图5-14所示。

（2）安装线路　参照图5-15所示的PLC控制三相交流异步电动机星三角减压起动控制线路元器件布置参考图及实训场地实际情况，用紧固件将元器件安装在合理位置。在布置元器件时，应考虑相同元器件尽量摆放在一起，主电路中相关元器件的安装位置要与其电路图有一定的对应关系，达到布局合理、间距合适、接线方便的要求。元器件安装调整到位后，再根据图5-14所示的电气原理图进行接线。

4. 检测线路

安装好PLC控制三相交流异步电动机星三角减压起动控制线路后，在通电前务必对主电路及PLC的I/O连线进行检测。主电路的检测方法与图5-5所示的按钮控制三相交流异步电动机星三角减压起动控制线路的主电路检测方法一样。PLC的I/O连线的检测可分为输入信号的检测及输出信号的检测。对输入信号进行检测：将万用表两表笔分别放在PLC要检测的输入端及INcom两端，分别按下按钮、热继电器复位按钮等输入信号，看输入信号在万用表上显示的通断变化情况。对输出信号的检测：可以将万用表两表笔分别放在Y0与Y1、

单元 5　电动机星三角减压起动控制线路的安装与调试

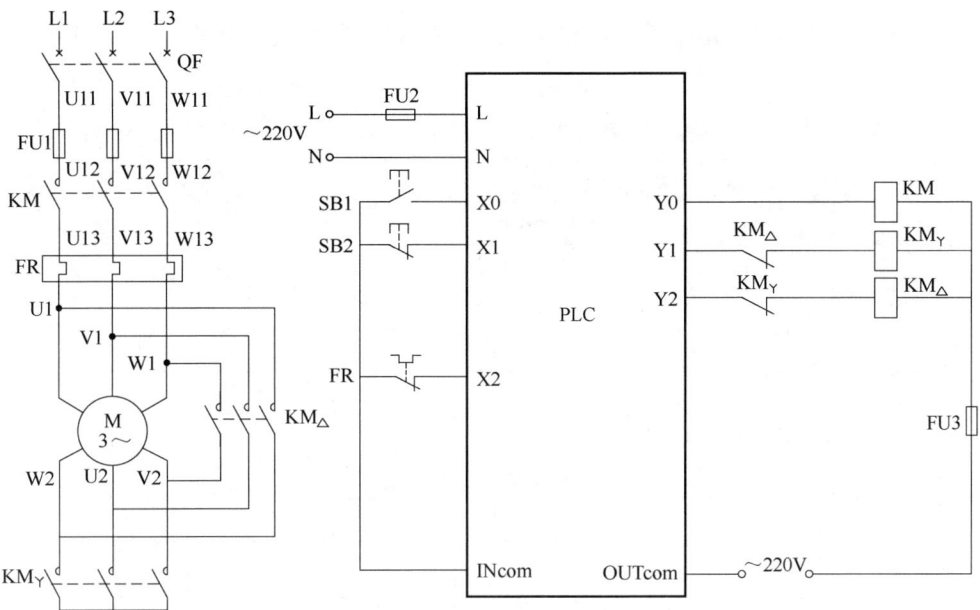

图 5-14　PLC 控制三相交流异步电动机星三角减压起动控制线路电气原理图

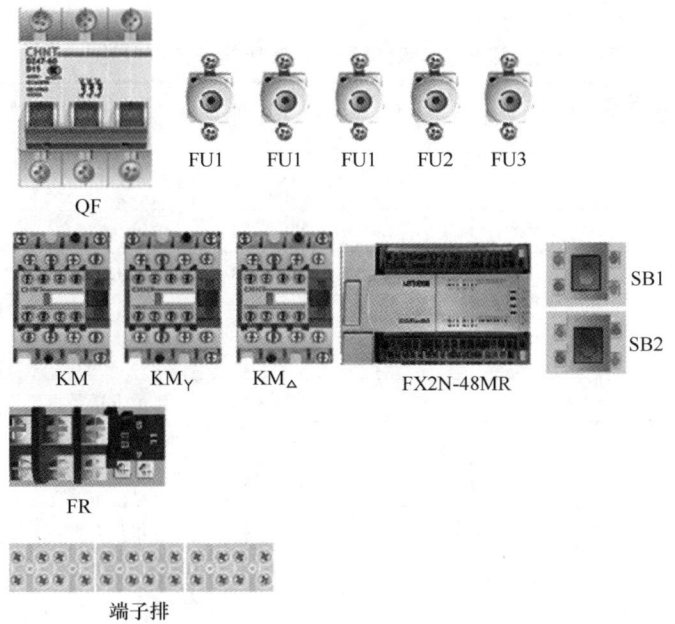

图 5-15　PLC 控制三相交流异步电动机星三角减压起动控制线路元器件布置参考图

Y0 与 Y2 以及 Y1 与 Y2 两端，此时应为接触器 KM 与 KM_Y、KM 与 $KM_\triangle$ 以及 KM_Y 与 $KM_\triangle$ 两线圈的并联电阻；当用螺钉旋具分别压下接触器 KM 触点架时，因无互锁点，Y0 与 Y1、Y0 与 Y2 两端线圈电阻不变；当用螺钉旋具分别或同时压下接触器 KM_Y 与 $KM_\triangle$ 触点架时，因为接触器 KM_Y 与 $KM_\triangle$ 的互锁关系，Y0 与 Y1、Y0 与 Y2 以及 Y1 与 Y2 两端电阻值应为无穷大。

将检测数据记录下来，并分析检测数据是否正常。

将主电路检测数据填入表 5-7，并根据检测数据对主电路进行分析，如果电路异常，需及时查明原因。

表 5-7　PLC 控制三相交流异步电动机星三角减压起动控制线路主电路检测数据

项目	元器件状态	万用表表笔位置	阻值/Ω	结果判断	备注
主电路检测	未压下接触器 KM、KM$_Y$、KM$_\triangle$ 触点架	U11 与 V11			
		U11 与 W11			
		V11 与 W11			
	同时压下接触器 KM 和 KM$_Y$ 触点架	U11 与 V11			
		U11 与 W11			
		V11 与 W11			
	同时压下接触器 KM 和 KM$_\triangle$ 触点架	U11 与 V11			
		U11 与 W11			
		V11 与 W11			

将 I/O 连线检测数据填入表 5-8，并根据检测数据对 I/O 连线进行分析，如果 I/O 连线异常，需及时查明原因。

表 5-8　PLC 控制三相交流异步电动机星三角减压起动控制线路 I/O 连线检测数据

输入检测				输出检测			
万用表表笔位置	初始阻值/Ω	切换状态后阻值/Ω	结果分析	万用表表笔位置	动作	阻值/Ω	结果分析
X0 与 INcom				Y0 与 Y1	初始状态		
X1 与 INcom				Y0 与 Y1	压下 KM 触点架		
X2 与 INcom				Y0 与 Y1	压下 KM$_Y$ 触点架		
				Y0 与 Y2	初始状态		
				Y0 与 Y2	压下 KM 触点架		
				Y0 与 Y2	压下 KM$_\triangle$ 触点架		
				Y1 与 Y2	初始状态		
				Y1 与 Y2	压下 KM$_Y$ 触点架		
				Y1 与 Y2	压下 KM$_\triangle$ 触点架		
				Y1 与 Y2	同时压下 KM$_Y$ 与 KM$_\triangle$ 触点架		

5. 编写程序

打开编程软件编写 PLC 控制三相交流异步电动机星三角形减压起动控制程序，根据动作要求对所编程序进行仿真演示，确保所编程序无误后，下载程序至 PLC 中。参考程序如图 5-13 所示。

6. 调试线路

检查接线并分析所测数据无误及程序下载完成后，就可以在熔座上安装熔管了。合上断路器 QF，接通交流电源，此时电动机应不转。按下起动按钮，电动机应由 Y 联结起动，计时 60s 后，电动机由 Y 联结低压起动转换为 △ 联结常压运行，可用钳形电流表测量电动机的工作电流。按下停止按钮，电动机应停转。若控制线路不能正常工作，则应先切断电源，排除故障后才能重新通电。

视频 36

*任务总结与评价

参考附录 C "PLC 控制三相交流异步电动机控制线路的安装与调试评价表"，对 PLC 控制三相交流异步电动机星三角减压起动控制线路的安装与调试进行评价，并根据学生实际完成情况进行总结。

*任务拓展

FX 扩展设备

FX2N 系列是 FX 系列 PLC 家族中最先进的系列之一。由于 FX2N 系列产品具备如下特点：最大范围地包容了标准特点，程序执行更快，全面补充了通信功能，适合世界各国不同的电源以及满足单个需要的大量特殊功能模块，它可以为工厂自动化应用提供最大的灵活性和控制能力。三菱 FX 系列 PLC 扩展模块是专门针对三菱 FX 系列支持扩展的 PLC 来做配套的产品，其中包括输入/输出点数扩展模块、A/D 模块、D/A 模块、定位模块、链接模块等。

FX2N-4AD 为 4 个输入通道的模拟特殊模块。输入通道接收模拟信号并将其转换成数字信号，这一过程称为 A/D 转换，类似的模块叫 A/D 模块，反之叫 D/A 模块。

（1）主要性能

1）FX2N-4AD 的最大分辨率是 12 位。FX2N-4AD 基于电压或电流输入/输出的选择通过用户配线来完成，可选用的模拟值范围是 -10~10V（分辨率为 5mV），或者 4~20mA，-20~20mA（分辨率为 20μA）。

2）FX2N-4AD 和 FX2N 主单元之间通过缓冲存储器交换数据，FX2N-4AD 共有 32 个缓冲存储器（每个 16 位）。

3）FX2N-4AD 占用 FX2N 扩展总路线的 8 个点，这 8 个点可以分配成输入或输出。FX2N-4AD 消耗 FX2N 主单元或有源扩展单元 5V 电源槽 30mA 的电流。电路接线：FX2N-4AD 通过扩展电缆与 PLC 主机相连，4 个通道的外部连接则根据外部输入电压或电流的不同而不同。

（2）接线注意事项

1）若外部输入为电压量信号，则将信号的 +、- 极分别与模块 V+ 和 VI- 相连。

2）若外部输入为电流量信号，则需要把 V+ 和 I+ 相连。

3）如有过多的干扰信号，应将系统机壳的 FG 端与 FX2N-4AD 的接地端相连。

5.3 触摸屏+PLC控制电动机星三角减压起动控制线路的安装与调试

*学习目标

技能目标：

（1）能分析触摸屏+PLC控制三相交流异步电动机星三角减压起动控制线路的I/O分配表。

（2）能分析触摸屏+PLC控制三相交流异步电动机星三角减压起动控制线路的I/O接线图。

（3）能分析触摸屏+PLC控制三相交流异步电动机星三角减压起动控制线路的SFC程序。

（4）能安装与调试触摸屏+PLC控制三相交流异步电动机星三角减压起动控制线路。

知识目标：

熟悉触摸屏+PLC控制三相交流异步电动机星三角减压起动控制线路中各元器件的作用。

素养目标：

（1）能执行安全操作规程、施工现场管理规定及"7S"管理规定。

（2）能与他人合作，具有良好的沟通能力和团队精神。

*描述任务

某车间有一台车床的主轴电动机需要进行技术革新，将原来由PLC控制三相交流异步电动机星三角减压起动控制改造为触摸屏+PLC控制。

*任务分析

完成此任务应具备的知识点为触摸屏+PLC控制三相交流异步电动机减压起动控制线路，应具备的技能点为正确选择工具、仪表、元器件，按图施工，完成触摸屏+PLC控制三相交流异步电动机星三角减压起动控制线路的安装与调试。

*必备知识

分析触摸屏+PLC控制三相交流异步电动机星三角减压起动控制线路的I/O线路

1. 分析I/O分配表

触摸屏+PLC控制三相交流异步电动机星三角减压起动控制线路的I/O分配见表5-9。

表 5-9 触摸屏 + PLC 控制三相交流异步电动机星三角减压起动控制线路的 I/O 分配

类别	外接硬件			PLC	功能
输入	触摸屏	SB1	复归型软按键	M0	起动控制
		SB2	复归型软按键	M1	停止控制
		T	起动时间设置界面	D0	T_1 延时时间
输出	触摸屏	HL1	位状态指示灯	M3	停止指示
		HL2	位状态指示灯	M4	Y 联结指示
		HL3	位状态指示灯	M5	△联结指示
输出	交流接触器	KM	线圈	Y0	接通电源
		KM$_Y$	线圈	Y1	Y 联结
		KM$_△$	线圈	Y2	△联结

2. 分析 I/O 接线图

图 5-16 所示为触摸屏 + PLC 控制三相交流异步电动机星三角减压起动的 I/O 接线图,在触摸屏上设计了起动、停止功能的复归型按钮及电动机运行状态指示及星三角减压起动时间设定画面。

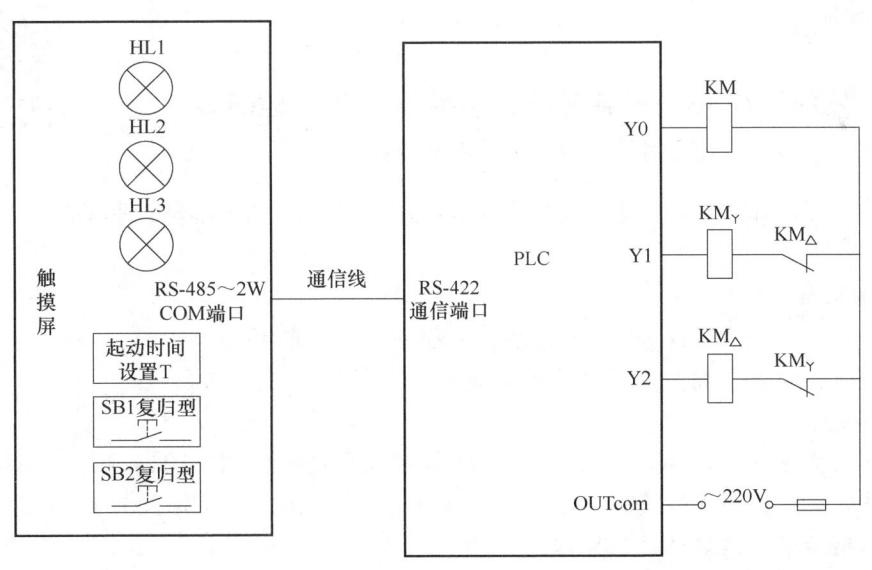

图 5-16 触摸屏 + PLC 控制三相交流异步电动机星三角减压起动控制线路的 I/O 接线图

3. 分析 SFC 程序

图 5-17 所示为触摸屏 + PLC 控制三相交流异步电动机星三角减压起动控制线路的 SFC 程序示意图。该程序能通过触摸屏实现三相交流异步电动机星三角减压起动控制功能,触摸屏上的运行状态指示灯能反映出电动机的运行状态,星三角减压起动时间可通过触摸屏设定(如可以通过触摸屏设定 T_1 的定时时间为 60s)。

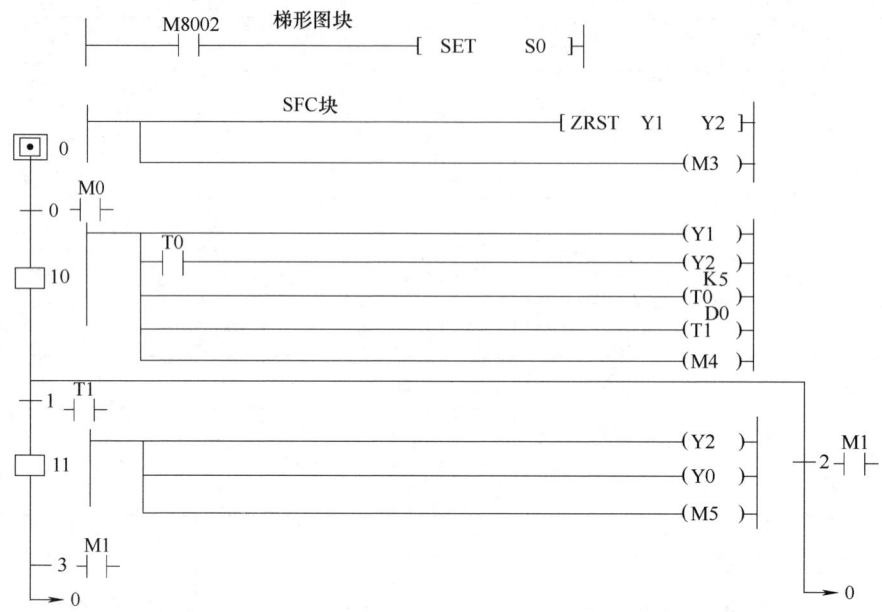

图 5-17　触摸屏 + PLC 控制三相交流异步电动机星三角减压起动控制线路的 SFC 程序示意图

*任务实施

技能训练 15　安装与调试触摸屏 + PLC 控制星三角减压起动控制线路

视频 37

将图 5-14 所示的 PLC 控制三相交流异步电动机星三角减压起动控制线路改为触摸屏 + PLC 控制。

1. 准备工具、仪表

参照附录 A "工具、仪表清单",结合本任务实际选取必要的工具、仪表,并对选用的工具、仪表进行检查,确保工具、仪表都能正常使用。

2. 领取器材

根据器材清单(见表 5-10)中的元器件名称或符号领用相应的器材,并用仪表检测元器件判断其好坏,如元器件有故障,需先进行修复或更换。参照相关元器件实物或其说明书,完成器材清单中器材品牌、型号(规格)等相关内容的填写。

表 5-10　触摸屏 + PLC 控制三相交流异步电动机星三角减压起动控制线路器材清单

符号	元器件名称	品牌	型号	数量	检测	备注
PLC	可编程序控制器			1		根据实训室配置填写
FU						
KM						
KM$_Y$						

(续)

符号	元器件名称	品牌	型号	数量	检测	备注
KM△						
M						
	触摸屏					
	冷压端子					
	接线端子排					
	导线					

3. 安装线路

(1) 设计线路　首先设计出合理的 I/O 分配表，可参考表 5-9，然后根据 I/O 分配表设计出触摸屏 + PLC 控制三相交流异步电动机星三角减压起动控制线路电气原理图，如图 5-18 所示。

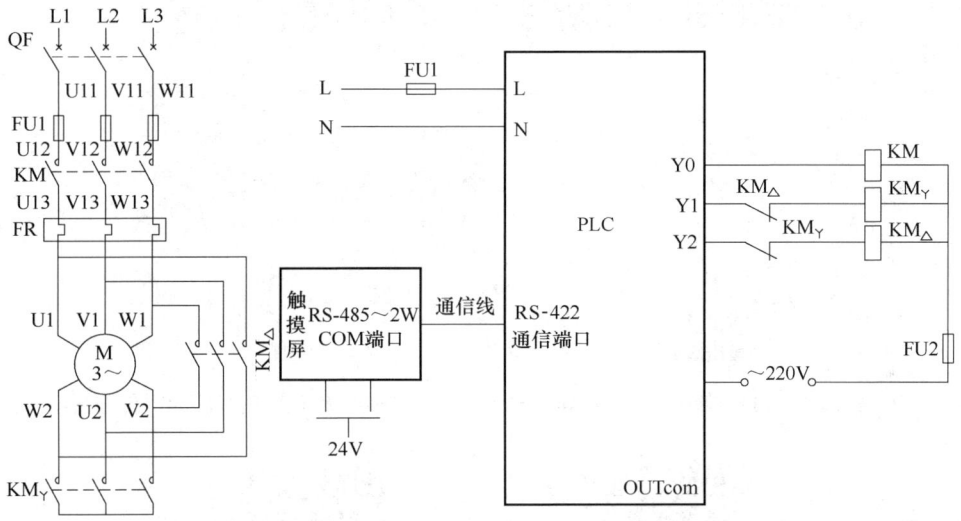

图 5-18　触摸屏 + PLC 控制三相交流异步电动机星三角减压起动控制线路电气原理图

(2) 安装线路　参照图 5-19 所示的元器件布置参考图及实训场地实际情况，用紧固件将元器件安装在合理位置，再根据图 5-18 所示的触摸屏 + PLC 控制三相交流异步电动机星三角减压起动控制线路电气原理图进行接线。

4. 检测线路

安装好触摸屏 + PLC 控制三相交流异步电动机星三角减压起动控制线路后，在通电前务必对接线及 I/O 连线进行检测，需特别注意各器件的电压等级，检查触摸屏与 PLC 的通信连接是否牢固，并参照 PLC 控制三相交流异步电动机星三角减压起动控制线路的检测方法对主电路及 PLC 的输出连线进行检测。

5. 编写程序

打开编程软件编写触摸屏 + PLC 控制三相交流异步电动机星三角减压起动控制的触摸屏画面及 SFC 程序，根据星三角减压起动控制的动作要求对所编写的程序进行仿真演示，确保所编程序无误后，下载程序至触摸屏或 PLC 中。SFC 参考程序如图 5-17 所示，触摸屏参考画面如图 5-19 所示。

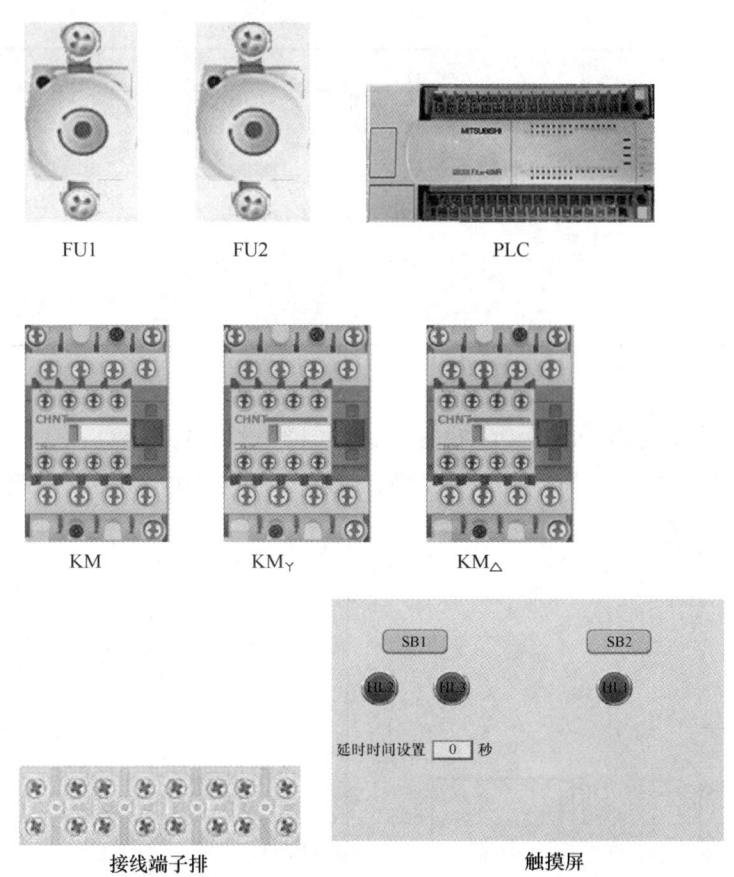

图 5-19 触摸屏 + PLC 控制三相交流异步电动机星三角减压起动控制线路元器件布置参考图

视频 38

视频 39

6. 调试线路

检查接线及程序下载完成后，就可以在熔座上安装熔管了。接通交流电源，此时电动机应不转。按下复归型软按键 SB1，电动机应星形起动，触摸屏上的运行指示灯应点亮；60s 之后，应自动切换为三角形运行，触摸屏上三角形指示灯应亮；按下复归型软按键 SB2，电动机应停止转动，指示灯应熄灭。若控制线路不能正常工作，则应先切断电源，排除故障后才能重新通电。可通过触摸屏设置延时时间。

*任务总结与评价

参考附录 D "触摸屏 + PLC + 变频器控制三相交流异步电动机控制线路的安装与调试评价表"，对触摸屏 + PLC 控制三相交流异步电动机星三角减压起动控制线路的安装与调试进行评价（本任务中没有变频器），并根据学生实际完成情况进行总结。

*任务拓展

MOV 指令实现触摸屏 + PLC 控制三相交流异步电动机星三角减压起动

用功能指令（MOV）来实现触摸屏 + PLC 控制三相交流异步电动机星三角减压起动，表 5-11 是输入/输出信号，图 5-20 是参考梯形图。

表 5-11 MOV 指令实现触摸屏 + PLC 控制三相交流异步电动机星三角减压起动输入/输出信号

输入				传送数据数制转换		输出			备注
地址	外接硬件初始状态	初始信号		十进制数据	二进制数据	Y2	Y1	Y0	
M0	复归型软按键	0		K3	11	0	1	1	星形
T0	复归型软按键	0		K5	101	1	0	1	三角形
M2	复归型软按键	0		K0	00	0	0	0	停止

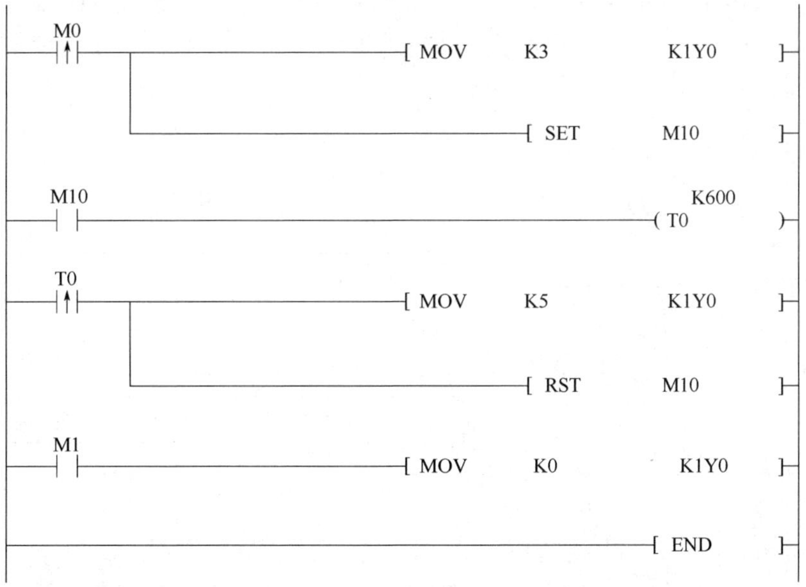

```
    M0
    ─↑─────────────[ MOV   K3   K1Y0 ]─
         │
         └──────────────────[ SET   M10 ]─

    M10                                K600
    ─┤├─────────────────────────────( T0 )─

    T0
    ─↑─────────────[ MOV   K5   K1Y0 ]─
         │
         └──────────────────[ RST   M10 ]─

    M1
    ─┤├────────────[ MOV   K0   K1Y0 ]─

                                      [ END ]─
```

图 5-20 MOV 指令实现触摸屏 + PLC 控制三相交流异步电动机星三角减压起动的程序梯形图

*思考与练习

设计 PLC 控制三相交流异步电动机星三角减压起动控制线路，要求能两地控制三相交流异步电动机，一处用按钮实现，另一处用触摸屏实现，任何一处都能实现起动和停止。

1. 请设计出 I/O 分配表。
2. 请设计出 I/O 接线图。
3. 请用两种编程方法设计出梯形图。

视频 40

单元 6　工作台自动往返控制线路的安装与调试

*学习指南

生产机械（如磨床）的工作台需要在一定行程范围内自动往返运动，以便实现对工件的连续加工，提高生产效率。这就要求电动机不但能够正反转运转，还需要能够自动换接，实现自动往返。

*知识体系

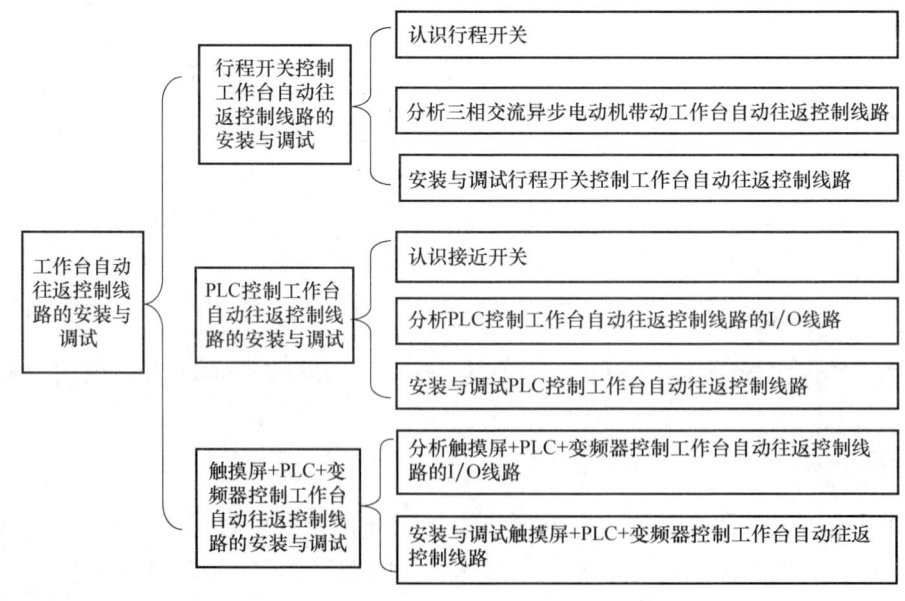

6.1 行程开关控制工作台自动往返控制线路的安装与调试

*学习目标

技能目标：
(1) 能识读行程开关控制工作台自动往返控制线路的原理图。
(2) 能分析行程开关控制工作台自动往返控制线路的工作原理。
(3) 能安装与调试行程开关控制工作台自动往返控制线路。

知识目标：
(1) 熟悉行程开关控制工作台自动往返控制线路中各元器件的作用。
(2) 熟悉行程开关控制工作台自动往返控制线中的限位和自动往返原理。

素养目标：
(1) 能执行安全操作规程、施工现场管理规定及"7S"管理规定。
(2) 能展示施工技术要点，总结收获，反思不足。
(3) 能与他人合作，具有良好的沟通能力和团队精神。

*描述任务

某小型生产企业根据生产要求采购了一台磨床，其工作台由一台三相交流异步电动机带动，但需要对电气控制线路进行改装，要求工作台能实现自动往返运动。

*任务分析

在磨床加工工件过程中，常常需要其工作台往返运动，以达到多次反复加工工件的目的。工作台可由一台三相交流异步电动机带动，假设电动机正转时带动工作台向左运动，反转时带动工作台向右运动。在工作台行程的左、右极限位上分别装设行程开关来限位，在工作台行程上需要往返的位置上再装设另外的行程开关来控制电动机的正反转换接，以此实现工作台自动往返运动。

完成此任务应具备的知识点为行程开关控制工作台自动往返控制线路，应具备的技能点为正确选择工具、仪表、元器件，按图施工，完成行程开关控制工作台自动往返控制线路的安装与调试。

*必备知识

一、认识行程开关

1. 知悉行程开关的功能

行程开关是一种利用生产机械某些运动部件的碰撞来发出控制指令的主令电器，主要用于控制生产机械的运动方向、速度、行程或位置，是一种自动控制电器。行程开关的作用原理与按钮相同，区别在于它不是靠手指的按压，而是利用生产机械运动部件的碰压使其触点动作，从而将机械信号转变为电信号，使运动机械按一定的位置或行程实现自动停止、反向运动、变速运动或自动往返运动等。

2. 知悉行程开关的结构、分类及符号

机床中常用的行程开关有 LX19 和 JLXK1 等系列，各系列行程开关的基本结构大体相同，都是由操作系统、触点系统和外壳组成的，如图 6-1a 所示。行程开关在电路图中的符号如图 6-1c 所示。

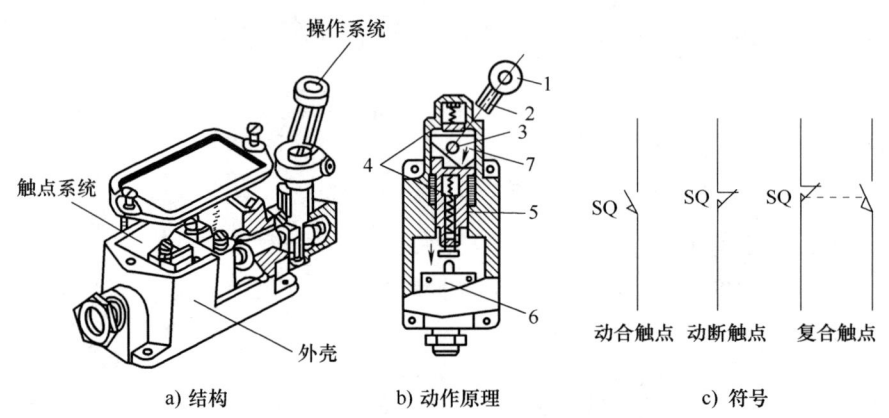

图 6-1　JLXK1 型行程开关的结构和动作原理
1—滚轮　2—杠杆　3—转轴　4—弹簧　5—撞块　6—微动开关　7—凸轮

行程开关按其结构可分为直动式（按钮式）、滚动式（旋转式）、微动式和组合式 4 类。

（1）直动式行程开关　其动作原理与按钮类似，所不同的是：一个是手动，另一个则由运动部件的撞块碰撞。当外界运动部件上的撞块碰压操作头时，其触点动作，运动部件离开后，在弹簧作用下其触点自动复位。

（2）滚动式行程开关　当运动机械的挡铁（撞块）压到行程开关的滚轮上时，传动杠杆连同转轴一同转动，使凸轮推动撞块，当撞块碰压到一定位置时，推动微动开关快速动作。当滚轮上的挡铁移开后，复位弹簧就使行程开关复位。此种行程开关被称为单轮自动恢复式行程开关。而双轮旋转式行程开关不能自动复原，它是依靠运动机械反向移动时，挡铁碰撞另一个滚轮将其复原的。

JLXK1 系列行程开关的外形如图 6-2 所示。LX19 系列行程开关的外形与 JLXK1 系列的相似。JLXK1系列行程开关的动作原理如图6-1b所示。当运动部件的挡铁碰压行程开关的滚轮1时，杠杆2连同转轴3一起转动，使凸轮7推动撞块5。当撞块5被压到一定位置时，推动微动开关6快速动作，使其动断触点断开，动合触点闭合。行程开关的触点类型有一动合一动断、一动合二动断、二动合一动断、二动合二动断等形式。其动作方式可分为瞬动式、蠕动式和交叉从动式3种。动作后的复位方式有自动复位和非自动复位两种。

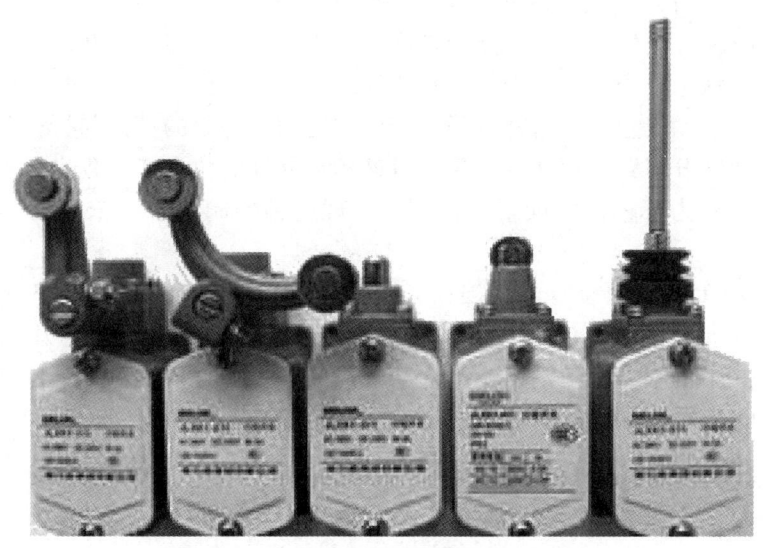

图6-2 JLXK1系列行程开关的外形

3. 知悉行程开关的型号和含义

JLXK1系列行程开关的型号及含义如下：

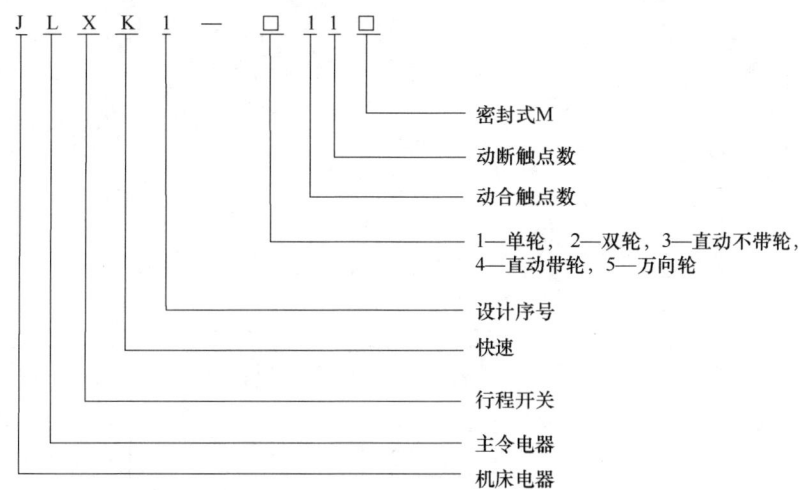

二、分析行程开关控制工作台自动往返控制线路

在生产实际中，有些生产机械（如磨床）的工作台要求能在一定行程内自动往返运动，

机床电气控制与PLC

以便实现对工件的连续加工，提高生产效率，这就需要电气控制线路能够控制电动机实现自动换接正反转。由行程开关控制工作台自动往返控制线路电气原理图如图6-3所示，右下角是工作台自动往返运动的示意图。

为了使电动机的正反转控制与工作台的左右运动相配合，在控制线路中设置了4个行程开关SQ1~SQ4，并把它们安装在工作台需要限位的地方。其中，SQ1、SQ2用来自动换接电动机正、反转控制线路，实现工作台的自动往返；SQ3和SQ4用作终端保护，以防止SQ1、SQ2失灵时，工作台越过限定位置而造成事故。在工作台运行路线的两端各安装一个行程开关SQ3和SQ4，它们的动断触点分别串联在正转控制电路和反转控制电路中。当安装在工作台前后的挡铁1或挡铁2撞击行程开关的滚轮时，行程开关的动断触点分断，切断控制电路，使工作台自动停止。像这样利用生产机械运动部件上的挡铁与行程开关碰撞，使其触点动作来接通或断开电路，以实现对生产机械运动部件的位置或行程进行自动控制的方法称为位置控制，又称为行程控制或限位控制。实现这种控制要求所依靠的主要电器是行程开关。

在工作台边的T形槽中装有两块挡铁，其中挡铁1只能和SQ1、SQ3相碰撞，挡铁2只能和SQ2、SQ4相碰撞。当工作台运动到所限位置时，挡铁碰撞行程开关，使其触点动作，自动换接电动机的正、反转控制线路，通过机械传动机构使工作台自动往返运动。工作台行程可通过移动挡铁位置来调节，拉开两块挡铁间的距离，行程变短，反之则变长。

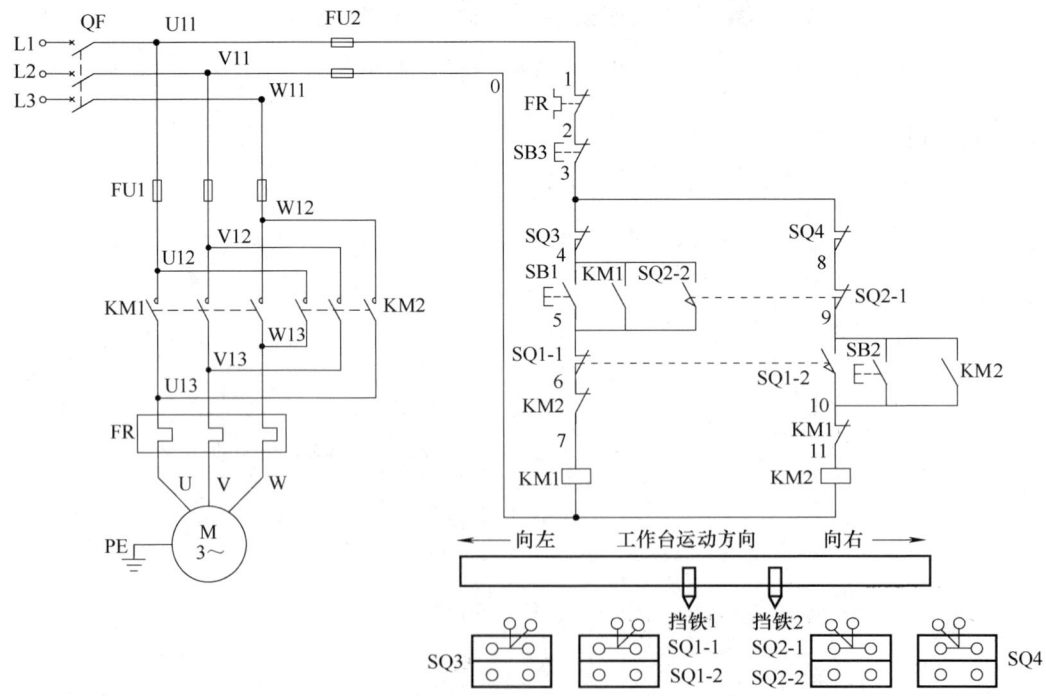

图6-3　行程开关控制工作台自动往返行程控制线路电气原理图

先合上电源开关QF，该控制线路工作原理如下：

（1）自动往返运动

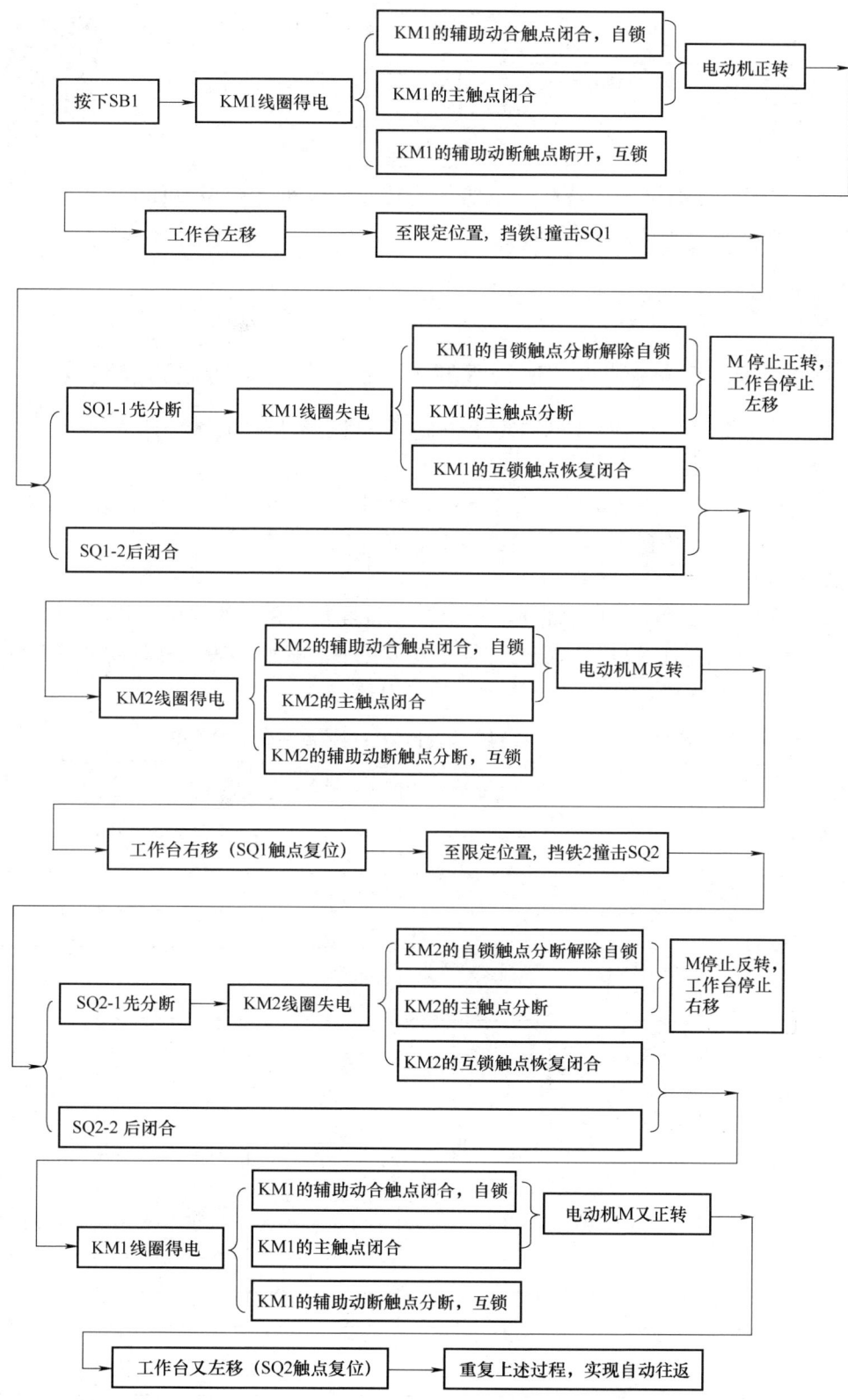

（2）停止过程

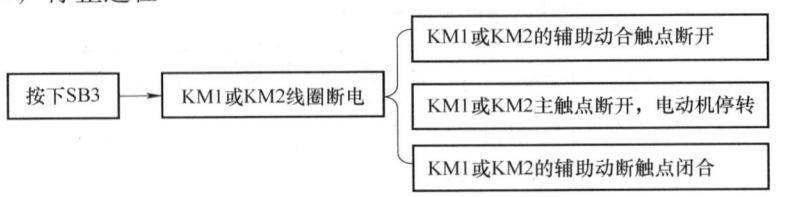 

视频 41

这里 SB1、SB2 分别作为正转起动按钮和反转起动按钮，若起动时工作台在左端，则应按下 SB2 进行起动。

*任务实施

技能训练 16　安装与调试行程开关控制工作台自动往返控制线路

完成图 6-3 所示的行程开关控制工作台自动往返控制线路的安装与调试。

1. 准备工具、仪表

参照附录 A "工具、仪表清单"，结合本任务实际选取必要的工具、仪表，并对选用的工具、仪表进行检查，确保工具、仪表都能正常使用。

2. 领取器材

根据器材清单（见表 6-1）中的元器件名称或符号领用相应的器材，并用仪表检测元器件判断其好坏，如元器件有故障，需先进行修复或更换。参照相关元器件实物或其说明书，完成器材清单中器材品牌、型号（规格）等相关内容的填写。

表 6-1　行程开关控制工作台自动往返控制线路器材清单

符号	名称	品牌	型号	数量	检测情况	备注
QF						
FU1						
FU2						
KM1						
KM2						
SB1						
SB2						
SB3						
FR						
SQ1						
SQ2						
SQ3						
SQ4						
M						
	冷压端子					
	接线端子排					
	导线					

3. 安装线路

参照图 6-4 所示的元器件布置参考图及实训场地实际情况，用紧固件将元器件安装在合理位置，再根据图 6-3 所示的行程开关控制工作台自动往返控制线路电气原理图进行接线。

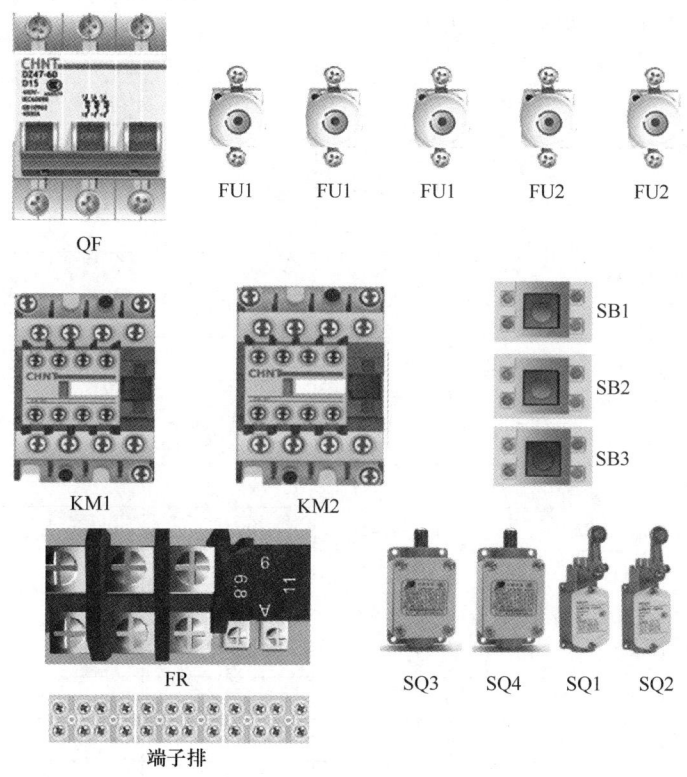

图 6-4　行程开关控制工作台自动往返控制线路的元器件布置参考图

4. 检测线路

安装好行程开关控制工作台自动往返控制线路后，在通电测试前务必对主线路及控制线路进行检测。

（1）主电路检测　安装上主电路中的熔断器 FU1 熔管，拆下控制电路中的熔断器 FU2 熔管，先分别测量 U11 与 V11，U11 与 W11，V11 与 W11 之间的电阻，正常阻值应为无穷大。当用螺钉旋具分别压下接触器 KM1、KM2 触点架后，万用表应显示电动机定子绕组的阻值，而当同时压下接触器 KM1 与 KM2 触点架时，则会出现 U11 与 W11 相间短路的现象。

（2）控制线路检测　安装上控制线路熔断器 FU2 熔管，拆下主线路熔断器 FU1 熔管，先对 U11 与 V11 进行检测，正常阻值应为无穷大。分别或同时按下 SB1、SQ2（或 SB2、SQ1）后，万用表应显示接触器线圈的阻值；同时按下 SB1 和 SB2 后，应为 KM1 和 KM2 线圈的并联阻值；同时按下 SQ1 和 SQ2 后，阻值也应为无穷大，否则是 SQ1 与 SQ2 没有互锁；同时按下 SB3 与 SB1、SB2、SQ1、SQ2 的任意组合，阻值也应为无穷大；松开按钮或行程开关，用螺钉旋具分别压下接触器 KM1、KM2 触点架后万用表应显示接触器线圈阻值，用螺钉旋具同时压下接触器 KM1、KM2 触点架后阻值应为无穷大，否则是接触器没有互锁。

（3）数据记录　将检测数据填入表 6-2，并根据检测数据判断主电路及控制电路的接线是否正常，如果数据异常，需及时查明原因。

表6-2　行程开关控制工作台自动往返控制线路检测数据

项目	元器件状态	万用表表笔位置	阻值/Ω	结果判断	备注
主电路检测	未压下接触器 KM1 或 KM2 触点架	U11 与 V11			
		U11 与 W11			
		V11 与 W11			
	压下接触器 KM1 触点架	U11 与 V11			
		U11 与 W11			
		V11 与 W11			
	压下接触器 KM2 触点架	U11 与 V11			
		U11 与 W11			
		V11 与 W11			
	同时压下接触器 KM1 与 KM2 触点架	U11 与 W11			
控制电路检测	未按下任何元器件	U11 与 V11			
	分别或同时按下 SB1、SQ2	U11 与 V11			
	分别或同时按下 SB2、SQ1	U11 与 V11			
	同时按下 SB1 和 SB2	U11 与 V11			
	同时按下 SQ1 和 SQ2	U11 与 V11			
	同时按下 SB3 与 SB1、SB2、SQ1、SQ2 的任意组合	U11 与 V11			
	压下接触器 KM1 触点架	U11 与 V11			
	压下接触器 KM2 触点架	U11 与 V11			
	同时压下接触器 KM1 与 KM2 触点架	U11 与 V11			

5. 调试线路

检查接线并分析所测数据无误后，就可以安装上 FU1 及 FU2 熔管了。合上断路器 QF，接通交流电源，此时电动机应不转。假设工作台停在中间，按下正转按钮或反转按钮，电动机应起动向一个方向转动，带动工作台运动，这里要结合行程开关位置操作行程开关，实现自动往返。按下停止按钮，电动机应停转，工作台停止。可用钳形电流表测量电动机的工作电流，若控制线路不能正常工作，则应先切断电源，排除故障后才能重新通电。

*任务总结与评价

参考附录 B "接触器控制三相交流异步电动机控制线路的安装与调试评价表"，对行程开关控制工作台自动往返控制线路的安装与调试进行评价，并根据学生实际完成情况进行总结。

*任务拓展

行程开关的选用

行程开关的主要参数是型式、工作行程、额定电压及触点的电流容量，在产品说明书中都有详细说明，主要根据动作要求、安装位置及触点数量进行选择。LX19 和 JLXK1 系列行程开关的主要技术数据见表 6-3。

表 6-3 LX19 和 JLXK1 系列行程开关的主要技术数据

型号	额定电压/额定电流	结构特点	触点对数 动合	触点对数 动断	工作行程	超行程	触点转换时间/s
LX19		元件	1	1	3mm	1mm	
LX19—111		单轮，滚轮装在传动杠杆内侧，能自动复位	1	1	≈30°	≈20°	
LX19—121		单轮，滚轮装在传动杠杆外侧，能自动复位	1	1	≈30°	≈20°	≤0.04
LX19—131	380V/5A	单轮，滚轮装在传动杠杆凹槽内，能自动复位	1	1	≈30°	≈20°	
LX19—212		双轮，滚轮装在U形传动杠杆内侧，不能自动复位	1	1	≈30°	≈15°	
LX19—222		双轮，滚轮装在U形传动杠杆外侧，不能自动复位	1	1	≈30°	≈15°	
LX19—232		双轮，滚轮装在U形传动杠杆内外侧各一个，不能自动复位	1	1	≈30°	≈15°	
LX19—001		无滚轮，仅有径向传动杠杆，能自动复位	1	1	<4mm	3mm	
JLXK1—111		单轮防护式	1	1	1°~15°	≤30°	
JLXK1—211	500V/5A	双轮防护式	1	1	≈45°	≤45°	
JLXK1—311		直动防护式	1	1	1~3mm	2~4mm	
JLXK1—411		直动滚轮防护式	1	1	1~3mm	2~4mm	

* 思考与练习

1. 行程开关的作用是什么？
2. 什么叫限位？限位控制是如何实现的？
3. 简述图 6-3 所示的电气原理图中，在不上电的情况下如何用万用表检测控制线路的好坏？

6.2 PLC控制工作台自动往返控制线路的安装与调试

＊学习目标

技能目标：
(1) 能分析PLC控制工作台自动往返控制线路的I/O分配表。
(2) 能分析PLC控制工作台自动往返控制线路的I/O接线图。
(3) 能分析PLC控制工作台自动往返控制线路的梯形图与指令语句表。
(4) 能安装与调试PLC控制工作台自动往返控制线路。

知识目标：
(1) 理解接近开关的工作方式。
(2) 熟悉PLC控制工作台自动往返控制线路中各元器件的作用。

素养目标：
(1) 能高效获取、正确整理、有效运用相关信息。
(2) 能树立安全环保、技术革新意识。
(3) 具备吃苦耐劳、爱岗敬业和诚实守信的工作态度。

＊描述任务

某小型生产企业根据生产要求采购了一台二手磨床，其工作台由一台三相交流异步电动机带动，需要对电气控制线路进行PLC控制改造，要求工作台能实现左右自动往返运动。

＊任务分析

完成此任务应具备的知识点为PLC的扫描工作方式及扫描周期、PLC控制工作台自动往返控制线路，应具备的技能点为正确选择工具、仪表、元器件，按图施工，完成PLC控制工作台自动往返控制线路的安装与调试。

＊必备知识

一、认识接近开关

1. 知悉接近开关的功能

行程开关是有触点开关，在操作频繁时，易产生故障，工作可靠性也比较低。接近开关是一种开关型传感器（即无触点开关），它既具有行程开关、微动开关的特性，又具有传感性能，而且动作可靠，性能稳定，频率响应快，使用寿命长，抗干扰能力强等，并具有防水、防振、耐腐蚀等特点。

2. 知悉接近开关的结构、符号及分类

图 6-5a 所示为接近开关的外形。当物体靠近开关的感应面至动作距离时,不需要机械接触及施加任何压力即可使开关动作,从而驱动直流电器或给计算机(PLC)装置提供控制指令。接近开关的电路符号如图 6-5b 所示。

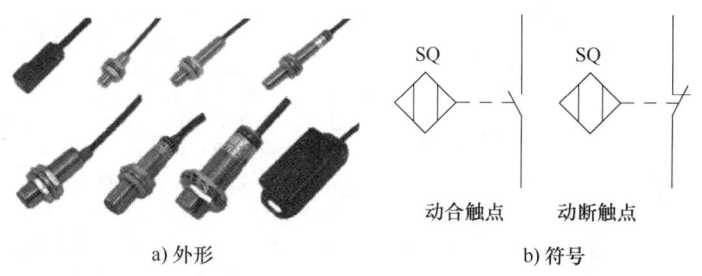

图 6-5 接近开关

根据接近开关的线数,有两线制与三线制两种。其中,两线制接近开关与行程开关一样串联在控制电路中,三线制接近开关需要另加工作电源。图 6-6 所示为二线制和三线制接近开关接线图,红(棕)线接电源正(+)端,蓝线接电源 0V(-)端,三线制黄(黑)线为信号端,应接负载(负荷)。负载的另一端是这样接的:对于 NPN 型接近开关,应接到电源正(+)端;对于 PNP 型接近开关,则应接到电源 0V(-)端。接近开关的负载可以是信号灯、继电器线圈或 PLC 的数字量输入模块等。

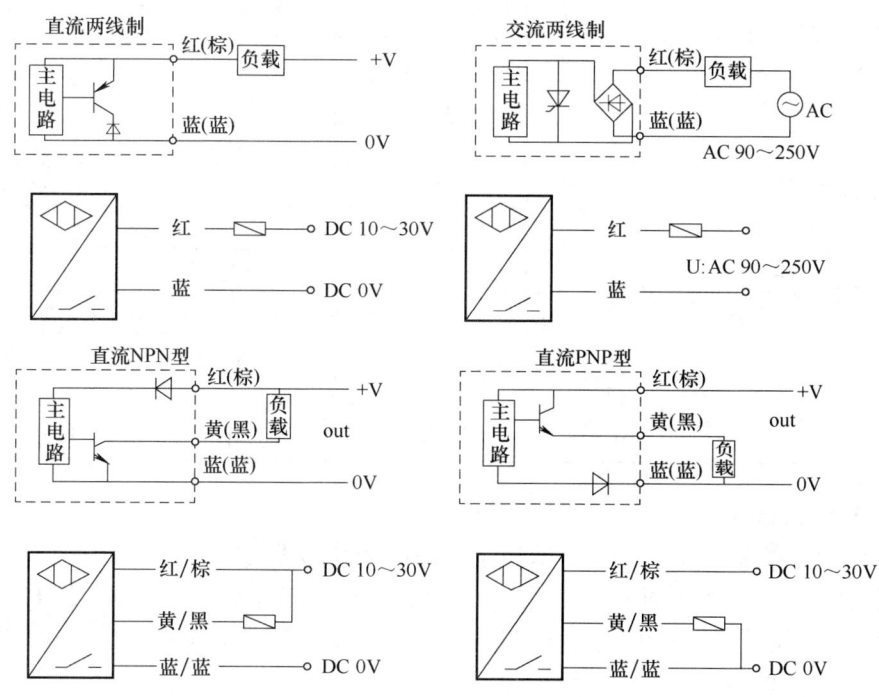

图 6-6 二线制和三线制接近开关接线图

3. 知悉接近开关的型号和含义

接近开关的型号及含义如下：

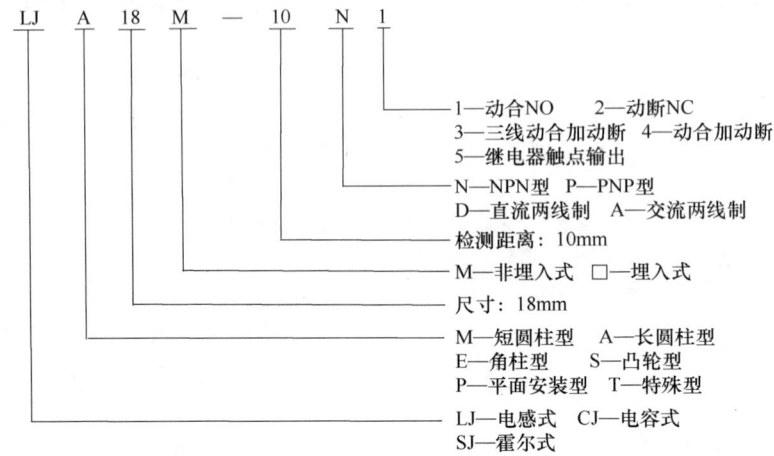

二、分析 PLC 控制工作台自动往返控制线路的 I/O 线路

1. 分析 I/O 分配表

PLC 控制工作台自动往返控制线路的 I/O 分配见表 6-4。

表 6-4 PLC 控制工作台自动往返控制线路的 I/O 分配

类别	外接硬件			PLC	功能
输入	按钮	SB1	动合	X0	正转（右行）
		SB2	动合	X1	反转（左行）
		SB3	动断	X2	停止
	热继电器	FR	动断	X3	过载保护
	两线制接近开关	SQ1	动合	X4	左限位
		SQ2	动合	X5	右限位
		SQ3	动合	X6	左侧终端保护
		SQ4	动合	X7	右侧终端保护
输出	交流接触器	KM1	线圈	Y0	正转（右行）
		KM2	线圈	Y1	反转（左行）

2. 分析 I/O 接线图

图 6-7 为 PLC 控制工作台自动往返控制线路的 I/O 接线图。在设计 PLC 控制工作台自动往返控制线路的 I/O 接线图时，还需要考虑硬件的响应速度，务必要对接触器 KM1 及 KM2 进行互锁，不进行互锁会因为 PLC 扫描周期短，而接触器响应速度慢，极易发生 KM1 与 KM2 主电路短路的现象。

3. 分析 PLC 程序

图 6-7 所示的 PLC 控制工作台自动往返控制线路的 I/O 接线图对应的梯形图和指令语句表如图 6-8 所示。该程序能使工作台实现自动往返控制功能。

单元 6　工作台自动往返控制线路的安装与调试

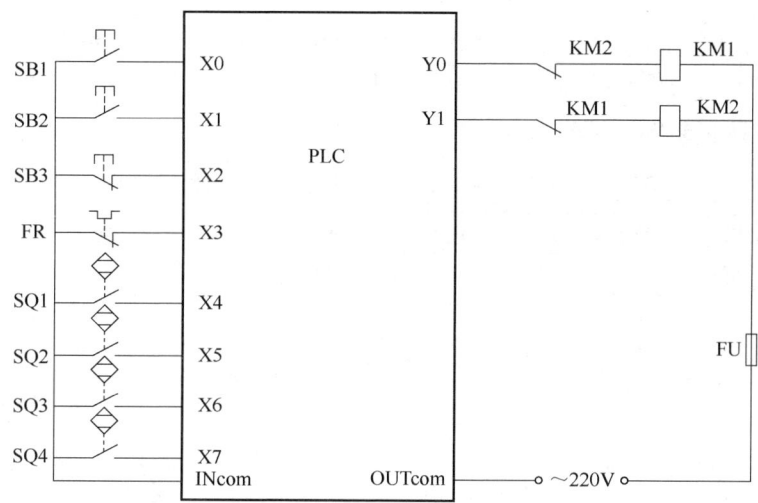

图 6-7　PLC 控制工作台自动往返控制线路的 I/O 接线图

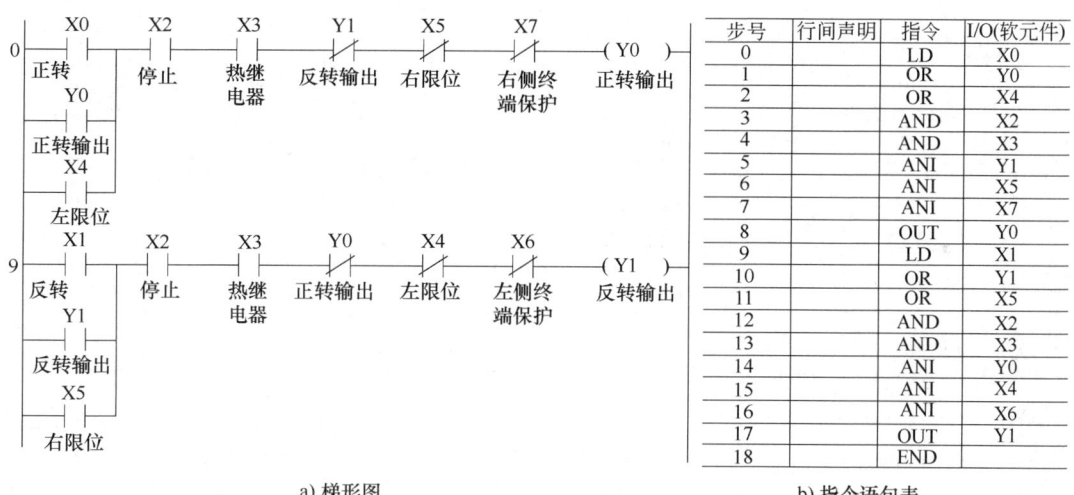

a) 梯形图　　　　　　　　　　　　　　　b) 指令语句表

图 6-8　PLC 控制工作台自动往返控制程序

任务实施

技能训练 17　安装与调试 PLC 控制工作台自动往返控制线路

将图 6-3 所示的行程开关控制工作台自动往返控制线路改为 PLC 控制。

视频 42

1. 准备工具、仪表

参照附录 A "工具、仪表清单"，结合本任务实际选取必要的工具、仪表，并对选用的工具、仪表进行检查，确保工具、仪表都能正常使用。

2. 领取器材

根据器材清单（见表6-5）中的元器件名称或符号领用相应的器材，并用仪表检测元器件判断其好坏，如元器件有故障，需先进行修复或更换。参照相关元器件实物或其说明书，完成器材清单中器材品牌、型号（规格）等相关内容的填写。

表6-5　PLC控制工作台自动往返控制线路器材清单

符号	元器件名称	品牌	型号	数量	检测	备注
PLC	可编程序控制器			1		根据实训室配置填写
QF						
FU1						
FU2						
FU3						
KM1						
KM2						
SB1						
SB2						
SB3						
FR						
SQ1						
SQ2						
SQ3						
SQ4						
M						
	冷压端子					
	接线端子排					
	导线					

3. 安装线路

（1）设计线路　首先设计出合理的I/O分配表，可参考表6-4，然后根据I/O分配表设计出PLC控制的三相交流异步电动机带动工作台自动往返控制线路电气原理图，如图6-9所示。

（2）安装线路　参照图6-10所示的PLC控制工作台自动往返控制线路元器件布置参考图及实训场地实际情况，用紧固件将元器件安装在合理位置。在布置元器件时，应考虑相同元器件尽量摆放在一起，主电路中相关元器件的安装位置要与其电路图有一定的对应关系，达到布局合理、间距合适、接线方便的要求。元器件安装调整到位后，再根据图6-9所示的电气原理图进行接线。

4. 检测线路

安装好PLC控制工作台自动往返控制线路后，在通电前务必对主电路及PLC的I/O连线进行检测，主电路的检测方法与图6-3所示的行程开关控制工作台自动往返控制线路的主

单元 6　工作台自动往返控制线路的安装与调试

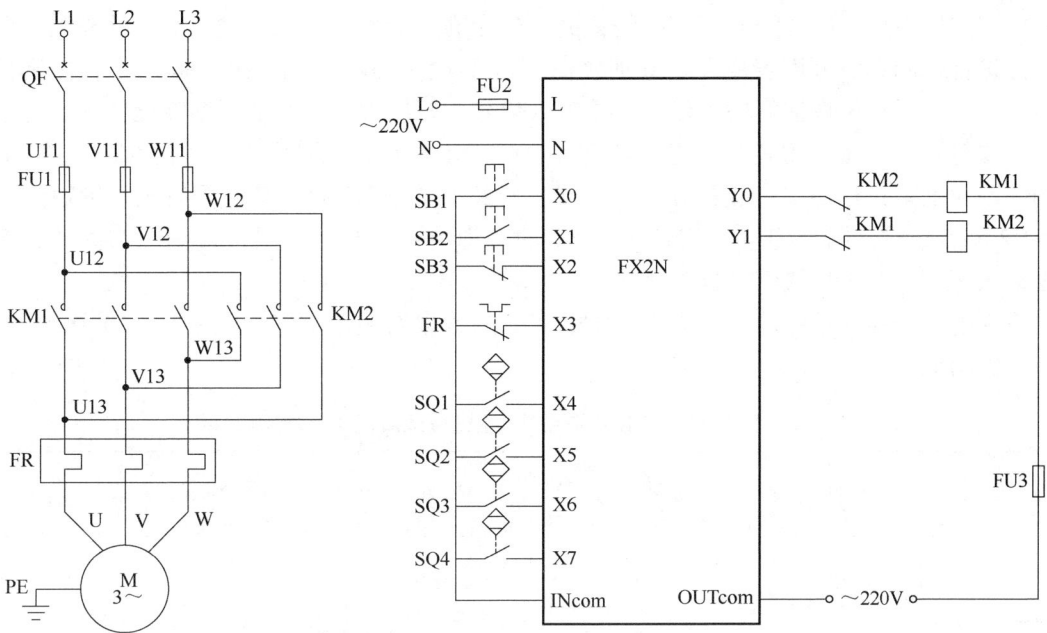

图 6-9　PLC 控制工作台自动往返控制线路电气原理图

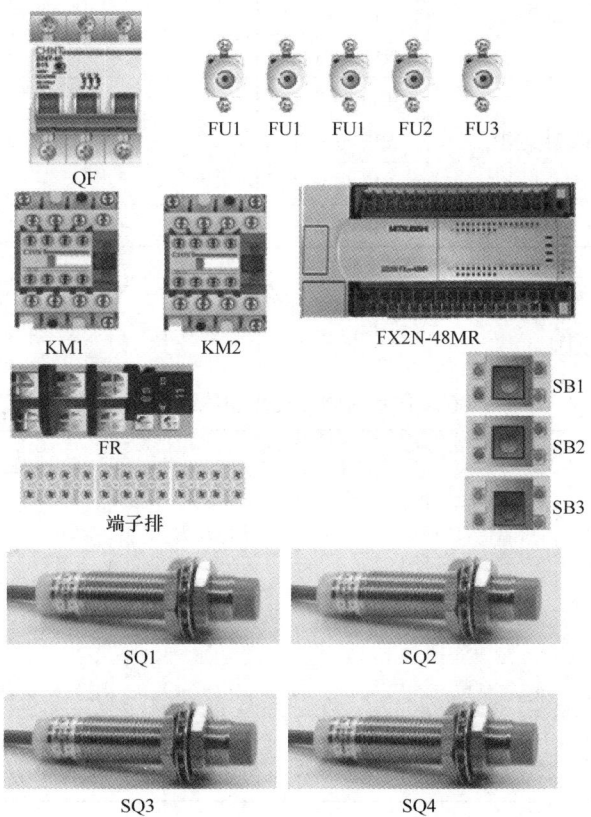

图 6-10　PLC 控制工作台自动往返控制线路元器件布置参考图

电路检测方法一样。PLC 的 I/O 连线的检测可分为输入信号的检测及输出信号的检测。对输入信号进行检测：将万用表两表笔分别放在 PLC 要检测的输入端及 INcom 两端，分别按下按钮、热继电器复位按钮等输入信号，看输入信号在万用表上显示的通断变化情况。对输出信号的检测：可以将万用表两表笔分别放在 Y0 及 Y1 两端，此时应为接触器 KM1 与 KM2 两线圈的串联电阻；当用螺钉旋具分别压下接触器 KM1 与 KM2 触点架或同时压下接触器 KM1 与 KM2 触点架时，因为接触器 KM1 与 KM2 的互锁关系，此时电阻值应为无穷大。将检测数据记录下来，并分析检测数据是否正常。

将主电路的检测数据填入表 6-6，并根据检测数据对主电路进行分析，如果线路异常，需及时查明原因。

表 6-6 PLC 控制工作台自动往返控制线路的主电路检测数据

项目	元器件状态	万用表表笔位置	阻值/Ω	结果判断	备注
主电路检测	未压下接触器 KM1 或 KM2 触点架	U11 与 V11			
		U11 与 W11			
		V11 与 W11			
	压下接触器 KM1 触点架	U11 与 V11			
		U11 与 W11			
		V11 与 W11			
	压下接触器 KM2 触点架	U11 与 V11			
		U11 与 W11			
		V11 与 W11			
	同时压下接触器 KM1 与 KM2 触点架	U11 与 W11			

将 I/O 连线的检测数据填入表 6-7，并根据检测数据对 I/O 连线进行分析，如果 I/O 连线异常，需及时查明原因。

表 6-7 PLC 控制工作台自动往返控制线路的 I/O 连线检测数据

输入检测				输出检测			
万用表表笔位置	初始阻值/Ω	切换状态后阻值/Ω	结果分析	万用表表笔位置	动作	阻值/Ω	结果分析
X0 与 INcom				Y0 与 Y1	初始状态		
X1 与 INcom				Y0 与 Y1	压下 KM1 触点架		
X2 与 INcom				Y0 与 Y1	压下 KM2 触点架		
X3 与 INcom				Y0 与 Y1	同时压下 KM1 与 KM2 触点架		

5. 编写程序

打开编程软件编写工作台自动往返控制程序，按照工作台自动往返控制的动作要求对所编程序进行仿真演示，确保所编程序无误后，下载程序至 PLC 中。参考程序如图 6-8 所示。

6. 调试线路

检查接线并分析所测数据无误及程序下载完成后，就可以在熔座上安装熔管了。合上断路器 QF，接通交流电源，此时电动机应不转。假设工作台停在中间，按下正转或反转按钮，电动机应起动向一个方向转动，并带动工作台运动，这里要结合行程开关的位置操作行程开关，实现自动往返。按下停止按钮，电动机应停转，工作台停止。若控制线路不能正常工作，则应先切断电源，排除故障后才能重新通电。

视频 43

*任务总结与评价

参考"PLC 控制三相交流异步电动机控制线路的安装与调试评价表"（见附录 C），对 PLC 控制工作台自动往返控制线路的安装与调试进行评价，并根据学生实际完成情况进行总结。

*任务拓展

计数器指令

1. 16 位增计数器

计数器中 C0～C99 共 100 点为通用型；C100～C199 共 100 点为断电保持型（断电后能保持当前值，待通电后继续计数）。16 位增计数器的设定值在 K1～K32767 范围内有效，设定值 K0 与 K1 的意义相同，均在第一次计数时，其触点动作。图 6-11 表示了 16 位增计数器的动作过程。

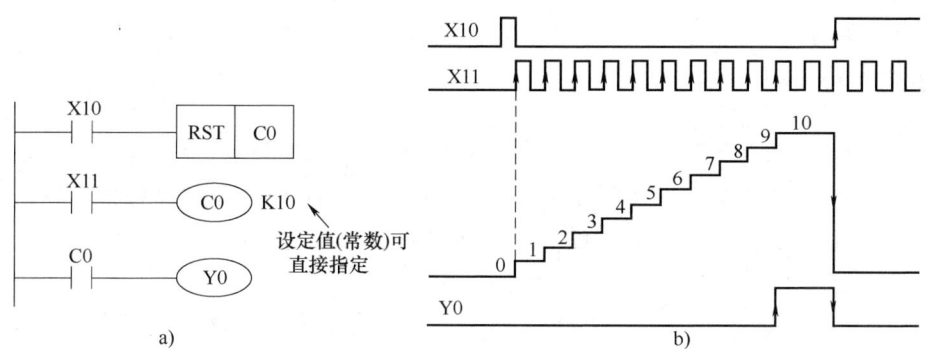

图 6-11 16 位增计数器的动作过程

图中，X10 为计数器 C0 的复位信号，X11 为计数器 C0 的计数信号。当 X11 来第 10 个脉冲时，计数器 C0 的当前值与设定值相等，所以 C0 的动合触点动作，Y0 得电。如果 X10 为 ON，则执行 RST 指令，计数器 C0 被复位，C0 的输出触点被复位，Y0 失电。

2. 32 位增减计数器

计数器中 C200～C219 共 20 点是通用型，C220～C234 共 15 点是位断电保持型。由于它们可以实现双向增减计数，因而其设定范围为 -24783648 ~ +214783647（32 位）。C200 ~ C234 是增计数还是减计数，可以分别由特殊辅助继电器 M8200 ~ M8234 设定。当对应的特殊辅助继电器为 ON 状态时，为减计数；否则为增计数。其使用方法如图 6-12 所示。

X12 控制 M8200，当 X12 = OFF 时，M8200 = OFF，计数器 C200 为加计数；当 X12 = ON 时，M8200 = ON，计数器 C200 为减计数。X13 为复位计数器的复位信号，X14 为计数输入信号。

利用计数器输入信号 X14 驱动 C200 线圈时，可实现增计数或减计数。在计数器的当前值由-5 到-4 增加时，则输出点 Y1 接通；若输出点已经接通，输出点则断开。

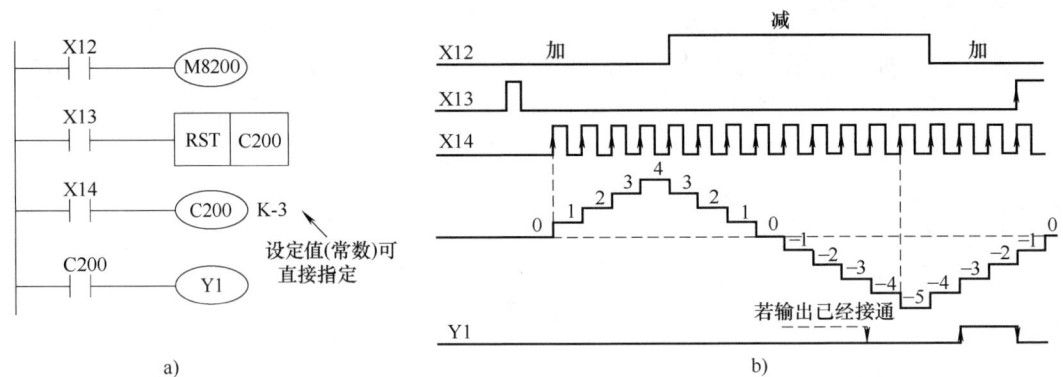

图 6-12　32 位增减计数器的使用方法

3. 高速计数器

高速计数器采用中断方式进行计数，与 PLC 的扫描周期无关。与内部计数器相比，除了允许输入频率高之外，应用也更为灵活。高速计数器均有断电保持功能，通过参数设定也可变成非断电保持。

4. 元器件使用说明

1）计数器需要通过 RST 指令进行复位。

2）计数器的设定值可用常数 K，也可用数据寄存器 D 中的参数。

3）双向计数器在间接设定参数值时，要用编号紧连在一起的两个数据寄存器。

4）高速计数器采用中断方式对特定的输入进行计数，与 PLC 的扫描周期无关。

5. 计数器指令在小车自动往返控制中的应用

在 PLC 控制小车自动往返循环控制线路中，如果要求小车自动往返循环 5 次后停下来，应该如何实现呢？表 6-8 是输入/输出信号，图 6-13 是参考梯形图。

表 6-8　输入/输出信号

类别	外接硬件			PLC	功能
输入	按钮	SB1	动合	X0	正转
		SB2	动合	X1	反转
		SB3	动断	X2	停止
	热继电器	FR	动断	X3	过载保护

（续）

类别	外接硬件			PLC	功能
输入	二线式接近开关	SQ1	动合	X4	左限位
		SQ2	动合	X5	右限位
		SQ3	动合	X6	左侧终端保护
		SQ4	动合	X7	右侧终端保护
输出	交流接触器	KM1	线圈	Y0	正转
		KM2	线圈	Y1	反转

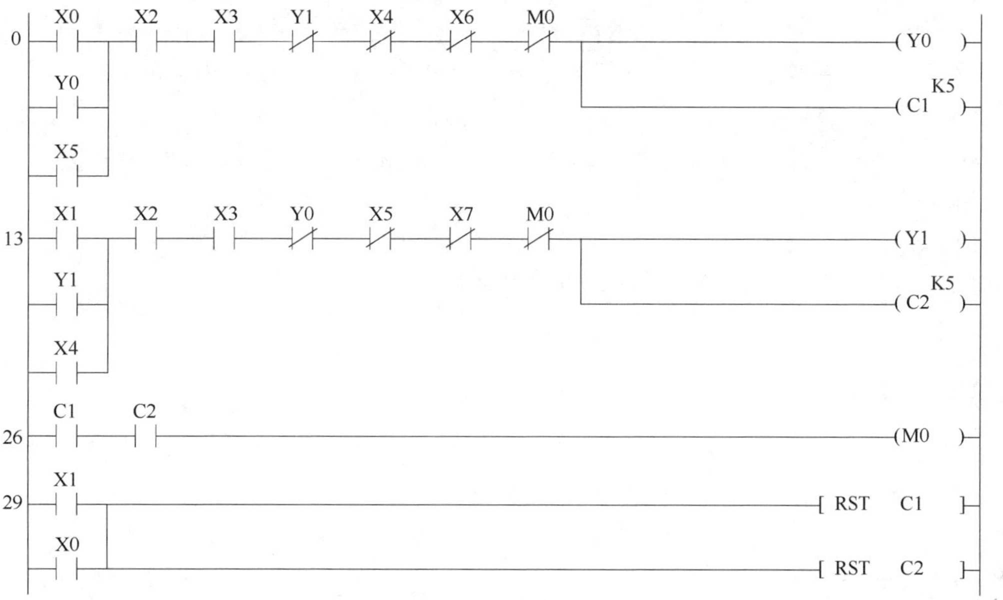

图 6-13 自动往返循环 5 次控制线路参考梯形图

*思考与练习

1. 在图 6-9 所示的电气原理图中，SQ1、SQ2 的作用是什么？
2. 在图 6-9 所示的电气原理图中，SQ3、SQ4 的作用是什么？

6.3 触摸屏+PLC+变频器控制工作台自动往返控制线路的安装与调试

*学习目标

技能目标：
(1) 能分析触摸屏+PLC+变频器控制工作台自动往返控制线路的I/O分配表。
(2) 能分析触摸屏+PLC+变频器控制工作台自动往返控制线路的I/O接线图。
(3) 能分析触摸屏+PLC+变频器控制工作台自动往返控制线路的SFC程序。
(4) 能安装与调试触摸屏+PLC+变频器控制工作台自动往返控制线路。

知识目标：
熟悉触摸屏+PLC+变频器控制工作台自动往返控制线路中各元器件的作用。

素养目标：
(1) 能执行安全操作规程、施工现场管理规定及"7S"管理规定。
(2) 能与他人合作，具有良好的沟通能力和团队精神。

*描述任务

某小型生产企业为了实现磨床的节能增效，需要进行技术革新，将原来的PLC控制工作台自动往返控制线路改造为触摸屏+PLC+变频器控制。

*任务分析

完成此任务应具备的知识点为触摸屏+PLC+变频器控制工作台自动往返控制线路应具备的技能点为正确选择工具、仪表、元器件，按图施工，完成触摸屏+PLC+变频器控制工作台自动往返控制线路的安装与调试。

*必备知识

分析触摸屏+PLC+变频器控制工作台自动往返控制线路的I/O线路

1. 分析I/O分配表

触摸屏+PLC+变频器控制工作台自动往返控制线路的I/O分配见表6-9。

表6-9 触摸屏+PLC+变频器控制工作台自动往返控制线路的I/O分配

类别	外接硬件		PLC	功能
输入	触摸屏	SB1	复归型软按键	M0	正转（右行）
		SB2	复归型软按键	M1	反转（左行）
		SB3	复归型软按键	M2	停止控制

单元 6　工作台自动往返控制线路的安装与调试

（续）

类别	外接硬件		PLC	功能
输出	触摸屏	HL1 位状态指示灯	M3	停止指示
		HL2 位状态指示灯	M4	正转（右行）指示
		HL3 位状态指示灯	M5	反转（左行）指示
	变频器	STF 信号端子	Y0	正转（右行）
		STR 信号端子	Y1	反转（左行）

2. 分析 I/O 接线图

图 6-14 所示为触摸屏 + PLC + 变频器控制工作台自动往返控制线路的 I/O 接线图，在触摸屏上设计了正转、反转、停止功能的复归型按钮及工作台运行状态指示灯。

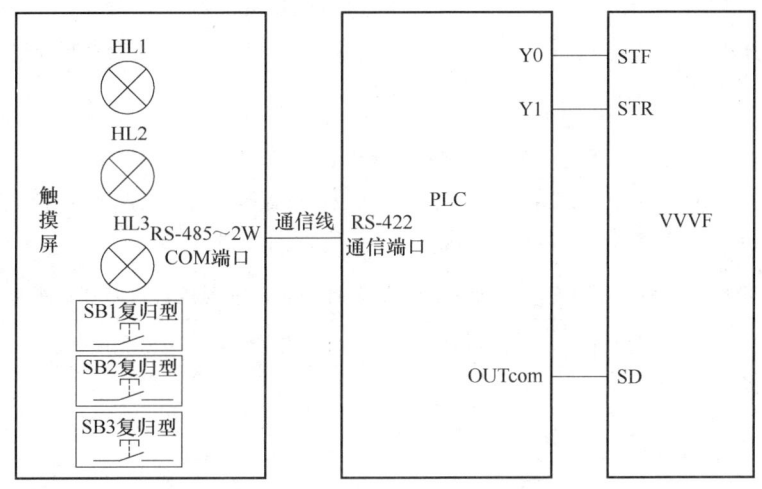

图 6-14　触摸屏 + PLC + 变频器控制工作台自动往返控制线路的 I/O 接线图

3. 分析 SFC 程序

图 6-15 所示为触摸屏 + PLC + 变频器控制工作台自动往返控制线路的 SFC 程序示意图。该程序能通过触摸屏实现工作台的自动往返控制功能，触摸屏上的运行状态指示灯能反映出工作台的运行状态。根据速度和行程设定 T0 和 T1 参数值，用 PLC 定时器 T0、T1 分别替代外部左、右限位传感器，当计时器 T0 达到 K100（10s）时电动机由正转变为反转，当计时器 T1 达到 K100（10s）时电动机由反转变为正转。

视频 44

*任务实施

技能训练 18　安装与调试触摸屏 + PLC + 变频器控制工作台自动往返控制线路

将图 6-9 所示的 PLC 控制工作台自动往返控制线路改为触摸屏 + PLC + 变频器控制。

1. 准备工具、仪表

参照附录 A "工具、仪表清单"，结合本任务实际选取必要的工具、仪表，并对选用的工具、仪表进行检查，确保工具、仪表都能正常使用。

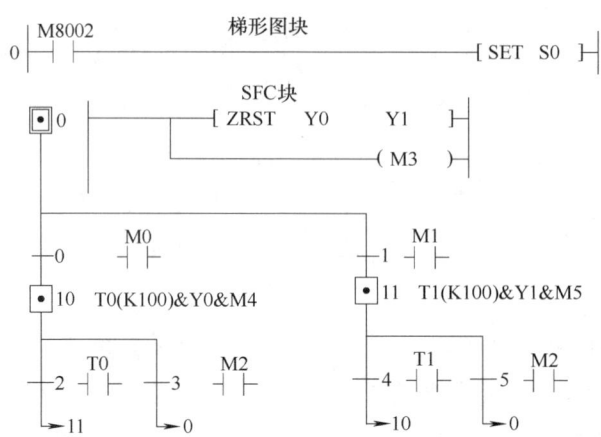

图 6-15 触摸屏 + PLC + 变频器控制工作台自动往返控制线路的 SFC 程序示意图

2. 领取器材

根据器材清单（见表 6-10）中的元器件名称或符号领用相应的器材，并用仪表检测元器件判断其好坏，如元器件有故障，需先进行修复或更换。参照相关元器件实物或其说明书，完成器材清单中器材品牌、型号（规格）等相关内容的填写。

表 6-10 触摸屏 + PLC + 变频器控制工作台自动往返控制线路器材清单

符号	元器件名称	品牌	型号	数量	检测	备注
PLC	可编程序控制器			1		根据实训室配置填写
FU						
M						
	变频器					
	触摸屏					
	冷压端子					
	接线端子排					
	导线					

3. 安装线路

（1）设计线路 首先设计出合理的 I/O 分配表，可参考表 6-9，然后根据 I/O 分配表设计出触摸屏 + PLC + 变频器控制工作台自动往返控制线路电气原理图，如图 6-16 所示。

（2）安装线路 参照图 6-17 所示的元器件布置参考图及实训场地实际情况，用紧固件将元器件安装在合理位置，再根据图 6-16 所示的电气原理图进行接线。

4. 检测线路

安装好触摸屏 + PLC + 变频器控制工作台自动往返控制线路后，在通电前务必对接线及 I/O 连线进行检测，需特别注意各器件的电压等级。另外，还需要检查触摸屏与 PLC 的通信连接是否牢固。

单元6 工作台自动往返控制线路的安装与调试

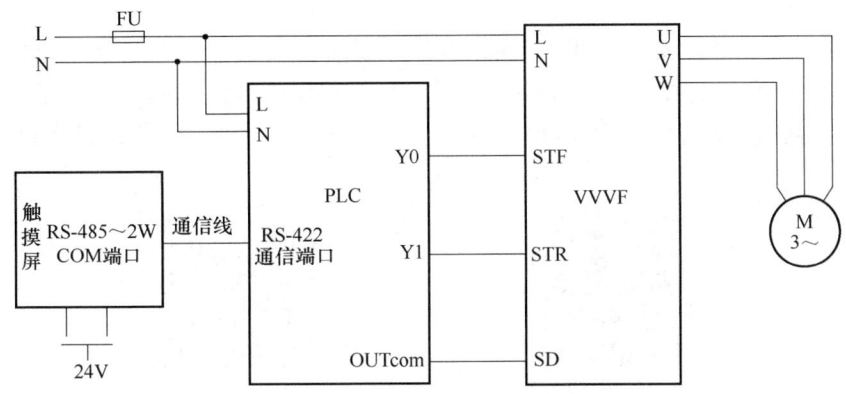

图6-16 触摸屏+PLC+变频器控制工作台自动往返控制线路电气原理图

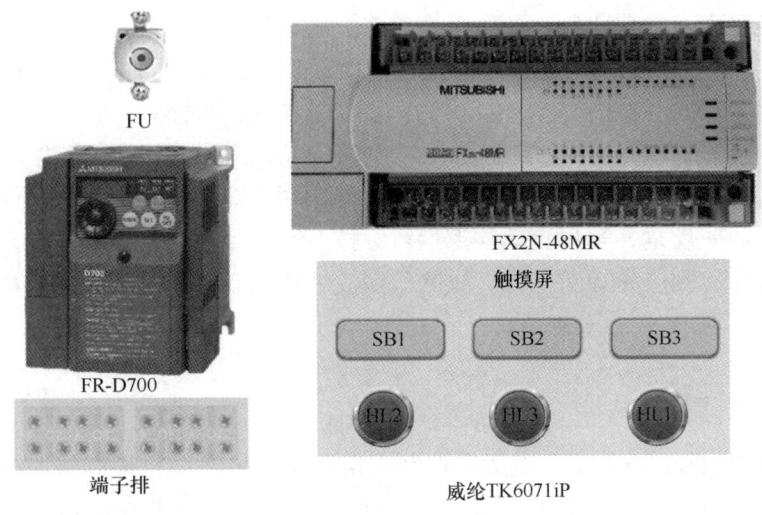

图6-17 触摸屏+PLC+变频器控制工作台自动往返控制线路元器件布置参考图

5. 设置变频器参数

接通变频器的工作电源,先将变频器参数恢复至出厂设置,再按表6-11所示参数设置变频器的相关参数。

表6-11 触摸屏+PLC+变频器控制工作台自动往返控制线路的变频器参数

序号	变频器参数	功能说明	出厂值	最小设定单位	设定值
1	Pr.79	操作模式选择	0	1	2
2	Pr.1	上限频率	120Hz	0.01Hz	60Hz
3	Pr.2	下限频率	0Hz	0.01Hz	15Hz
4	Pr.3	基准频率	50Hz	0.01Hz	50Hz
5	Pr.9	过电流保护	0.35A	0.01A	参考电动机额定电流
6	Pr.7	加速时间	5s	0.1s	5s
7	Pr.8	减速时间	5s	0.1s	0.1s

173

6. 编写程序

打开编程软件编写触摸屏 + PLC + 变频器控制工作台自动往返控制线路的触摸屏画面及 SFC 程序，按照自动往返控制的动作要求对所编写的程序进行仿真演示，确保所编程序无误后，下载程序至触摸屏或 PLC 中。SFC 参考程序如图 6-15 所示，触摸屏参考画面如图 6-17 所示。

视频 45

视频 46

7. 调试线路

检查接线及程序下载完成后，就可以在熔座上安装熔管了。接通交流电源，此时电动机应不转。按下复归型软按键 SB1，电动机应正向转动，触摸屏上的正转指示灯应点亮，工作台应左移；到达左限位（按下左限位行程开关），电动机应先停止正转，正转指示灯应熄灭，后电动机应反向转动，触摸屏上的反转指示灯应点亮，工作台应右移；到达右限位（按下左限位行程开关），电动机应先停止反转，反转指示灯应熄灭，后电动机应正向转动，工作台又左移。如此反复，实现自动往返运行。按下复归型软按键 SB3，电动机应停转。若线路不能正常工作，则应先切断电源，排除故障后才能重新通电。若要调整电动机的运行速度，可改变下限频率 Pr.2 的设定值。

*任务总结与评价

参考附录 D "触摸屏 + PLC + 变频器控制三相交流异步电动机控制线路的安装与调试评价表"，对触摸屏 + PLC + 变频器控制工作台自动往返控制线路的安装与调试进行评价，并根据学生实际完成情况进行总结。

*任务拓展

MOV 指令实现触摸屏 + PLC + 变频器控制工作台自动往返

用功能指令（MOV）实现触摸屏 + PLC + 变频器控制工作台自动往返，表 6-12 是输入/输出信号，图 6-18 是参考梯形图。

表 6-12　MOV 指令实现触摸屏 + PLC + 变频器控制工作台实现自动往返控制的输入/输出信号

输入				传送数据数制转换		输出		备注
地址	外接硬件初始状态	初始信号		十六进制数据	二进制数据	Y1	Y0	
M0	复归型软按键	0		H1	01	0	1	正转
M1	复归型软按键	0		H2	10	1	0	反转
M2	复归型软按键	0		H0	00	0	0	停止

（续）

输 入			传送数据数制转换		输 出		
M6	复归型软按键	0	H2	10	1	0	左限位
M7	复归型软按键	0	H1	01	0	1	右限位
M10	复归型软按键	0	H0	00	0	0	左侧终端保护
M11	复归型软按键	0	H0	00	0	0	右侧终端保护

图 6-18　MOV 指令实现触摸屏 + PLC + 变频器控制工作台自动往返控制梯形图

*思考与练习

视频 47

设计 PLC 控制工作台自动往返控制线路，要求能两地控制三相交流异步电动机，一处用按钮实现，另一处用触摸屏实现，任何一处都能实现从正转直接到反转（或反转到正转）。

1. 请设计出 I/O 分配表。
2. 请设计出 I/O 接线图。
3. 请用两种编程方法设计出梯形图。

单元 7　电动机低速起动高速运转控制线路的安装与调试

*学习指南

生产加工机械常常需要不同的运动速度，除了机械变速之外，电动机也能提供不同的转速。电动机低速起动高速运转控制线路有许多类型，如接触器控制、PLC 控制、触摸屏 + PLC + 变频器控制等。

*知识体系

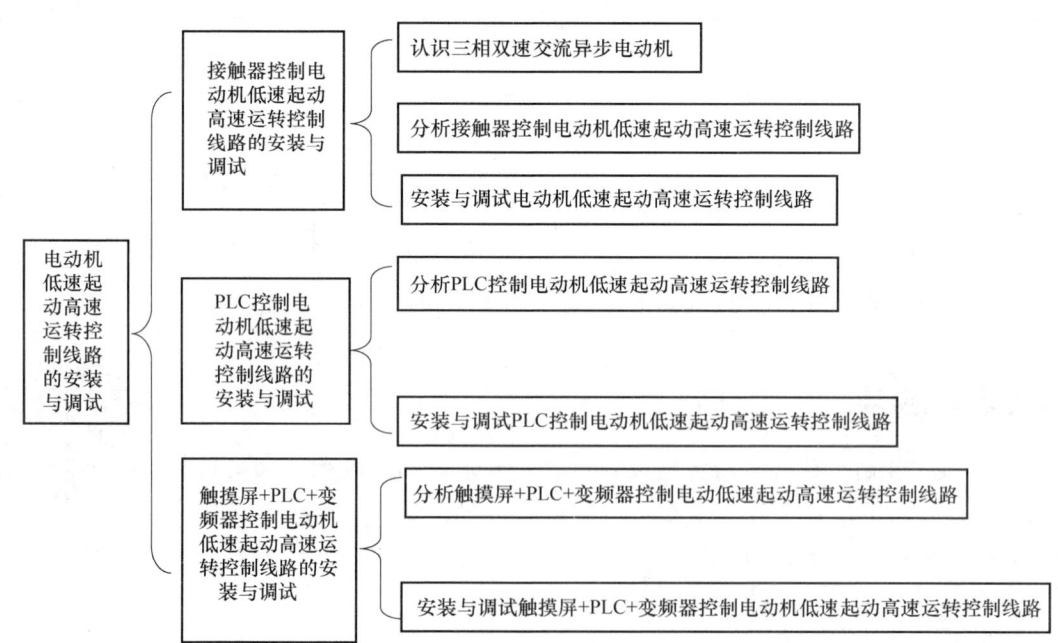

7.1 接触器控制电动机低速起动高速运转控制线路的安装与调试

*学习目标

技能目标：
(1) 能识读接触器控制三相双速交流异步电动机低速起动高速运转控制线路的原理图。
(2) 能分析接触器控制三相双速交流异步电动机低速起动高速运转控制线路的工作原理。
(3) 能安装与调试接触器控制三相双速交流异步电动机低速起动高速运转控制线路。

知识目标：
(1) 熟悉三相双速交流异步电动机定子绕组的连接方法。
(2) 了解三相双速异步电动机的调速方法。

素养目标：
(1) 能执行安全操作规程、施工现场管理规定及"7S"管理规定。
(2) 能展示施工技术要点，总结收获，反思不足。
(3) 能独立分析与解决问题。

*描述任务

某机械加工企业有一台车床，由于主轴电气控制部分老化，需要对主轴电气控制线路进行重新安装，要求车床主轴具备低速起动高速运转控制功能。

*任务分析

车床主轴应具备低速和高速两种运行速度，用来加工不同的工件。同一台电动机要实现低速与高速两种工作方式，可以用三相双速交流异步电动机实现上述功能。

完成此任务应具备的知识点为接触器控制三相双速交流异步电动机低速起动高速运转控制线路，应具备的技能点为正确选择工具、仪表、元器件，按图施工，完成接触器控制三相双速交流异步电动机低速起动高速运转控制线路的安装与调试。

*必备知识

一、认识三相双速交流异步电动机

三相双速交流异步电动机定子绕组接线图如图 7-1 所示。三相定子绕组采用△联结方式，分别从三个连接点引出三个出线端 U1、V1、W1，从每相绕组的中间点各引出一个出线端 U2、V2、W2。三相双速交流异步电动机定子绕组共有 6 个出线端，通过改变这 6 个出线端与电源的连接方式，可以改变电动机的磁极对数，从而得到高、低两种转速。

当电动机需要低速运行时，就把三相电源分别接在出线端 U1、V1、W1 上，另外三个出线端 U2、V2、W2 不接线，如图 7-1a 所示。此时电动机定子绕组接成△联结，磁极对数为 2，同步转速为 1500r/min。

当电动机需要高速运行时，需要把 U1、V1、W1 三个出线端并联在一起，另外三个出线端 U2、V2、W2 分别接在三相电源上，如图 7-1b 所示。这时电动机定子绕组接成丫丫联结，磁极对数为 1，同步转速为 3000r/min。

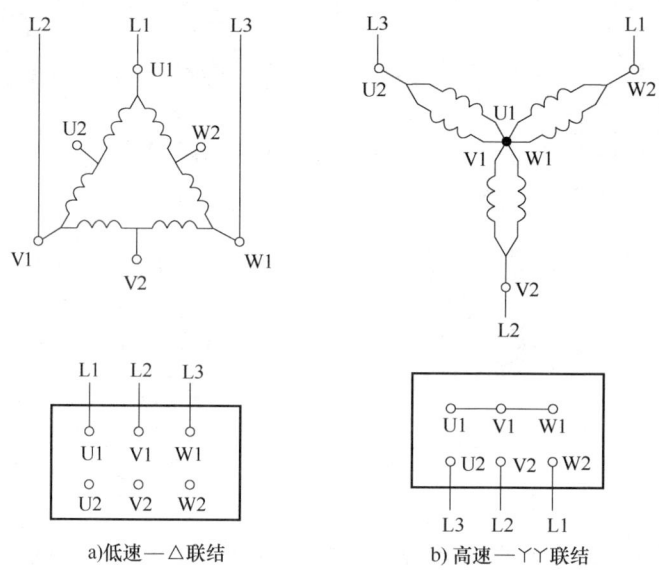

a) 低速—△联结   b) 高速—丫丫联结

图 7-1 三相双速交流异步电动机定子绕组接线图

二、分析接触器控制三相双速交流异步电动机低速起动高速运转控制线路

图 7-2 所示为接触器控制三相双速交流异步电动机低速起动高速运转控制线路电气原理图。合上断路器 QF，接通电源，即可操作三相双速交流异步电动机低速起动高速运转。

该控制线路的动作过程是：

（1）低速起动

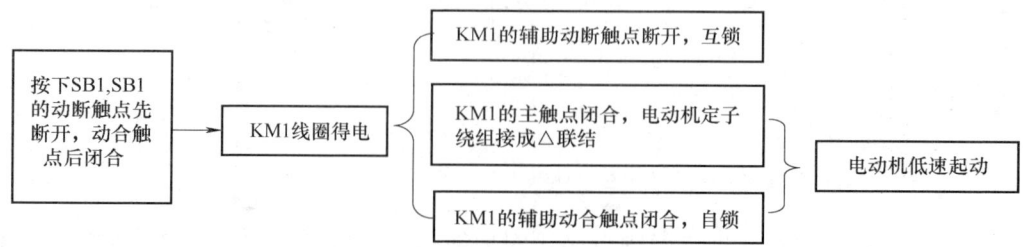

单元 7　电动机低速起动高速运转控制线路的安装与调试

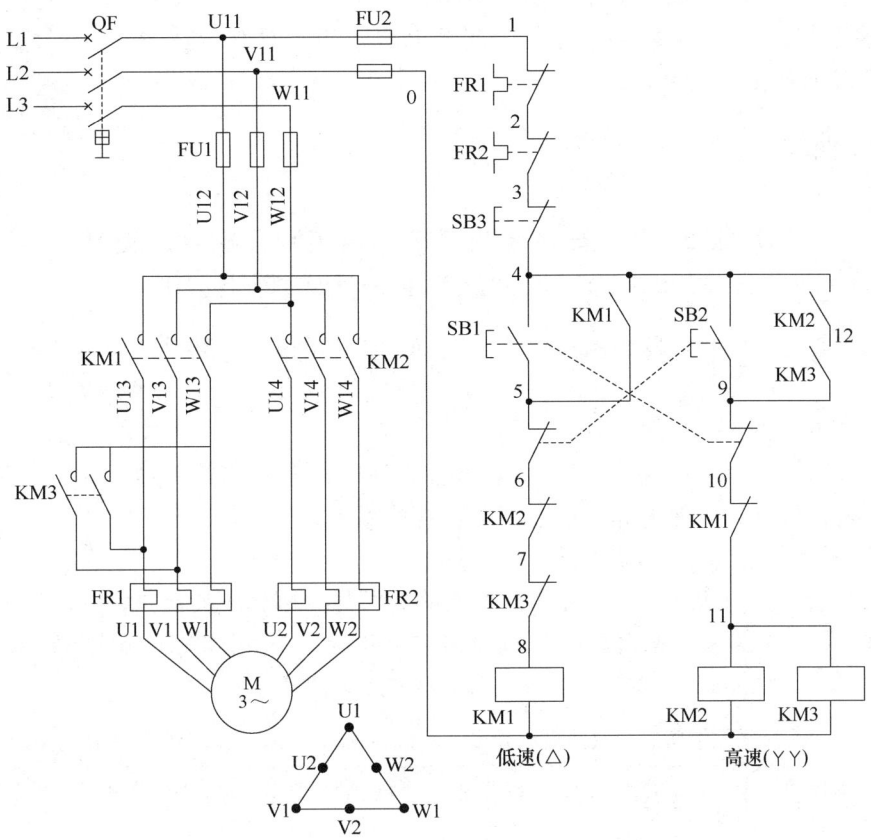

图 7-2　接触器控制三相双速交流异步电动机低速起动高速运转控制线路电气原理图

（2）高速运行

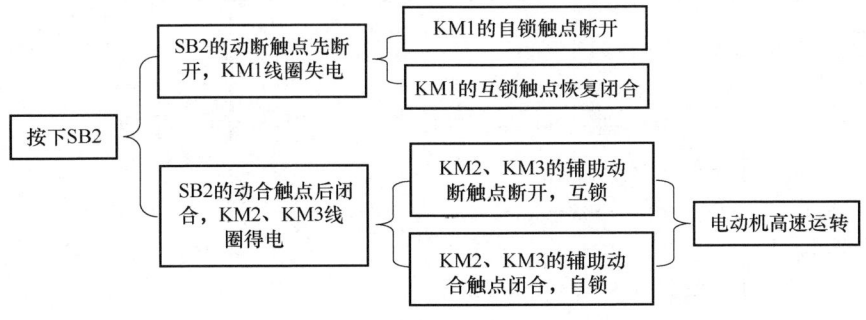

（3）停止

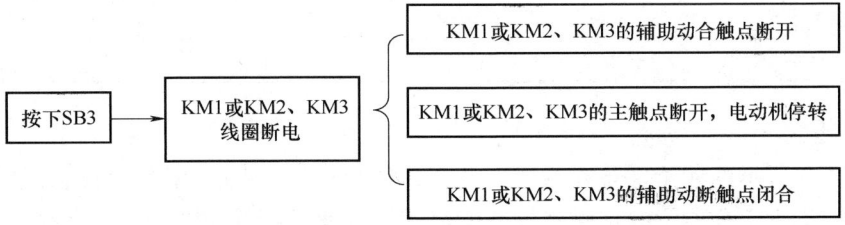

需要注意的是,三相双速交流异步电动机定子绕组的连接方式从一种接法变为另一种接法时,必须同时把其中两相电源的相序对调,以保证电动机的旋转方向不改变。

视频 48

*任务实施

技能训练 19　安装与调试接触器控制三相双速交流异步电动机低速起动高速运转控制线路

完成图 7-2 所示的接触器控制三相双速交流异步电动机低速起动高速运转控制线路的安装与调试。

1. 准备工具、仪表

参照附录 A "工具、仪表清单",结合本任务实际选取必要的工具、仪表,并对选用的工具、仪表进行检查,确保工具、仪表都能正常使用。

2. 领取器材

根据器材清单(见表 7-1)中的元器件名称或符号领用相应的器材,并用仪表检测元器件判断其好坏,如元器件有故障,需先进行修复或更换。参照相关元器件实物或其说明书,完成器材清单中器材品牌、型号(规格)等相关内容的填写。

表 7-1　接触器控制三相双速交流异步电动机低速起动高速运行控制线路器材清单

符号	名称	品牌	型号	数量	检测情况	备注
QF						
FU1						
FU2						
KM1						
KM2						
KM3						
SB1						
SB2						
SB3						
FR1						
FR2						
M						
	冷压端子					
	接线端子排					
	导线					

3. 安装线路

参照图 7-3 所示的元器件布置参考图及实训场地实际情况,用紧固件将元器件安装在合理位置,再根据图 7-2 所示的接触器控制低速起动高速运行双速电动机控制线路电气原理图进行接线。

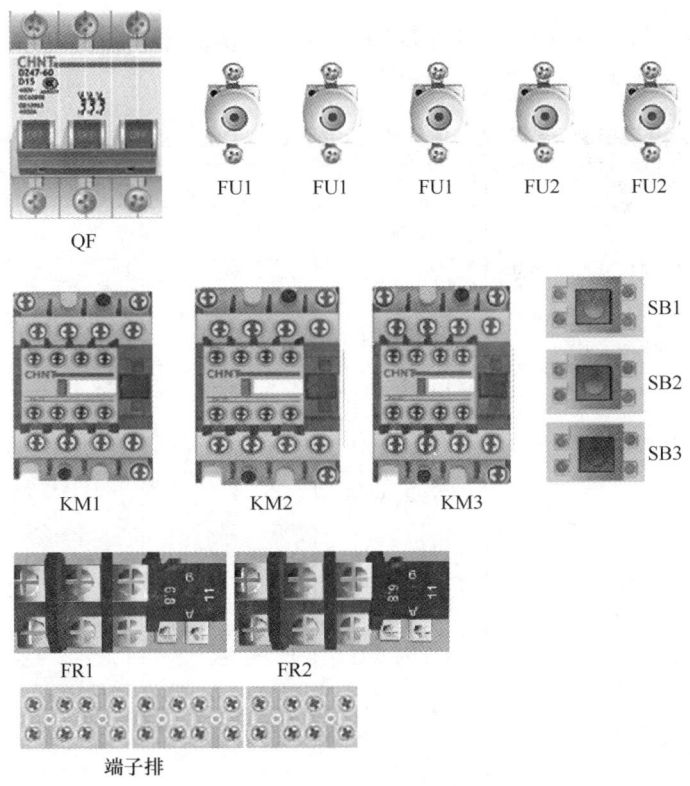

图 7-3 接触器控制三相双速交流异步电动机低速起动高速运转控制线路元器件布置参考图

4. 检测线路

安装好接触器控制三相双速交流异步电动机低速起动高速运转控制线路后，在通电测试前务必对主电路及控制电路进行检测。

（1）主电路检测 安装上主电路中的熔断器 FU1 熔管，拆下控制电路中的熔断器 FU2 熔管，先分别测量 U11 与 V11，U11 与 W11，V11 与 W11 之间的电阻，正常阻值应为无穷大。当用螺钉旋具压下接触器 KM1 触点架后，电动机定子绕组为 △ 联结，万用表应显示电动机定子 △ 绕组的阻值；当同时压下接触器 KM2 和 KM3 触点架时，电动机定子绕组成 YY 联结，万用表显示阻值应略小于电动机定子绕组 △ 联结时的阻值；而当同时压下接触器 KM1 和 KM3 触点架时，则会出现相间短路的现象。

（2）控制电路检测 安装上控制电路中的熔断器 FU2 熔管，拆下主电路中的熔断器 FU1 熔管，先对 U11 与 V11 进行检测，正常阻值应为无穷大；按下低速按钮后，万用表应显示接触器 KM1 线圈的阻值；按下高速按钮后，万用表应显示接触器 KM2 和 KM3 线圈并联的阻值；同时按下低速和停止（或高速和停止）按钮时阻值应为无穷大，同时按下低速和高速按钮时阻值也应为无穷大，否则是按钮没有互锁。松开按钮，用螺钉旋具压下接触器 KM1 触点架后万用表应显示接触器 KM1 线圈的阻值，用螺钉旋具同时压下接触器 KM2、KM3 触点架后万用表应显示接触器 KM2 和 KM3 线圈并联的阻值；用螺钉旋具同时压下接触器 KM1、KM2 和 KM3 触点架后阻值应为无穷大，否则是接触器没有互锁。

(3) 数据记录　将检测数据填入表 7-2，并根据检测数据判断主电路及控制电路的接线是否正常，如果数据异常，需及时查明原因。

表 7-2　接触器控制三相双速交流异步电动机低速起动高速运转控制线路检测数据

项目	元器件状态	万用表表笔位置	阻值/Ω	结果判断	备注
主电路检测	未压下接触器 KM1、KM2、KM3 触点架	U11 与 V11			
		U11 与 W11			
		V11 与 W11			
	压下接触器 KM1 触点架	U11 与 V11			
		U11 与 W11			
		V11 与 W11			
	同时压下接触器 KM2 与 KM3 触点架	U11 与 V11			
		U11 与 W11			
		V11 与 W11			
	同时压下接触器 KM1 与 KM3 触点架	U11 与 V11			
		U11 与 W11			
		V11 与 W11			
控制电路检测	未按下任何元器件	U11 与 V11			
	按下低速按钮	U11 与 V11			
	按下高速按钮	U11 与 V11			
	同时按下低速和停止按钮	U11 与 V11			
	同时按下高速和停止按钮	U11 与 V11			
	同时按下低速和高速按钮	U11 与 V11			
	压下接触器 KM1 触点架	U11 与 V11			
	同时压下接触器 KM2、KM3 触点架	U11 与 V11			
	同时压下接触器 KM1、KM2、KM3 触点架	U11 与 V11			

5. 调试线路

检查接线并分析所测数据无误后，就可以安装上 FU1 及 FU2 熔管了。合上断路器 QF，接通交流电源，此时电动机应不转。按下低速按钮，电动机应低速起动运行；按下停止按钮，电动机应停转；按下高速按钮，电动机应高速转动，可用钳形电流表测量电动机的工作电流。本控制线路可以实现电动机高、低速的直接切换。若线路不能正常工作,则应先切断电源,排除故障后才能重新通电。

*任务总结与评价

参考附录 B "接触器控制三相交流异步电动机控制线路的安装与调试评价表",对接触器控制三相双速交流异步电动机低速起动高速运转控制线路的安装与调试进行评价,并根据学生实际完成情况进行总结。

*任务拓展

三相异步电动机调速方法

由三相异步电动机的转速公式 $n=60(1-s)f_1/p$ 可知,如果要改变异步电动机的转速 n,可通过三种方法来实现:一是改变电源频率 f_1;二是改变转差率 s;三是改变磁极对数 p。

(1) 变频调速　变频调速是利用变频器改变电源频率进行调速,调速范围大,稳定性、平滑性较好,属于无级调速,适用于大部分三相笼型异步电动机,是三相异步电动机目前最常用的调速方式。

(2) 变转差率调速　改变转差率调速的方式有几种,目前较常用的是在转子回路串联电阻调速,这种调速方式只适用于交流绕线转子异步电动机。其调速范围小,电阻要消耗功率,电动机效率低。

(3) 变极调速　改变异步电动机的磁极对数调速方式称为变极调速。变极调速是通过改变定子绕组的连接方式来实现的,属于有级调速,且只适用于笼型异步电动机。磁极对数可改变的电动机称为多速电动机。常见的多速电动机有双速、三速、四速等几种类型。

*思考与练习

1. 三相异步电动机的调速方法有哪些?笼型异步电动机的变极调速是怎样实现的?

2. 三相双速交流异步电动机的定子绕组共有几个出线端?三相双速交流异步电动机在低速和高速运转时定子绕组分别是怎样连接的?

3. 在图 7-2 所示接触器控制三相双速交流异步电动机低速起动高速运转控制线路中,低速起动应按哪个按钮?高速运转应按哪个按钮?

4. 在图 7-2 所示接触器控制三相双速交流异步电动机低速起动高速运转控制线路中,如果在调试线路时出现低速不能起动,但高速运转正常,试分析产生该故障的可能原因。

5. 在图 7-2 所示接触器控制三相双速交流异步电动机低速起动高速运转控制线路中,如果出现低速起动正常,但高速运转不能连续运行,试分析产生该故障的可能原因。

7.2　PLC控制电动机低速起动高速运转控制线路的安装与调试

*学习目标

技能目标：
（1）能分析PLC控制三相双速交流异步电动机低速起动高速运转控制线路的I/O分配表。
（2）能分析PLC控制三相双速交流异步电动机低速起动高速运转控制线路的I/O接线图。
（3）能分析PLC控制三相双速交流异步电动机低速起动高速运转控制线路的梯形图与指令语句表。
（4）能安装与调试PLC控制三相双速交流异步电动机低速起动高速运转控制线路。

知识目标：
熟悉PLC控制三相双速交流异步电动机低速起动高速运转控制线路中各元器件的作用。

素养目标：
（1）能高效获取、正确整理、有效运用相关信息。
（2）能树立安全环保、技术革新意识。
（3）能树立组织管理、持续改进的工作意识。

*描述任务

某机械加工企业为了简化车床控制线路，提高工作可靠性，需要对主轴电气控制线路进行改造革新，将接触器控制三相双速交流异步电动机低速起动高速运转控制线路改造为PLC控制。

*任务分析

完成此任务应具备的知识点为PLC控制三相双速交流异步电动机低速起动高速运转控制线路，应具备的技能点为正确选择工具、仪表、元器件，按图施工，完成PLC控制三相双速交流异步电动机低速起动高速运转控制线路的安装与调试。

*必备知识

分析PLC控制三相双速交流异步电动机低速起动高速运转控制线路。

1. 分析I/O分配表

PLC控制三相双速交流异步电动机低速起动高速运转控制线路的I/O分配见表7-3。

表7-3 PLC控制三相双速交流异步电动机低速起动高速运转控制线路的I/O分配

类别	外接硬件			PLC	功能
输入	按钮	SB1	动合	X0	低速
		SB2	动合	X1	高速
		SB3	动断	X2	停止
	热继电器	FR1	动断	X3	过载保护
		FR2	动断	X4	过载保护
输出	交流接触器	KM1	线圈	Y0	低速
		KM2	线圈	Y1	高速
		KM3	线圈	Y2	高速

2. 分析I/O接线图

图7-4为PLC控制三相双速交流异步电动机低速起动高速运转控制线路的I/O接线图。在设计PLC控制三相双速交流异步电动机低速起动高速运转控制线路的I/O接线图时，由于硬件响应速度问题，务必要对接触器KM1、KM2和KM3进行互锁。

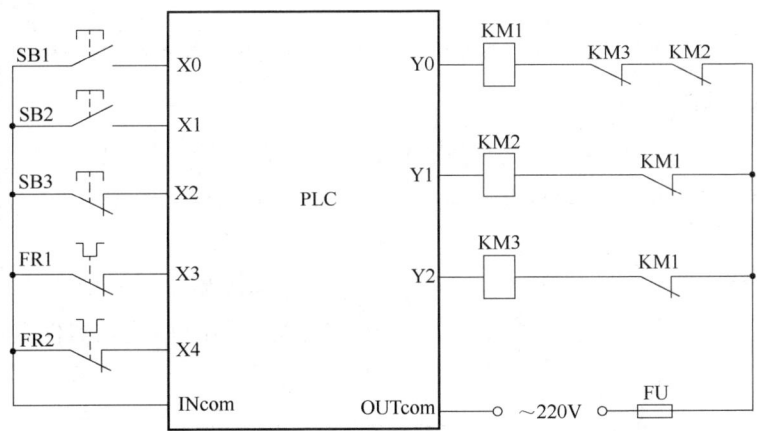

图7-4 PLC控制三相双速交流异步电动机低速起动高速运转控制线路的I/O接线图

3. 分析PLC程序

图7-4所示的PLC控制三相双速交流异步电动机低速起动高速运转控制线路的I/O接线图对应的梯形图和指令语句表如图7-5所示。该程序能使三相双速交流异步电动机实现低速起动高速运转控制功能。

*任务实施

技能训练20 安装与调试PLC控制三相双速交流异步电动机低速起动高速运转控制线路

将图7-2所示的接触器控制三相双速交流异步电动机低速起动高速运转控制线路改为PLC控制。

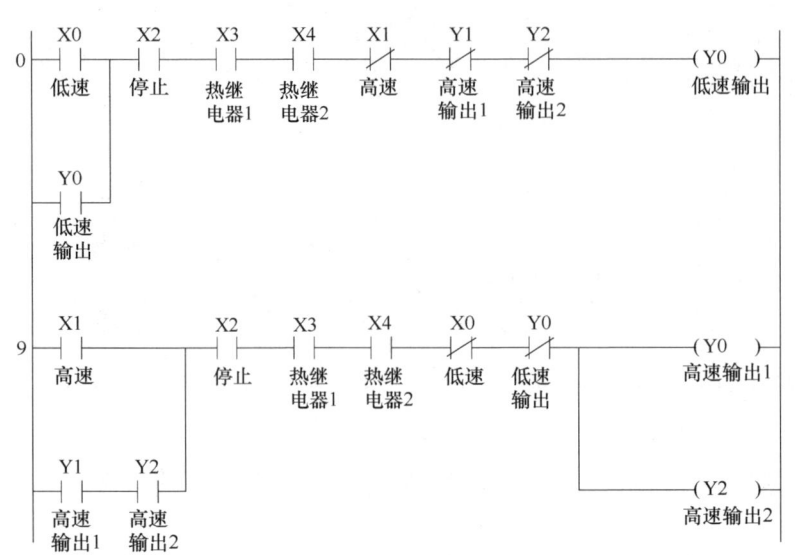

a) 梯形图   b) 指令语句表

图 7-5 PLC 控制三相双速交流异步电动机低速起动高速运转控制程序

1. 准备工具、仪表

参照附录 A "工具、仪表清单",结合本任务实际选取必要的工具、仪表,并对选用的工具、仪表进行检查,确保工具、仪表都能正常使用。

视频 49

2. 领取器材

根据器材清单(见表 7-4)中的元器件名称或符号领用相应的器材,并用仪表检测元器件判断其好坏,如元器件有故障,需先进行修复或更换。参照相关元器件实物或其说明书,完成器材清单中器材品牌、型号(规格)等相关内容的填写。

表 7-4 PLC 控制低速起动高速运转控制线路器材清单

符号	元器件名称	品牌	型号	数量	检测	备注
PLC	可编程序控制器			1		根据实训室配置填写
QF						
FU1						
FU2						
FU3						
KM1						
KM2						
KM3						

(续)

符号	元器件名称	品牌	型号	数量	检测	备注
SB1						
SB2						
SB3						
FR1						
FR2						
M						
	冷压端子					
	接线端子排					
	导线					

3. 安装线路

（1）设计线路　首先设计出合理的 I/O 分配表，可参考表 7-3，然后根据 I/O 分配表设计出 PLC 控制三相双速交流异步电动机低速起动高速运转控制线路电气原理图，如图 7-6 所示。

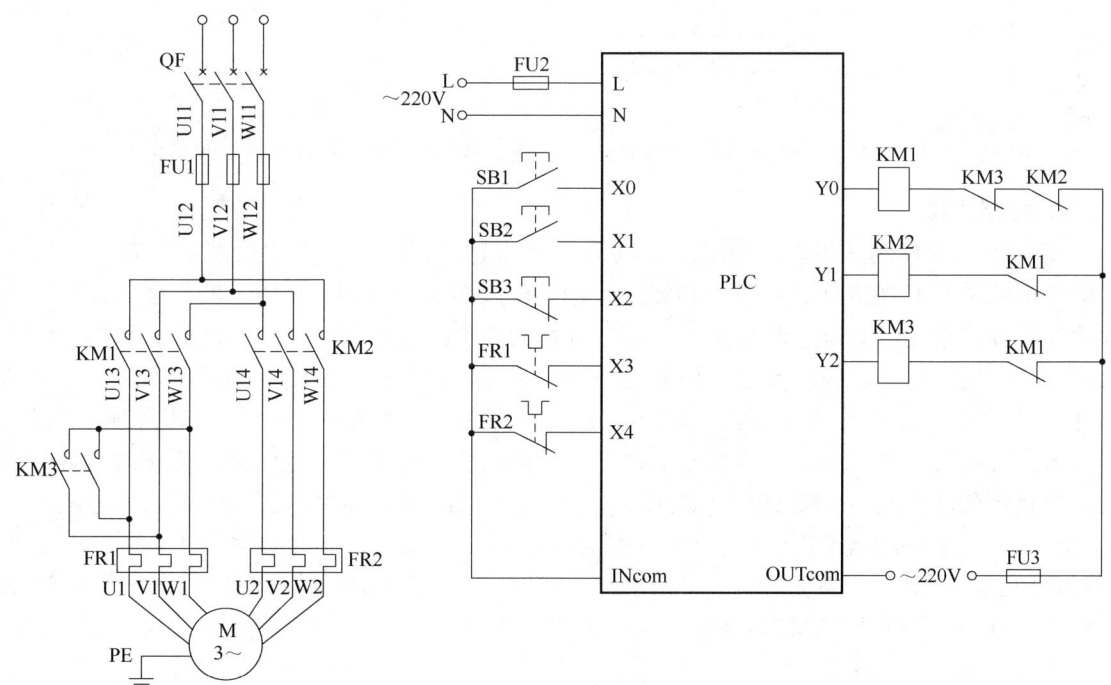

图 7-6　PLC 控制三相双速交流异步电动机低速起动高速运转控制线路电气原理图

（2）安装线路　参照图 7-7 所示的 PLC 控制三相双速交流异步电动机低速起动高速运转控制线路元器件布置参考图及实训场地实际情况，用紧固件将元器件安装在合理位置。在布置元器件时，应考虑相同元器件尽量摆放在一起，主电路中相关元器件的安装位置要与其电路图有一定的对应关系，达到布局合理、间距合适、接线方便的要求。元器件安装调整到位后，再根据图 7-6 所示的 PLC 控制三相双速交流异步电动机低速起动高速运转控制线路电气原理图进行接线。

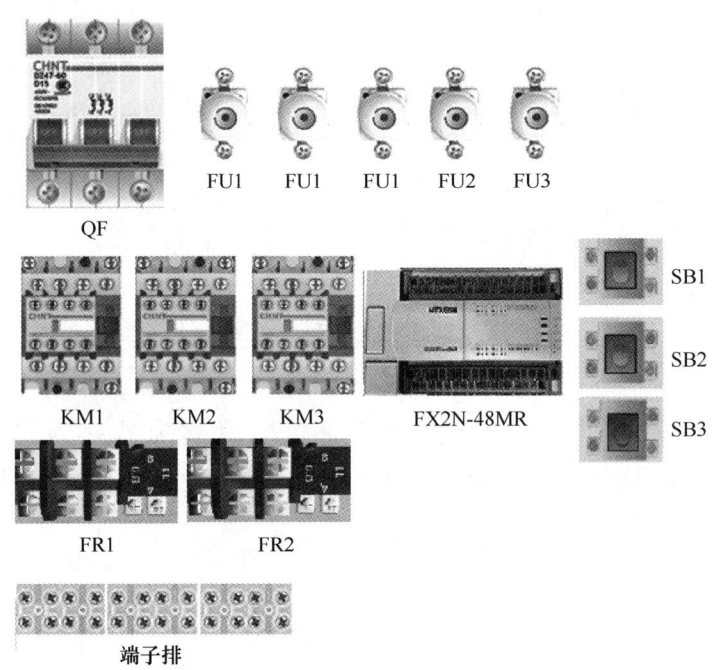

图 7-7　PLC 控制三相双速交流异步电动机低速起动高速运转控制线路元器件布置参考图

4. 检测线路

安装好 PLC 控制三相双速交流异步电动机低速起动高速运转控制线路后，在通电前务必对主电路及 PLC 的 I/O 连线进行检测。主电路的检测方法与图 7-2 所示的接触器控制三相双速交流异步电动机低速起动高速运转控制线路的主电路检测方法一样。PLC 的 I/O 连线的检测可分为输入信号的检测及输出信号的检测。对输入信号进行检测：将万用表两表笔分别放在 PLC 要检测的输入端与 INcom 两端，分别按下按钮、热继电器复位按钮等输入信号，看输入信号在万用表上显示的通断变化情况。对输出信号的检测：可以将万用表两表笔分别放在要检测的输出端与 FU3 两端，此时应分别为接触器 KM1、KM2 与 KM3 线圈的电阻；当用螺钉旋具压下接触器 KM1 触点架时，因为接触器互锁关系，此时接触器 KM2 与 KM3 线圈所在回路的电阻值应为无穷大；当用螺钉旋具分别压下接触器 KM2 或 KM3 或同时压下 KM2 与 KM3 触点架时，KM1 线圈所在回路的电阻值也应为无穷大。将检测数据记录下来，并分析检测数据是否正常。

将主电路的检测数据填入表 7-5，并根据检测数据对主电路进行分析，如果电路异常，需及时查明原因。

表 7-5 PLC 控制三相双速交流异步电动机低速起动高速运转控制线路主电路检测数据

项目	元器件状态	万用表表笔位置	阻值/Ω	结果判断	备注
主电路检测	未压下接触器 KM1、KM2、KM3 触点架	U11 与 V11			
		U11 与 W11			
		V11 与 W11			
	压下接触器 KM1 触点架	U11 与 V11			
		U11 与 W11			
		V11 与 W11			
	同时压下接触器 KM2 与 KM3 触点架	U11 与 V11			
		U11 与 W11			
		V11 与 W11			
	同时压下接触器 KM1 与 KM2 触点架	U11 与 W11			

将 I/O 连线检测数据填入表 7-6，并根据检测数据对 I/O 连线进行分析，如果 I/O 连线异常，需及时查明原因。

表 7-6 PLC 控制三相双速交流异步电动机低速起动高速运转控制线路 I/O 连线检测数据

输入检测				输出检测			
万用表表笔位置	初始阻值/Ω	切换状态后阻值/Ω	结果分析	万用表表笔位置	动作	阻值/Ω	结果分析
X0 与 INcom				Y0 与 FU3	初始状态		
X1 与 INcom				Y1 与 FU3	初始状态		
X2 与 INcom				Y2 与 FU3	初始状态		
X3 与 INcom				Y0 与 FU3	压下 KM1 触点架		
					压下 KM2 或 KM3 触点架		
					同时压下 KM2 与 KM3 触点架		
X4 与 INcom				Y1 与 FU3	压下 KM1 触点架		
					压下 KM2 或 KM3 触点架		
					同时压下 KM2 与 KM3 触点架		
				Y2 与 FU3	压下 KM1 触点架		
					压下 KM2 或 KM3 触点架		
					同时压下 KM2 与 KM3 触点架		

5. 编写程序

打开编程软件编写三相双速交流异步电动机低速起动高速运转控制程序，按照动作要求对所编程序进行仿真演示，确保所编程序无误后，下载程序至 PLC 中。参考程序如图 7-5 所示。

6. 调试线路

检查接线并分析所测数据无误及程序下载完成后，就可以在熔座上安装熔管了。合上断路器 QF，接通交流电源，此时电动机应不转。按下低速按钮，电动机应低速起动；按下高速按钮，电动机应高速转动，可用钳形电流表测量电动机的工作电流。按下停止按钮，电动机应停转。若控制线路不能正常工作，则应先切断电源，排除故障后才能重新通电。

视频 50

*任务总结与评价

参考附录 C "PLC 控制三相交流异步电动机控制线路的安装与调试评价表"，对 PLC 控制三相双速交流异步电动机低速起动高速运行控制线路的安装与调试进行评价，并根据学生实际完成情况进行总结。

*任务拓展

空操作指令和程序结束指令

1. 空操作指令（NOP）

NOP 指令不执行任何逻辑操作，可以在程序中留下地址，或者用来稍微延长扫描周期的长度，但不影响用户程序的执行，可以通过 "NOP 批量插入" 功能插入需要的 NOP 指令条数，如图 7-8 所示。

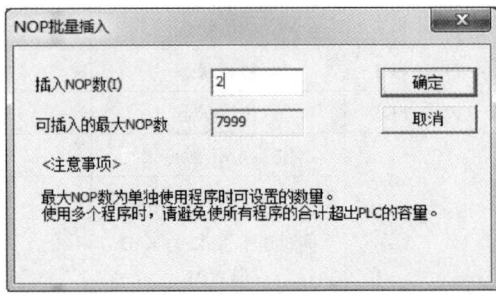

步号	指令	I/O(软元件)
0	LD	X0
1	OUT	Y0
2	NOP	
3	NOP	
4	END	

图 7-8 插入 NOP 指令

2. 程序结束指令（END）

END 为程序结束指令，表示整个程序的结束并返回到程序的第 0 步重新执行整个程序。梯形图程序中只能有一条 END 指令，并且不能删除。

*思考与练习

1. 如果在程序中插入 NOP 指令是否会影响程序的执行？为什么？
2. 怎样在用户程序中插入 NOP 指令？
3. 在程序中 END 指令起什么作用？是否可以删除？
4. 在 PLC 控制三相双速交流异步电动机低速起动高速运转控制线路中，为什么在梯形图中有了互锁还要在硬件线路上加入互锁触点？

5. 在图 7-2 所示的接触器控制三相双速交流异步电动机低速起动高速运行控制线路中，如果为 SB1 和 SB2 的动断按钮也分配 I/O 地址，试编写其对应的梯形图。

7.3 触摸屏+PLC控制电动机低速起动高速运转控制线路的安装与调试

> *学习目标
>
> 技能目标：
> （1）能分析触摸屏+PLC控制三相双速交流异步电动机低速起动高速运转控制线路的 I/O 分配表。
> （2）能分析触摸屏+PLC控制三相双速交流异步电动机低速起动高速运转控制线路的 I/O 接线图。
> （3）能分析触摸屏+PLC控制三相双速交流异步电动机低速起动高速运转控制线路的 SFC 程序。
> （4）能安装与调试触摸屏+PLC控制三相双速交流异步电动机低速起动高速运转控制线路。
>
> 知识目标：
> 熟悉触摸屏+PLC控制三相双速交流异步电动机低速起动高速运转控制线路中各元器件的作用。
>
> 素养目标：
> （1）能执行安全操作规程、施工现场管理规定及"7S"管理规定。
> （2）具备自主学习、团队合作、沟通协调的能力。

*描述任务

某机械加工企业为了优化车床控制线路，提高工作可靠性，需要对原来的 PLC 控制三相双速交流异步电动机低速起动高速运转控制线路进行革新，改造为由触摸屏+PLC 控制。

*任务分析

完成此任务应具备的知识点为触摸屏+PLC控制三相双速交流异步电动机低速起动高速运转控制线路，应具备的技能点为正确选择工具、仪表、元器件，按图施工，完成 PLC 控制三相双速交流异步电动机低速起动高速运转控制线路的安装与调试。

*必备知识

分析触摸屏+PLC控制三相双速交流异步电动机低速起动高速运转控制线路。

1. 分析 I/O 分配表

触摸屏 + PLC 控制三相双速交流异步电动机低速起动高速运转的 I/O 分配见表 7-7。

表 7-7　触摸屏 + PLC 控制三相双速交流异步电动机低速起动高速运转的 I/O 分配

类别	外接硬件		PLC	功能
输入	触摸屏	SB1　复归型软按键	M0	低速
		SB2　复归型软按键	M1	高速
		SB3　复归型软按键	M2	停止
输出	触摸屏	HL1　位状态指示灯	M3	停止指示
		HL2　位状态指示灯	M4	低速指示
		HL3　位状态指示灯	M5	高速指示
	交流接触器	KM1　线圈	Y0	低速
		KM2　线圈	Y1	高速
		KM3　线圈	Y2	高速

2. 分析 I/O 接线图

图 7-9 所示为触摸屏 + PLC 控制三相双速交流异步电动机低速起动高速运转的 I/O 接线图，在触摸屏上设计了高速、低速、停止功能的复归型按钮及电动机运行状态指示灯。

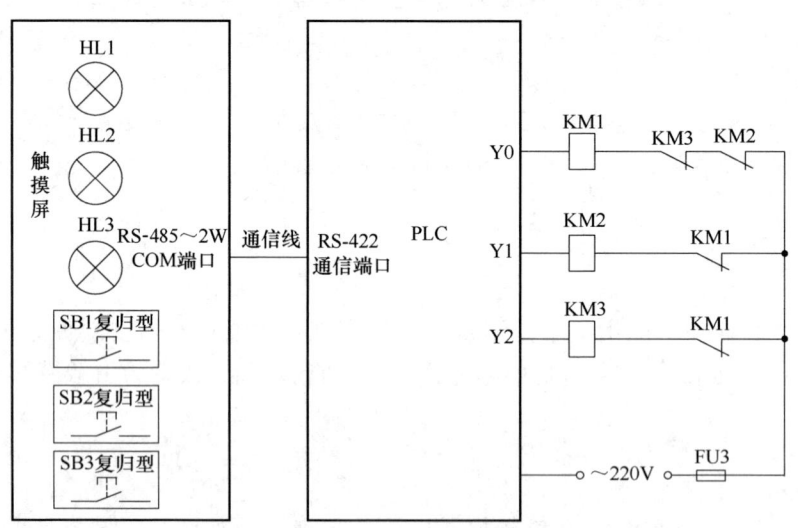

图 7-9　触摸屏 + PLC 控制三相双速交流异步电动机低速起动高速运转的 I/O 接线图

3. 分析 SFC 程序

图 7-10 所示为触摸屏 + PLC 控制三相双速交流异步电动机低速起动高速运转的 SFC 程序示意图。该程序可以通过触摸屏实现三相双速交流异步电动机低速起动高速运转控制功能，触摸屏上的运行状态指示灯能反映出三相双速交流异步电动机低/高速的运行状态。

单元 7 电动机低速起动高速运转控制线路的安装与调试

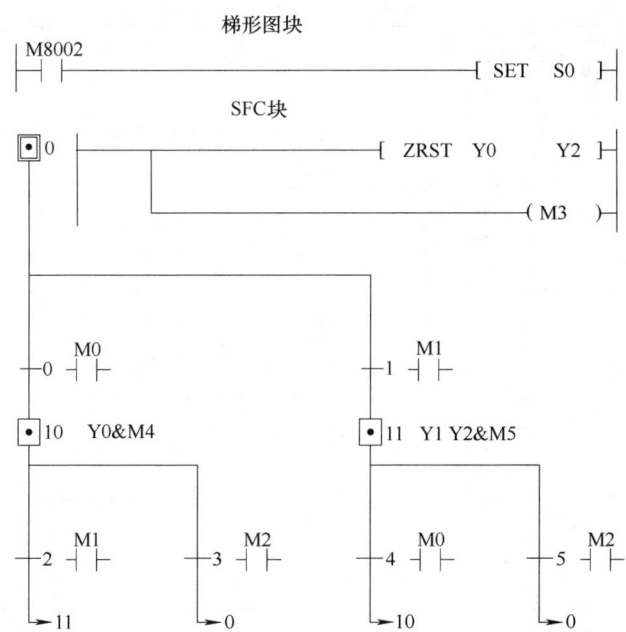

图 7-10 触摸屏 + PLC 控制三相双速交流异步电动机低速起动高速运转的 SFC 程序示意图

*任务实施

技能训练 21 安装与调试触摸屏 + PLC 控制三相双速交流异步电动机低速起动高速运转控制线路

视频 51

将图 7-6 所示的 PLC 控制三相双速交流异步电动机低速起动高速运转控制线路改为触摸屏 + PLC 控制。

1. 准备工具、仪表

参照附录 A"工具、仪表清单",结合本任务实际选取必要的工具、仪表,并对选用的工具、仪表进行检查,确保工具、仪表都能正常使用。

2. 领取器材

根据器材清单(见表 7-8)中的元器件名称或符号领用相应的器材,并用仪表检测元器件判断其好坏,如元器件有故障,需先进行修复或更换。参照相关元器件实物或其说明书,完成器材清单中器材品牌、型号(规格)等相关内容的填写。

表 7-8 触摸屏 + PLC 控制三相双速交流异步电动机低速起动高速运转控制线路器材清单

符号	元器件名称	品牌	型号	数量	检测	备注
PLC	可编程序控制器			1		根据实训室配置填写
QF						
FU1						

(续)

符号	元器件名称	品牌	型号	数量	检测	备注
FU2						
FU3						
KM1						
KM2						
KM3						
FR1						
FR2						
M						
	触摸屏					
	冷压端子					
	接线端子排					
	导线					

3. 安装线路

（1）设计线路　首先设计出合理的 I/O 分配表，可参考表 7-7，然后根据 I/O 分配表设计出触摸屏 + PLC 控制三相双速交流异步电动机低速起动高速运转控制线路电气原理图，如图 7-11 所示。

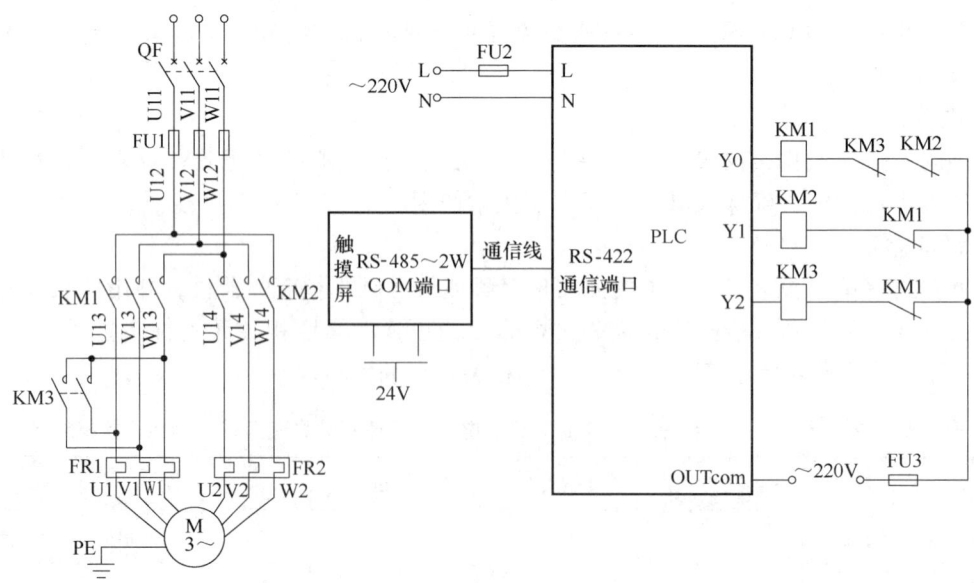

图 7-11　触摸屏 + PLC 控制三相双速交流异步电动机低速起动高速运转控制线路电气原理图

（2）安装线路　参照图 7-12 所示的元器件布置参考图及实训场地实际情况，用紧固件将元器件安装在合理位置，再根据图 7-11 所示的电气原理图进行接线。

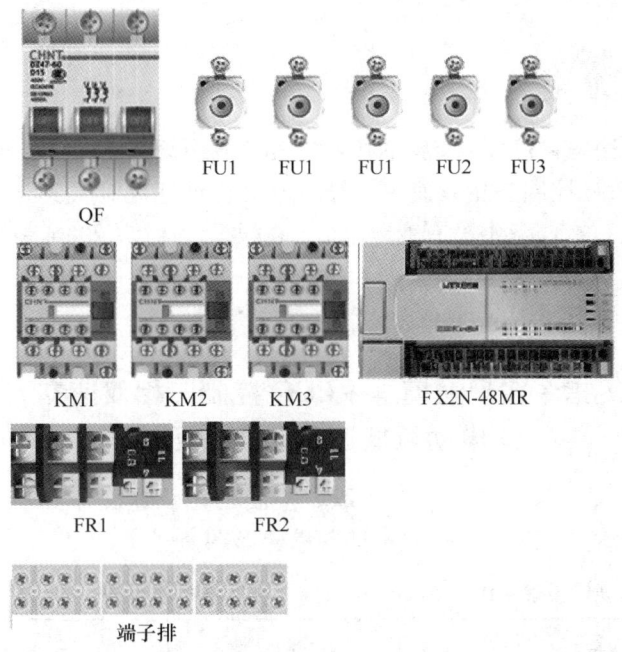

图 7-12　触摸屏 + PLC 控制三相双速交流异步电动机低速起动高速运转控制线路元器件布置参考图

4. 检测线路

安装好触摸屏 + PLC 控制三相双速交流异步电动机低速起动高速运转控制线路后，在通电前务必对接线及 I/O 连线进行检测，需特别注意各器件的电压等级，检查触摸屏与 PLC 的通信连接是否牢固，并参照 PLC 控制三相交流异步电动机低速起动高速运转控制线路的检测方法对主线路及 PLC 的输出连线进行检测。

5. 编写程序

打开编程软件编写触摸屏 + PLC 控制三相双速交流异步电动机低速起动高速运转控制的触摸屏画面及 SFC 程序，根据三相双速交流异步电动机低速起动高速运转控制的动作要求对所编写的程序进行仿真演示，确保所编程序无误后，下载程序至触摸屏或 PLC 中。SFC 参考程序如图 7-10 所示，触摸屏参考画面如图 7-12 所示。

视频 52

视频 53

6. 调试线路

检查接线及程序下载完成后，就可以在熔座上安装熔管。接通交流电源，此时电动机应不转。按下复归型软按键 SB1，电动机应低速转动，触摸屏上的低速指示灯应点亮；按下复归型软按键 SB2，电动机应高速转动，低速指示灯熄灭，触摸屏上的高速指示灯应点亮；按下复归型软按键 SB3，电动机应停转。若控制线路不能正常工作，则应先切断电源，排除故障后才能重新通电。

*任务总结与评价

参考附录 D "触摸屏 + PLC + 变频器控制三相交流异步电动机控制线路的安装与调试评价表"，对触摸屏 + PLC 控制三相双速交流异步电动机低速起动高速运转控制线路的安装与调试进行评价（注意：本任务中没有变频器），并根据学生实际完成情况进行总结。

*任务拓展

MOV 指令实现触摸屏 + PLC 控制三相双速交流异步电动机低速起动高速运转

用功能指令（MOV）来实现触摸屏 + PLC 控制三相双速交流异步电动机低速起动高速运转，表 7-9 是输入/输出信号，图 7-13 是参考梯形图。

表 7-9 MOV 指令实现触摸屏 + PLC 控制三相双速交流异步电动机低速起动高速运转输入/输出信号

输入			传送数据数制转换		输出			备注
地址	外接硬件初始状态	初始信号	十六进制数据	二进制数据	Y2	Y1	Y0	
M0	复归型软按键	0	H1	001	0	0	1	低速
M1	复归型软按键	0	H6	110	1	1	0	高速
M2	复归型软按键	0	H0	000	0	0	0	停止

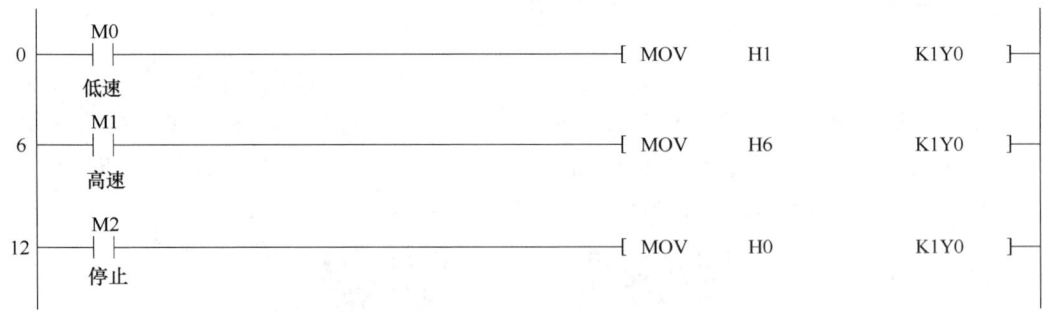

图 7-13 MOV 指令实现触摸屏 + PLC 控制三相双速交流异步电动机低速起动高速运转梯形图

*思考与练习

设计图 7-14 所示的时间继电器控制三相双速交流异步电动机控制线路的 PLC 控制线路。

视频 54

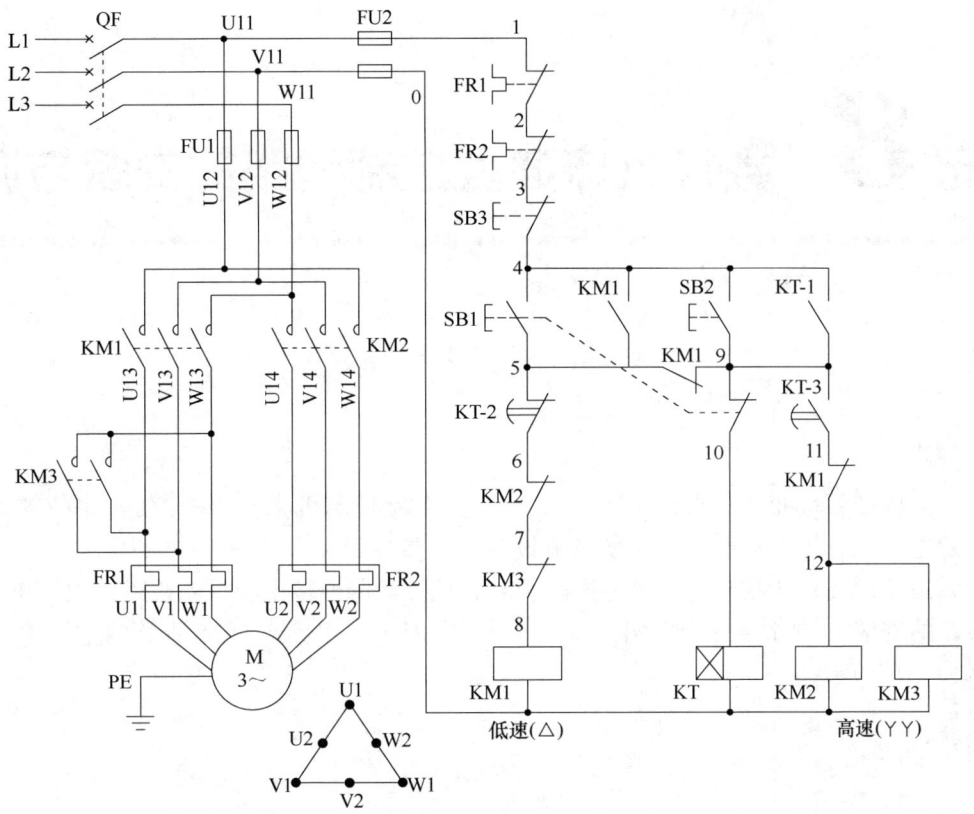

图 7-14 时间继电器控制三相双速交流异步电动机控制线路电气原理图

1. 请设计出 I/O 分配表。
2. 请设计出 I/O 接线图。
3. 请用两种编程方法设计出梯形图。

单元 8　数控机床典型控制线路的安装与调试

*学习指南

机床是机械领域的"工作母机"。数控机床是数字控制机床的简称，是一种装有程序控制系统的自动化机床。本单元以典型机电设备——数控机床（车床）——为载体，选取了数控机床急停控制线路、数控系统通电控制线路、数控机床模拟主轴控制线路、数控机床刀架控制线路的安装与调试 4 个典型工作任务进行学习，本单元各任务涉及的数控系统均以 FANUC 0i-D 为例。

*知识体系

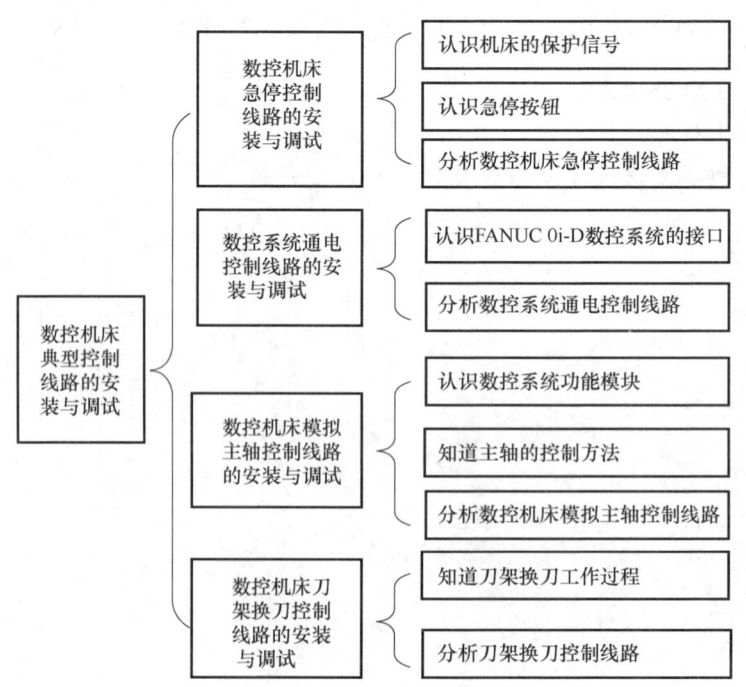

单元 8　数控机床典型控制线路的安装与调试

8.1　数控机床急停控制线路的安装与调试

*学习目标

技能目标：
（1）能识读数控机床急停控制线路的原理图。
（2）能分析数控机床急停控制线路的工作原理。
（3）能安装数控机床急停控制线路。
（4）能排除数控机床急停控制线路的故障。

知识目标：
（1）熟悉数控系统的急停信号。
（2）熟悉急停按钮的型号及含义。
（3）熟悉急停按钮的功能、结构、分类及图形符号和文字符号。

素养目标：
（1）能总结数控机床急停控制线路的安装技巧。
（2）能树立安全环保、技术革新意识。

*描述任务

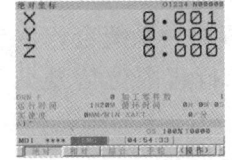

某小型机械加工企业的一台数控车床处于急停状态，需要及时修复并恢复生产。

*任务分析

要排除数控机床急停控制线路故障，就需要熟悉急停按钮的功能、结构、分类，认识急停按钮的图形符号和文字符号，理解数控系统的急停信号，并能熟读数控机床急停控制线路电气原理图。

本任务以安装与调试数控机床急停控制线路为抓手，达到熟悉线路元器件、电气原理图的目的，以便顺利地排除故障。

*必备知识

一、认识数控机床的保护信号

设计人员在设计数控机床时，首先要考虑数控机床的保护信号，如急停、复位、垂直轴的制动、行程限位等，在调试及使用过程中出现紧急情况时，可以使数控机床停止运行。本任务介绍数控机床的保护信号，应重点掌握急停控制信号的应用。注意：标有＊标记的信号表示低电平有效。

1. 知悉急停信号

数控机床紧急停止信号有硬件信号和软件信号两种类型。当两个信号中任意一个为"0"时，数控机床进入紧急停止状态。

＊X8.4：系统的高速输入信号而无须经过 PMC 的处理就直接响应。

＊G0008.4：PMC 输入到 NC 的急停信号。

当以上两个信号中的任意一个信号为低电平时，系统就会产生急停报警。

2. 知悉复位信号

系统的复位信号分为两类，一类是内部复位信号，另一类是外部复位信号。

F1.1：当系统的 MDI 键盘上的 RESET 键被按下时，系统执行内部复位操作来中断当前系统的操作，同时输出此信号给 PMC，用来中断机床其他的辅助动作。

G8.6：外部复位信号。当此信号为 1 时，系统中断当前操作的同时返回到加工程序的开头。

G8.7：外部复位信号。当此信号为 1 时，系统中断当前的操作。可以作为 DM02、DM30 的输出。

3. 知悉行程限位信号

数控机床的行程保护一般分为三级，第一级为软限位保护，可通过参数进行设定；第二级是硬限位保护，即通过外部限位开关接通 G114/G116 代码；最后一级为挡铁，这是数控机床的机械限位。一般情况下，在没有建立原点时设定的软限位是无效的，这时就必须通过数控机床的行程限位信号来保护数控机床。当数控机床在某一方向上超程时，系统会产生#506＋或#507－限位的报警，这时机床只能向相反方向运动。数控机床行程限位信号见表 8-1，硬限位超程参数见表 8-2。

表 8-1 数控机床行程限位信号

地址	位							
	#7	#6	#5	#4	#3	#2	#1	#0
G114					＊＋L4	＊＋L3	＊＋L2	＊＋L1
G116					＊－L4	＊－L3	＊－L2	＊－L1

表 8-2 数控机床硬限位超程参数

地址	位							
	#7	#6	#5	#4	#3	#2	#1	#0
3004			OTH					

注：#5（OTH）0—超程限位有效；
1—超程限位无效。

4. 知悉垂直轴的制动控制信号

对于数据铣床的 Z 轴和斜床身数控车床的 X 轴来说，当数控系统和伺服放大器正常起动后，依靠伺服电动机本身输出的力矩来抵抗因重力所产生的下滑。当伺服驱动断电报警时，伺服电动机处于自由状态，需要依靠外部，制动装置（如电动机的制动碟片、丝杠的制动器等）来抵抗重力下滑。所以需要一个控制信号来控制外部制动装置的打开。

F1.7：系统准备就绪。

F0.6：伺服准备就绪。此信号可作为制动解除的控制信号，此信号为 1 时制动关闭，当伺服或系统产生报警使其变为 0 时制动打开。

二、认识急停按钮

1. 知悉急停按钮的功能

紧急停止按钮简称"急停按钮"，就是当发生紧急情况的时候人们可以通过快速按下此按钮来达到保护的目的。急停按钮也是一种主令控制电器，其外观如图 8-1 所示。

急停按钮一般设置在人员可方便操作的机器表面，不会存在任何遮挡物。当机器处于危险状态时，向下压下急停按钮，就可以快速地让整台设备立即停止，达到保护人身和设备安全的作用。

图 8-1 急停按钮的外观

2. 知悉急停按钮的结构、符号及分类

急停按钮一般由蘑菇形操作头、一对动合触点与一对动断触点等组成。图 8-2 所示为急停按钮的结构及其符号。

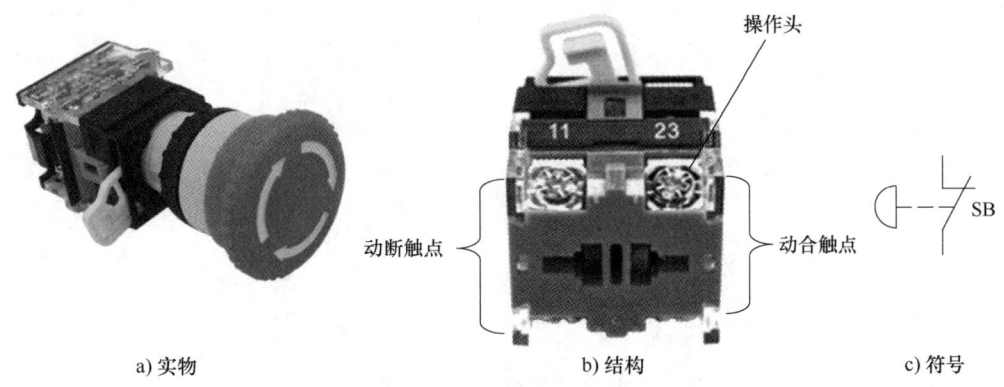

a) 实物　　　　　　　　　b) 结构　　　　　　　　　c) 符号

图 8-2 急停按钮的结构及符号

急停按钮一般分为自动复位式、手动复位式两种。其中，手动复位式急停按钮在压下时能够通过机械结构锁住，需要顺时针方向旋转后松开，急停按钮才会弹起；而自动复位式急停按钮一般在松开后就会自动弹起。

3. 知悉急停按钮的型号及含义

XB2 系列急停按钮的型号及含义如下：

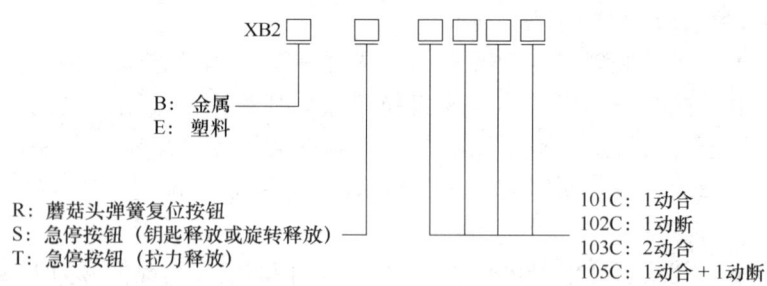

三、分析数控机床急停控制线路

图 8-3 所示为 FANUC 0i-D 数控机床急停控制线路电气原理图。在图 8-3 中，SB3 是急停按钮，KA10 是数控机床急停中间继电器。急停按钮 SB3 的动断触点直接连接急停中间继电器 KA10 线圈，中间继电器 KA10 的动合触点一路连接到数控系统的急停信号 X8.4，另一路连接到伺服放大器的 ESP（CX30）端口。在紧急情况下，按下急停按钮 SB3，数控机床急停中间继电器 KA10 线圈失电，数控机床与伺服驱动同时进入急停状态，并切断伺服驱动系统通电主电路。

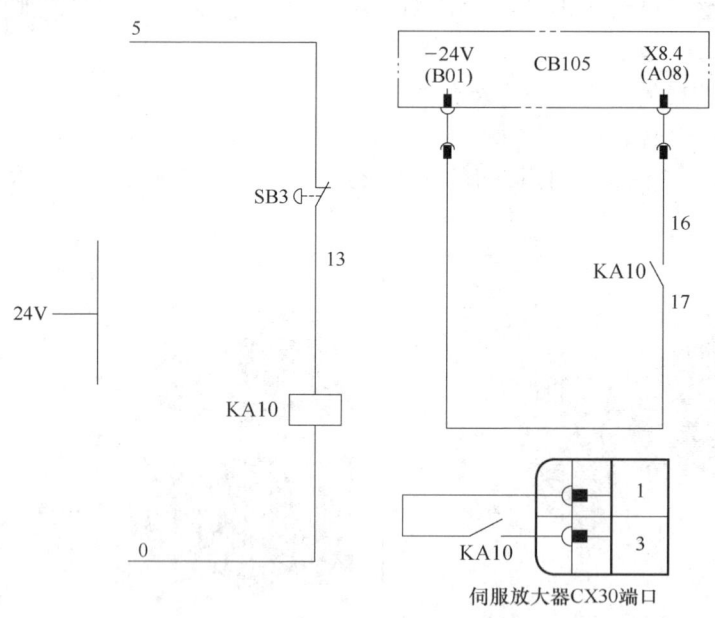

图 8-3　FANUC 0i-D 数控机床急停控制线路电气原理图

*任务实施

技能训练 22　安装与调试数控机床急停控制线路

安装与调试图 8-3 所示的 FAUNC 0i-D 数控机床急停控制线路，并诊断

视频 55

与排除数控机床急停故障。

1. 准备工具、仪表

参照附录 A"工具、仪表清单",结合本任务实际选取必要的工具、仪表,并对选用的工具、仪表进行检查,确保工具、仪表都能正常使用。

2. 核对器材

根据器材清单(见表 8-3)中的元器件名称或符号,结合实训设备电气原理图查找实训设备上对应的器材,并用仪表检测元器件判断其好坏,如元器件有故障,需先进行修复或更换。参照相关元器件实物或其说明书,完成器材清单中器材品牌、型号(规格)等相关内容的填写。

表 8-3 器材清单

符号	名称	品牌	型号	数量	检测情况	备注
	开关电源					结合实训设备实际
SB3						结合实训设备实际
KA10						结合实训设备实际
	数控系统					结合实训设备实际
	伺服放大器					结合实训设备实际
	I/O Link					结合实训设备实际
	冷压端子					结合实训设备实际
	接线端子排					结合实训设备实际
	导线					

3. 安装线路

可参照图 8-3 所示的 FAUNC 0i-D 数控机床急停控制线路电气原理图进行安装,也可根据实际情况自行设计数控机床急停控制线路电气原理图进行安装。

图 8-4 所示为 558 型实训台操作面板,数控机床急停按钮位于此操作面板上。图 8-5 所示为 558 型实训台电路板,急停继电器也位于此电路板上。元器件的安装位置比较分散,布线需要走线槽,要求布线做到横平竖直,转角缝隙严密平齐,接线时必须严格按照电气原理图进行施工,不可随意更改线路。

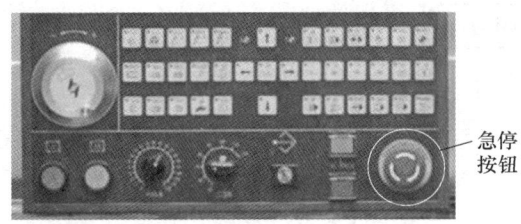

图 8-4 558 型实训台操作面板

图 8-5 558 型实训台电路板

4. 检测线路

安装好线路后，在通电测试前务必对线路进行检测。综合运用前述各单元的相关检测方法，对安装的数控机床急停控制线路进行检测，检测无误后，方可通电调试数控机床急停控制线路。需要特别注意的是，数据系统 CP1 接口的 24V 电源极性不能接反。

5. 调试线路

数控系统（CNC）通电后，处于正常运行状态。按下急停按钮，继电器 KA10 线圈失电，继电器 KA10 的所有触点断开，CNC 输入单元 ESP X8.4 触点进入低电平状态。当 X8.4 信号为低电平时，由 CNC 输入单元的接收器反馈给 CNC，数控机床立即产生急停报警，CNC 通过反馈过来的信号由内部的 PMC 程序处理，从而断开另一个急停信号 G0008.4。同时，伺服放大器的急停信号接口 CX30 断开，伺服放大器的电磁接触器 MCC 断开，伺服电动机进入动态制动。

6. 故障诊断与排除

在任务描述中要求现场排除数控机床急停故障。此时，可以在安装与调试好的线路中对这一故障进行还原，设置真实的故障情况，并进行实战维修。假设本故障中，24V 直流电源、PMC 一级程序正常，数控机床急停外部控制线路故障诊断参考流程如图 8-6 所示，可以结合故障实际及参考流程进行诊断与排故。

在故障解除之后松开急停按钮，急停继电器 KA10 线圈得电，继电器 KA10 的所有触点闭合。CNC 输入单元 *ESP（X8.4）触点为高电平。当 X8.4 信号为高电平时，由 CNC 输入输出单元的接收器反馈给 CNC，CNC 通过反馈过来的信号由内部的 PMC 处理，从而接通 G0008.4 信号使数控机床解除报警。同时，伺服放大器急停信号接口 CX30 闭合，解除伺服放大器的急停信号，伺服放大器需要重新通电并通过自检后，其电磁接触器 MCC 吸合，伺服主电源才能重新通电，数控机床进入正常运行状态。

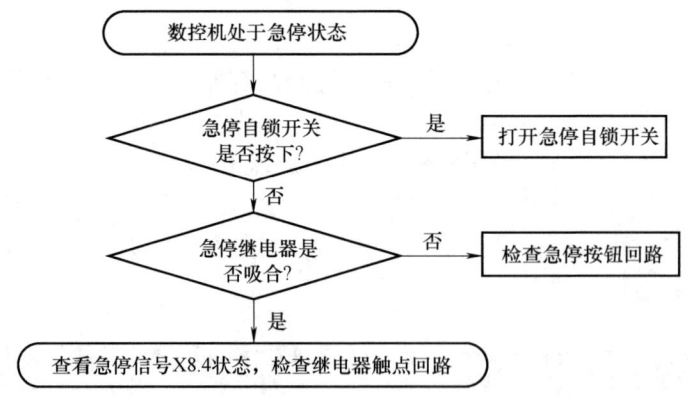

图 8-6　数控车床急停外部控制线路故障判断流程

*任务总结与评价

参考表 8-4 对数控机床急停控制线路的安装与调试进行评价，并根据学生实际完成情况进行总结。

单元 8　数控机床典型控制线路的安装与调试

表8-4　安装与调试数控机床急停控制线路考核评价表

评价项目		评价要求	评 分 标 准	合计	得分
安装与调试	布线	接线要求美观、紧固、无毛刺	（1）布线不美观，每根扣0.5分 （2）接点松动、露铜过长、反圈、压绝缘层，标记线号不清楚、遗漏或误标，每处扣0.5分 （3）损伤导线绝缘层或线芯，每根扣0.5分	30分	
	通电调试	在保证安全情况下，一次性通电成功	（1）一次试验不成功扣15分 （2）二次试验不成功不得分 （3）发生短路故障，每次倒扣30分	20分	
故障诊断与排除		（1）能诊断出正确的故障点 （2）能排除故障	（1）不能诊断出正确的故障点不得分 （2）诊断出正确的故障点不能排除扣10分	20分	
安全文明生产	设备	保证设备安全	（1）每损坏元器件1处扣1分 （2）人为损坏元器件倒扣10分	15分	
	人身	保证人身安全	发生皮肤损伤、触电、电弧灼伤等，本次任务不得分	否决项	
	文明生产	（1）劳动保护用品穿戴整齐 （2）遵守各项安全操作规程 （3）实训结束要清理现场	（1）违反安全文明生产考核要求的任何一项，扣1分 （2）当教师发现考生有重大人身事故隐患时，要立即给予制止，并倒扣10分 （3）不穿工作服，不穿绝缘鞋，不得进入实训场地	15分	
合计					

任务拓展

数控机床的程序级别

数控机床 PMC 程序级别如图 8-7 所示。

1. 第一级

程序的开头到 END1 命令之间为第一级程序，系统每4ms 或8ms 执行一次，主要处理急停、跳转、超程等对处理速度要求较快的信号。因此，数控机床的急停控制 PMC 程序需要编制在系统第一级程序内。

2. 第二级

END1 命令之后，END2 命令之前的 PMC 程序为第二级程序。第二级 PMC 程序通常包括机床操作面板、ATC（自动换刀装置）程序等。在第二级程序上，因为有同步输入信号存储器，所以输入脉冲信号时，其信号宽带应大于扫描信号时间。

3. 第三级

END2 命令和 END3 命令之间的程序为第三级程序。第三级程序主要处理低速响应的信号。

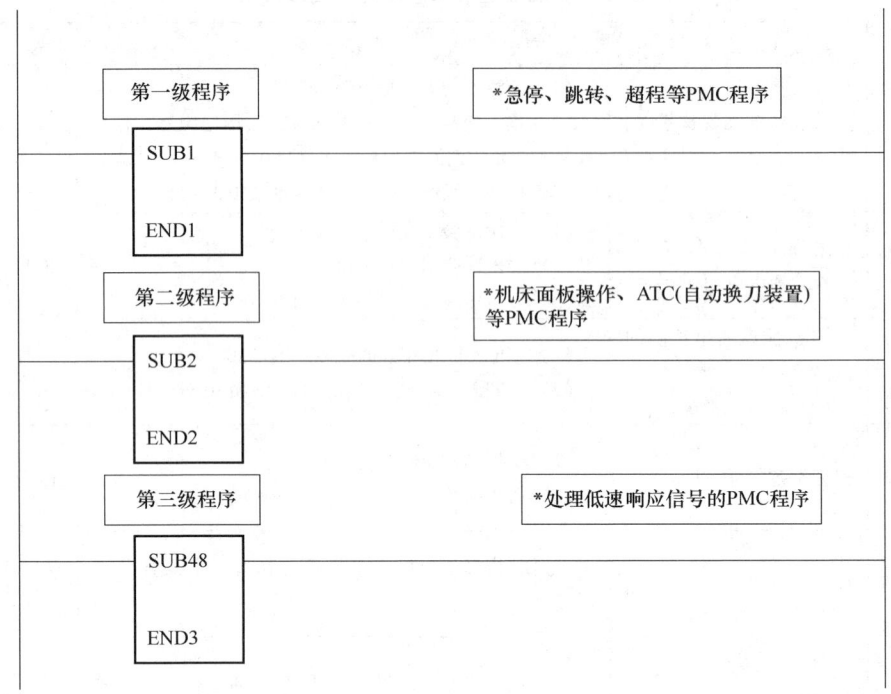

图 8-7 数控机床 PMC 程序级别

数控机床第一级程序的编写

1. 设计 I/O 地址分配表

以子程序的方式编写并调试数控机床急停控制程序。为了便于编程,先列出 I/O 地址分配表,再编写及调试 PMC 程序。急停控制线路的 I/O 地址分配见表 8-5。

表 8-5　急停控制线路的 I/O 地址分配

序号	PMC 地址	电气符号	功能说明
1	X8.4	*ESP_1	急停硬件信号
2	G0008.4	*ESP	急停软件信号

2. 编写急停控制的 PMC 程序

在数控系统上编写与急停相关的 PMC 子程序。数控机床急停控制功能的 PMC 程序如图 8-8 所示。

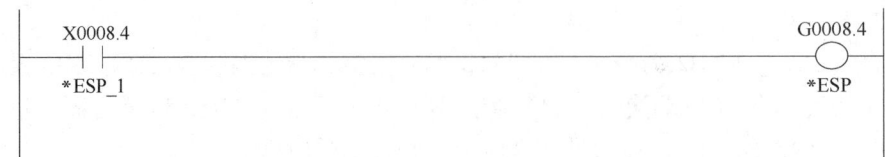

图 8-8　数控机床急停控制功能的 PMC 程序

*思考与练习

1. 急停按钮一般安装在哪些地方？
2. 数控机床与急停相关的信号有哪些？
3. 数控机床急停信号＊ESP X8.4 与其他的输入信号有哪些不同之处？
4. 数控机床无法解除急停状态，试分析产生该故障的可能原因。
5. 数控机床急停信号 G0008.4 处理是否要放在数控机床 PMC 第一级处理程序里面，为什么？

8.2 数控系统通电控制线路的安装与调试

*学习目标

技能目标：
(1) 能识读数控系统通电控制线路的原理图。
(2) 能分析数控系统通电控制线路的工作原理。
(3) 能安装与调试数控系统通电控制线路。
(4) 能排除数控系统通电控制线路中的故障。

知识目标：
(1) 熟悉 FANUC 0i-TD 数控系统接口的名称。
(2) 知晓 FANUC 0i-TD 数控系统各接口的用途。

素养目标：
(1) 能总结数控系统通电控制线路的安装技巧。
(2) 能展示施工技术要点，总结收获，反思不足。
(3) 能与他人合作，具有良好的沟通能力和团队精神。

*描述任务

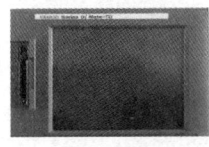

某小型机械加工企业的一台数控车床的数控系统无法通电，需要及时修复并恢复生产。

*任务分析

数控系统无法通电是数控机床的常见故障。要排除数控系统无法通电故障，就需要对数控系统接口、相关线路的工作原理等有所了解，并能熟读数控系统通电控制线路电气原理图。

本任务以安装与调试数控系统通电控制线路为例,达到熟悉线路元器件、电气原理图的目的,以便顺利地排除故障。

*必备知识

一、认识 FANUC 0i-D 数控系统接口

1. 数控系统的接口定义

图 8-9 所示为 FANUC 0i-D 系统接口,表 8-6 为该系统各接口功能说明。

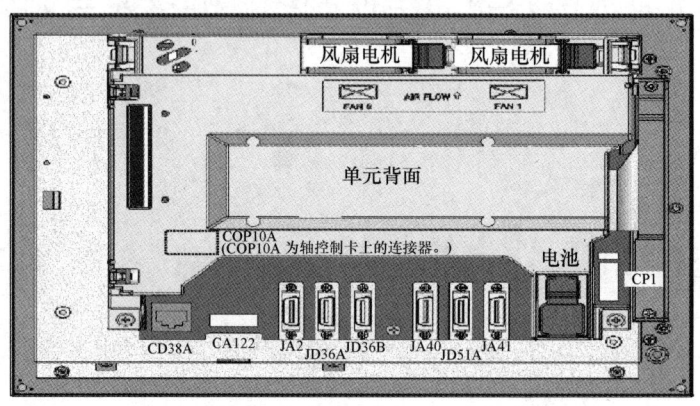

图 8-9　FANUC 0i-D 系统接口

表 8-6　FANUC 0i-D 系统各接口功能说明

接口名称	功　　能	备　　注
COP10A	伺服 FSSB 总线接口,为光缆接口	从系统 COP10A 连接到伺服第一轴 COP10B,再从伺服第一轴 COP10A 连接到伺服第二轴 COP10B,依此类推,遵循从 A 到 B 的规律
CD38A	以太网接口	具有以太网功能和数据服务器功能,所谓的"快速"是针对以太网传输速度来说的,理论上的传输速度可以达到 100MB/s
CA122	系统软键信号接口	无
JA2	系统 MDI 键盘接口	无
JD36A/JD36B	RS-232-C 串行接口 1/2	RS-232 线与计算机相接,用于传输 CNC 的程序、参数等,或者监控梯形图和 DNC 加工程序
JA40	模拟主轴信号接口/高速跳转信号接口	JA40 是模拟主轴信号接口/高速跳转信号接口,主要输出主轴转速的对应电压值
JD51A	I/O Link 总线接口	连接 I/O 设备
JA41	串行主轴接口/主轴独立编码器接口	JA41 串行主轴接口/主轴独立编码器接口,输出串行脉冲数量值
CP1	系统电源接口	CP1 是 24V 电源接口,给 CNC 供电,详见表 8-7

2. 数控系统电源接口端子功能

数控系统对电源的电压要求为直流（1±10%）×24V。数控系统电源接口 CP1 端子的功能说明见表 8-7。

表 8-7 数控系统电源接口 CP1 的功能说明

端子号	信号功能	备注
1	+24V	直流 24V 电源
2	0V	0V
3	空脚	空脚

二、分析数控系统通电控制线路

图 8-10 所示为 FAUNC 0i-D 数控系统通电控制线路电气原理图。在图 8-10 中，SB1 是数控系统失电按钮，SB2 是数控系统通电按钮，KA9 是数控系统通电中间继电器。按下通电按钮 SB2，中间继电器 KA9 线圈得电并自锁，24V 直流电源通过中间继电器 KA9 的动合触点送入数控系统 CP1 电源端口，使数控系统得电。要关闭数控系统电源，就按下失电按钮 SB1，中间继电器 KA9 线圈失电，关闭数控系统电源。

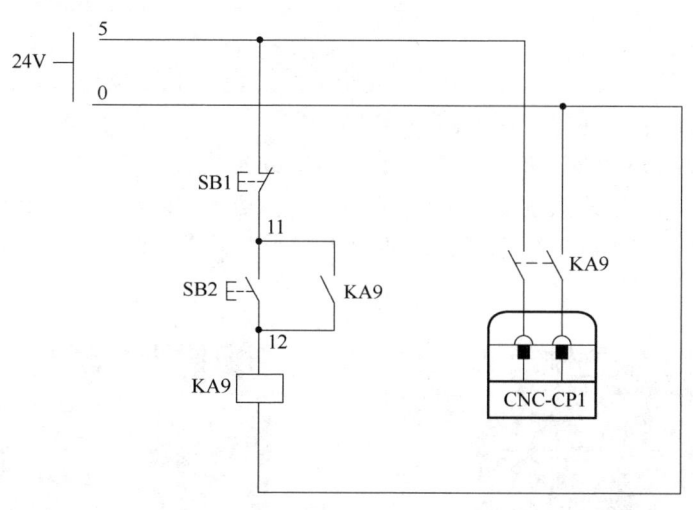

图 8-10 FAUNC 0i-D 数控系统通电控制线路电气原理图

视频 56

*任务实施

技能训练 23 安装与调试数控系统通电控制线路

安装与调试图 8-10 所示的 FAUNC 0i-D 数控系统通电控制线路，并诊断与排除数控系统无法通电故障。

1. 准备工具、仪表

参照附录 A "工具、仪表清单"，结合本任务实际选取必要的工具、仪表，并对选用的工具、仪表进行检查,确保工具、仪表都能正常使用。

2. 核对器材

根据器材清单(见表8-8)中的元器件名称或符号,结合实训设备电气原理图查找实训设备上对应的器材,并用仪表检测元器件判断其好坏,如元器件有故障,需先进行修复或更换。参照相关元器件实物或其说明书,完成器材清单中器材品牌、型号(规格)等相关内容的填写。

表8-8　FANUC 0i-D 数控系统通电控制线路器材清单

符号	名称	品牌	型号	数量	检测情况	备注
	开关电源					结合实训设备实际
SB1						结合实训设备实际
SB2						结合实训设备实际
KA9						结合实训设备实际
	数控系统					结合实训设备实际
	冷压端子					结合实训设备实际
	接线端子排					结合实训设备实际
	导线					

3. 安装线路

可参照如图8-10所示的FAUNC 0i-D 数控系统通电控制线路电气原理图,也可根据实际情况自行设计数控系统通电控制线路电气原理图。

图8-11所示为558型实训台操作面板,数控系统通电按钮在此操作面板上;图8-12所示为558型实训台电路板,系统通电继电器在此电路板上。元器件的安装位置比较分散,布线需要走线槽,要求布线做到横平竖直,转角缝隙严密平齐,接线时必须按照电气原理图施工,不可随意更改线路。

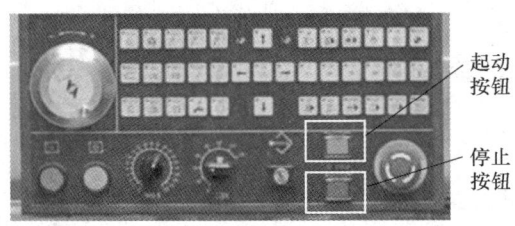

图8-11　558型实训台操作面板

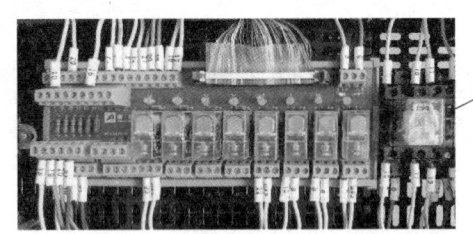

图8-12　558型实训台电路板

4. 检测线路

安装好线路后,在通电测试前务必对安装的数控系统通电控制线路进行检测。综合运用前述各单元的相关检测方法,对安装的数控系统通电控制线路进行检测,检测无误后,方可通电调试数控系统通电控制线路。需要特别注意的是,数控系统CP1接口的24V电源极性不能接反。

5. 调试线路

检查接线并确定所安装线路无误后,方可通电调试。按下系统通电按钮SB2,继电器

KA9 线圈得电，KA9 动合触点闭合，为数控系统的 CP1 接口提供直流 24V 电源。如果在调试过程中，当按下 SB2 时，系统能通电，但当松开 SB2 时，系统又失电，那么问题就出在 KA9 的自锁回路上，应该仔细检查自锁回路。

6. 故障诊断与排除

在任务描述中要求现场排除数控系统无法通电的故障。可以在安装与调试好的控制线路中对这一故障进行还原，设置真实的故障情形，并进行实战维修。假设本故障中，24V 直流电源正常，数控系统无法通电故障诊断参考流程如图 8-13 所示，可以结合故障实际及参考流程进行故障诊断与排除。

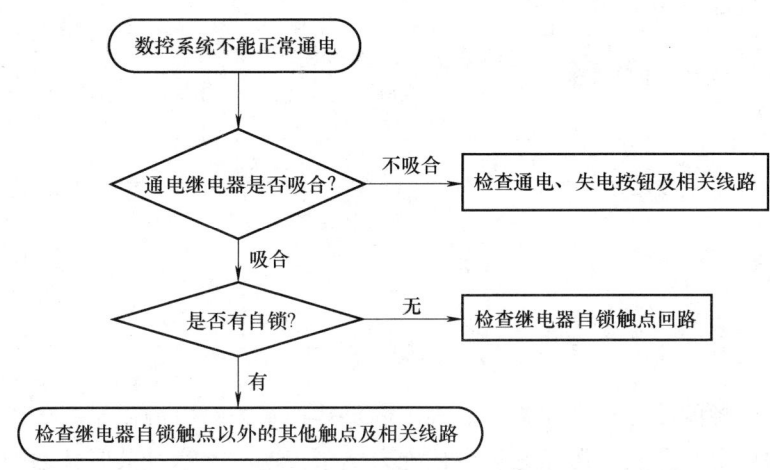

图 8-13　数控系统无法通电故障诊断流程

*任务总结与评价

参考表 8-9 对数控系统通电控制线路的安装与调试进行评价，并根据学生实际完成情况进行总结。

表 8-9　安装与调试数控机床系统通电控制线路考核评价表

评价项目		评价要求	评 分 标 准	分值	得分
安装与调试	布线	接线要求美观、紧固、无毛刺	（1）布线不美观，每根扣 0.5 分 （2）接点松动、露铜过长、反圈、压绝缘层，标记线号不清楚、遗漏或误标，每处扣 0.5 分 （3）损伤导线绝缘或线芯，每根扣 0.5 分	30 分	
	系统正确通电	（1）万用表逐级测量电压 （2）系统正确通电	（1）万用表使用不规范，扣 1~20 分 （2）系统通电不规范，扣 1~20 分	40 分	
故障诊断与排除		（1）能诊断出正确的故障点 （2）能排除故障	（1）不能诊断出正确的故障点，不得分 （2）诊断出正确的故障点不能排除，扣 10 分	20 分	

(续)

评价项目		评价要求	评分标准	分值	得分
安全文明生产	设备	保证设备安全	（1）每损坏设备1处，扣1分 （2）人为损坏设备倒，扣10分	5分	
	人身	保证人身安全	发生皮肤损伤、触电、电弧灼伤等，本次任务不得分	否决项	
	文明生产	（1）劳动保护用品穿戴整齐 （2）遵守各项安全操作规程 （3）实训结束要清理现场	（1）违反安全文明生产考核要求的任何一项，扣1分 （2）当教师发现学生有重大人身事故隐患时，要立即给予制止，并倒扣10分 （3）不穿工作服，不穿绝缘鞋，不得进入实训场地	5分	
		合计		100分	

*任务拓展

开关电源概述

数控系统对电源的质量要求比较高。为了满足数控系统对电源质量的要求，常采用开关电源对数控系统供电。开关电源是利用现代电力电子技术，控制开关管开通和关断的时间比率，维持稳定输出电压的一种稳压电源（Switching Mode Power Supply，SMPS）。目前，开关电源向高频、高可靠性、低功耗、低噪声、抗干扰和模块化方向发展，具有功耗小、效率高、体积小、重量轻、稳压范围宽、滤波的效率高等优点。图8-14所示为开关电源的外观，其中可调ADJ电位器可以在一定范围内调节输出电压。开关电源上输出的额定电压在出厂时是固定的，也就是标称额定输出电压。设计此电位器可以让用户根据实际使用情况在一个较小的范围内调节输出电压，一般情况下不需要对其进行调整。

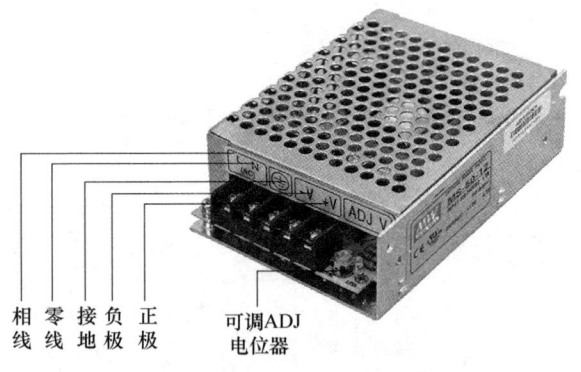

图8-14 开关电源的外观

*思考与练习

1. 简述FANUC 0i-D系统各接口的名称及功能。
2. 试分析：图8-10中继电器KA9底座上的螺钉在压紧12号线时如果压在了绝缘层上，会产生什么样的故障现象？
3. 试分析：在图8-10中，如果SB1坏了，会产生什么样的故障现象？

8.3 数控机床模拟主轴控制线路的安装与调试

*学习目标

技能目标：
(1) 能识读数控机床模拟主轴控制线路的原理图。
(2) 能分析数控机床模拟主轴控制线路的工作原理。
(3) 能安装与调试数控机床模拟主轴控制线路。
(4) 能诊断与排除数控机床模拟主轴控制线路故障。

知识目标：
(1) 熟悉 FANUC 0i-D 数控系统的综合接线图。
(2) 了解数控机床主轴的控制方法。
(3) 认识数控机床伺服系统。

素养目标：
(1) 能总结数控机床模拟主轴控制线路的安装技巧。
(2) 能与他人合作，具有良好的沟通能力和团队精神。

*描述任务

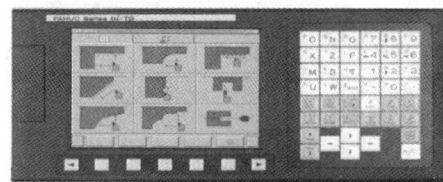

某企业加工车间有一台使用 FANUC 0i-D 系统的数控机床，开机后主轴不能正转，需要现场排除此故障，以便恢复生产。

*任务分析

要排除数控机床主轴控制线路故障，就需要熟悉数控系统的功能模块、主轴的控制方法、数控机床模拟主轴控制原理，并能熟读数控机床模拟主轴控制线路电气原理图。

本任务以安装与调试数控机床模拟主轴控制线路为例，达到熟悉线路元器件、电气原理图的目的，以便顺利地排除故障。

*必备知识

一、认识 FANUC 0i-D 数控系统的综合接线图

FANUC 0i-D 数控系统的综合接线图，如图 8-15 所示。

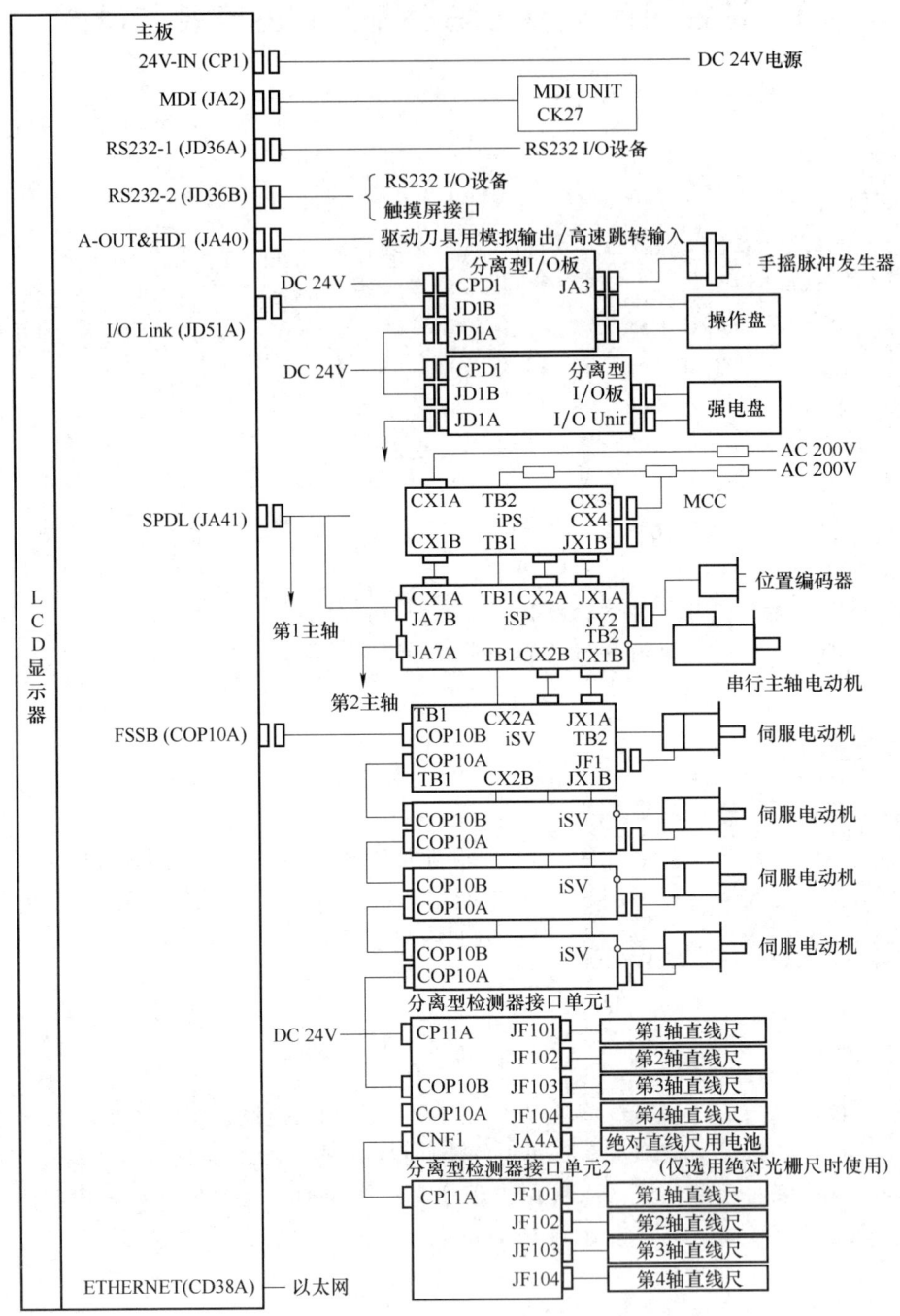

图 8-15　FANUC 0i-D 数控系统的综合接线图

二、知道主轴的控制方法

主轴的控制方法主要有以下三种，见表 8-10。

表 8-10　主轴的控制方法

方　　法	说　　明
模拟量控制	用模拟电压通过变频器控制主轴电动机转速的方法
串行通信控制	用于连接 FANUC 公司的主轴电动机/放大器。主轴放大器和 CNC 之间进行串行通信，交换转速和控制信号
12 位二进制代码控制	用 12 位二进制代码控制主轴电动机转速的方法

三、分析数控机床模拟主轴控制线路

数控机床模拟主轴控制线路电气原理图如图 8-16 所示，连接 X11.2、X11.3、X11.5、X11.6 的按钮分别是主轴停止、主轴点动、主轴正转、主轴反转。继电器 KA5 是主轴正转的中间继电器，继电器 KA6 是主轴反转的中间继电器。

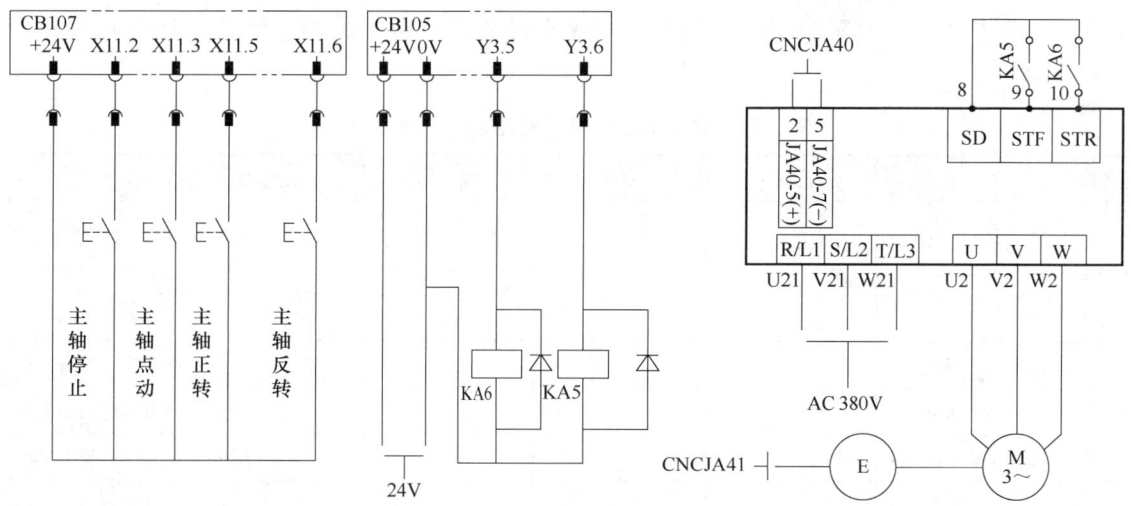

图 8-16　数控机床模拟主轴控制线路电气原理图

在手动模式下，当按下主轴正转按钮时，PMC 程序使 Y3.6 接通并自锁，继电器 KA5 线圈通电，KA5 动合触点（8，9）闭合，变频器 SD 与 STF 接通，主轴电动机正转。当按下主轴反转按钮时，PMC 程序使 Y3.5 接通并自锁，继电器 KA6 线圈通电，KA6 动合触点（8，10）闭合，变频器 SD 与 STR 接通，主轴电动机反转。当按下主轴停止按钮时，PMC 程序使 Y3.6 或 Y3.5 断开，继电器 KA5 线圈或 KA6 线圈断电，KA5 动合触点（8，9）或 KA6 动合触点（8，10）断开，变频器 SD 与 STF 或 STR 断开，主轴电动机停转。当按下主轴点动按钮时，PMC 程序使 Y3.6 接通，继电器 KA5 线圈通电，变频器 SD 与 STF 接通，主轴电动机正转，当松开主轴点动按钮时，PMC 程序使 Y3.6 断开，继电器 KA5 线圈断电，变频器 SD 与 STF 断开，主轴电动机停转。

电动机的转速由变频器的 AC、A1 端口接收到的模拟电压（0~+10V）控制（该电压是从 CNC 的 JA40 端口输出的）。当电压高时，转速变快；当电压低时，转速变慢。

视频 57

任务实施

技能训练 24　安装与调试数控机床模拟主轴控制线路

安装与调试图 8-16 所示的数控机床模拟主轴控制线路，并诊断与排除主轴不能正转故障。

1. 准备工具、仪表

参照附录 A "工具、仪表清单"，结合本任务实际选取必要的工具、仪表，并对选用的工具、仪表进行检查，确保工具、仪表都能正常使用。

2. 核对器材

根据器材清单（见表 8-11）中的元器件名称或符号，结合实训设备电气原理图查找实训设备上对应的器材，并用仪表检测元器件判断其好坏，如元器件有故障，需先进行修复或更换。参照相关元器件实物或其说明书，完成器材清单中器材品牌、型号（规格）等相关内容的填写。

表 8-11　数控机床模拟主轴控制线路器材清单

符号	名称	品牌	型号	数量	检测情况	备注
	开关电源					结合实训设备实际
KA5						结合实训设备实际
KA6						结合实训设备实际
	操作面板					结合实训设备实际
	数控系统					结合实训设备实际
	I/O Link					结合实训设备实际
	变频器					结合实训设备实际
	编码器					
	电动机					结合实训设备实际
	冷压端子					
	接线端子排					
	导线					

3. 安装线路

可参照图 8-16 所示的数控机床模拟主轴控制线路电气原理图进行安装，也可根据实际情况自行设计数控机床模拟主轴控制线路的原理图进行安装。

图 8-17 为 558 型实训台模拟主轴控制线路器件实物图。数控机床主轴正转、反转、停止按键在操作面板上；JA40 模拟量接口在数控系统上；继电器 KA5、KA6 在电路板上。元器件的安装位置比较分散，布线需要走线槽，要求布线做到横平竖直，转角缝隙严密平齐，接线时必须按照电气原理图施工，不可随意更改线路。

单元 8 数控机床典型控制线路的安装与调试

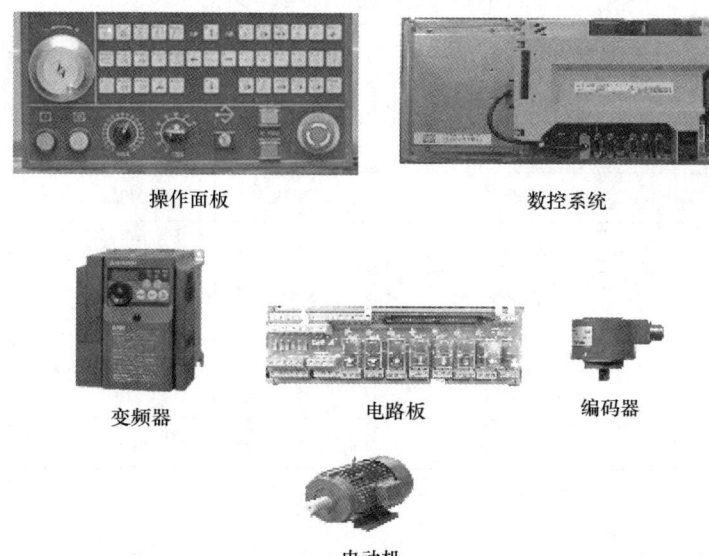

图 8-17 558 型实训台模拟主轴控制线路器件实物图

4. 检测线路

安装好线路后，在通电测试前务必对数控机床模拟主轴控制线路进行检测。综合运用前述各单元的相关检测方法，对安装的数控机床模拟主轴控制线路进行检测，检测无误后，方可通电设置数控机床模拟主轴控制线路的相关参数。

5. 设置参数

参照表 8-12 设置数控机床模拟主轴控制相关参数；参照表 8-13 所示设置变频器模拟控制参数。设置变频器参数前，需断开变频器与电动机的动力线。

表 8-12 数控机床模拟主轴控制参数

参数号	设定值	参数意义	备注
3716#0	0	模拟主轴	1：串行主轴
3717	1	第一主轴	
3718	80	显示下标	
3720	4096	编码器线数	
3730	1000	主轴模拟速度输出增益	
3735	0	主轴最低钳制速度	
3736	1400	主轴最高钳制速度	
3741	1400	10V 电压对应主轴转速	
3772	0	主轴上限钳制	0：不钳制
8133#5	1	不使用串行主轴	

表 8-13 变频器模拟控制参数

序号	变频器参数	功能说明（详细请查阅手册）	出厂值	最小设定单位	设定值及含义
1	Pr. 79	操作模式选择	0	1	2
2	Pr. 73	模拟量输入选择	1	0	0（端子2输入0~10V）
3	Pr. 1	上限频率	120Hz	0.01Hz	60Hz
4	Pr. 2	下限频率	0	0.01Hz	0
5	Pr. 3	基准频率	50Hz	0.01Hz	50Hz
6	Pr. 9	电子过电流保护	0.35A	0.01A	参考电动机额定电流
7	Pr. 7	加速时间	5s	0.1s	2s
8	Pr. 8	减速时间	5s	0.1s	2s

6. 调试线路

在 MDI 方式下，输入 "M03 S1000"，按循环起动按钮，主轴电动机正转；输入 "M05 S1000"，按循环起动按钮，主轴电动机反转；输入 "M05"，按循环起动按钮，主轴电动机停转。主轴调试画面如图 8-18 所示。

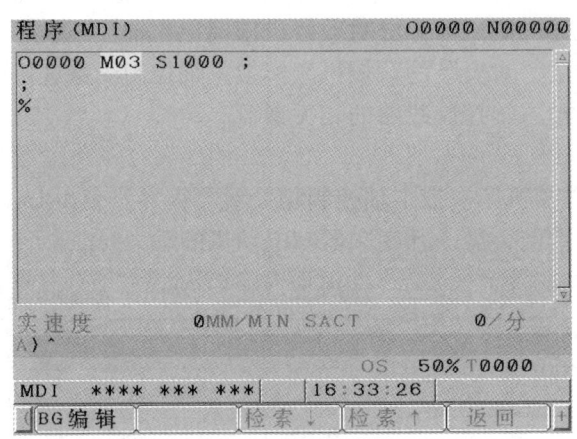

图 8-18 主轴调试画面

7. 故障诊断与排除

在任务描述中要求现场排除主轴不能正转的故障，可以在安装与调试好的线路中对这一故障进行还原，设置真实的故障情形，并进行实战维修。在本故障中，系统正常通电后，主轴无法正转故障诊断参考流程如图 8-19 所示。

*任务总结与评价

参考表 8-14 对数控机床模拟主轴控制线路的安装与调试进行评价，并根据学生实际完成情况进行总结。

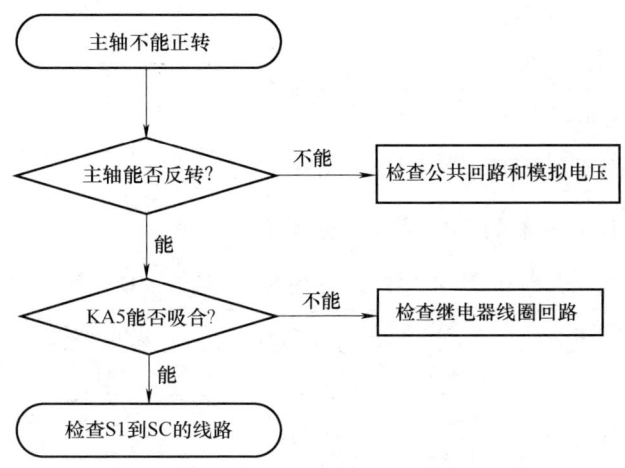

图 8-19 主轴无法正转故障诊断流程

表 8-14 安装与调试数控机床模拟主轴控制线路考核评价表

评价项目		评价要求	评分标准	分值	得分
安装与调试	布线	(1) 接线要求美观、紧固、无毛刺，软导线要走线槽 (2) 电源和电动机配线、按钮接线要接到端子排上，进出线槽导线要有端子标号	(1) 如不按接线图接线，每处扣 2 分 (2) 接点松动、露铜过长、反圈、压绝缘层，标记号号不清楚、遗漏或误标，每处扣 0.5 分 (3) 损伤导线绝缘层或线芯，每根扣 0.5 分	30 分	
	参数设置	按照表 8-12 及表 8-13 正确设置参数	(1) 设置前不断开电动机接线，扣 5 分 (2) 每漏设 1 项扣 1 分	20 分	
	通电调试	在保证安全情况下，一次性通电成功	(1) 一次试验不成功扣 15 分 (2) 二次试验不成功不得分 (3) 发生短路故障每次倒扣 30 分	20 分	
故障诊断与排除		(1) 能诊断出正确的故障点 (2) 能排除故障	(1) 不能诊断出正确的故障点不得分 (2) 诊断出正确的故障点不能排除扣 10 分	20 分	
安全文明生产	设备	保证设备安全	(1) 每损坏设备 1 处扣 1 分 (2) 人为损坏设备倒扣 10 分	5 分	
	人身	保证人身安全	发生皮肤损伤、触电、电弧灼伤等，本次任务不得分	否决项	
	文明生产	(1) 劳动保护用品穿戴整齐 (2) 遵守各项安全操作规程 (3) 实训结束要清理现场	(1) 违反安全文明生产考核要求的任何一项，扣 1 分 (2) 当教师发现学生有重大人身事故隐患时，要立即给予制止，并倒扣 10 分 (3) 不穿工作服，不穿绝缘鞋，不得进入实训场地	5 分	
合计				100 分	

*任务拓展

一、数控机床模拟主轴控制 PMC 简化程序

PMC 与机床之间有关主轴的 I/O 信号，见表 8-15。

表 8-15　PMC 与机床之间有关主轴的 I/O 信号

序号	PMC 地址	功能说明	序号	PMC 地址	功能说明
1	X11.5	主轴正转	4	X11.2	主轴停止
2	X11.6	主轴反转	5	Y3.6	主轴正转输出
3	X11.3	主轴点动	6	Y3.5	主轴反转输出

PMC 与 NC 之间有关主轴的 I/O 信号，见表 8-16。

表 8-16　PMC 与 NC 之间有关主轴的 I/O 信号

地　址	位							
	#7	#6	#5	#4	#3	#2	#1	#0
G29.6		*SSTP						
F7								MF

图 8-20 所示为主轴正转、反转、停止简化梯形图，完成相关程序的调试（因为主轴倍率还没有处理，此处只可查看相关信号状态，或查看相关输出继电器的状态）。

PMC 与机床之间有关主轴的 I/O 信号，见表 8-17。

表 8-17　PMC 与机床之间有关主轴的 I/O 信号

序号	PMC 地址	功能说明
1	X10.7	OPV1
2	X11.0	OPV2
3	X11.1	OPV4

PMC 与 NC 之间有关主轴的 I/O 信号，见表 8-18。

表 8-18　PMC 与 NC 之间有关主轴的 I/O 信号

地　址	位							
	#7	#6	#5	#4	#3	#2	#1	#0
G30	SOV7	SOV6	SOV5	SOV4	SOV3	SOV2	SOV1	SOV0

主轴倍率简化梯形图如图 8-21 所示。

二、主轴控制 PMC 程序功能指令

1）二进制译码指令：DECB（SUB25），如图 8-22 所示。

单元 8 数控机床典型控制线路的安装与调试

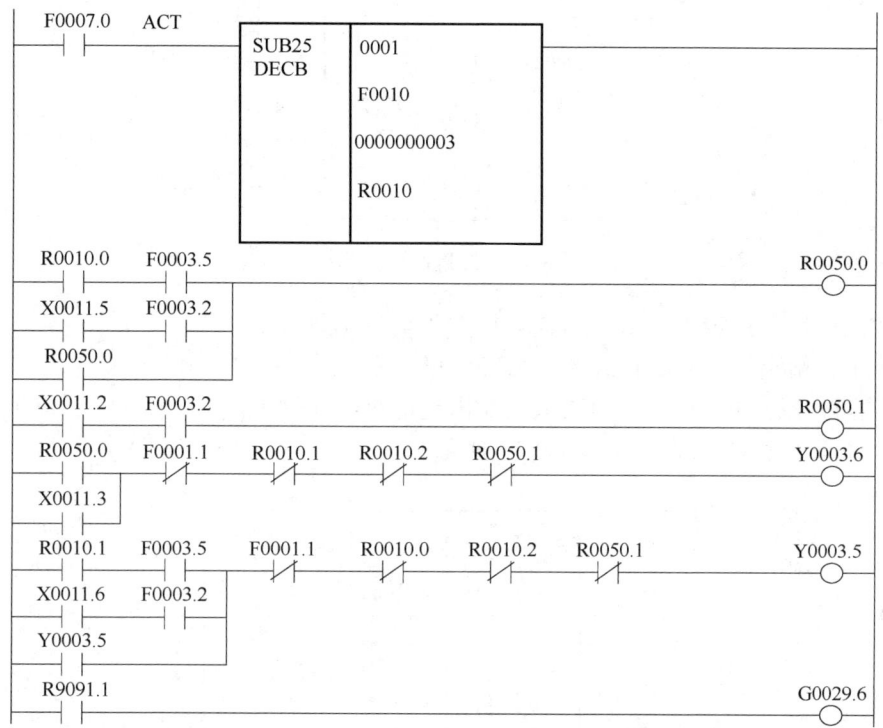

图 8-20 主轴正转、反转、停止简化梯形图

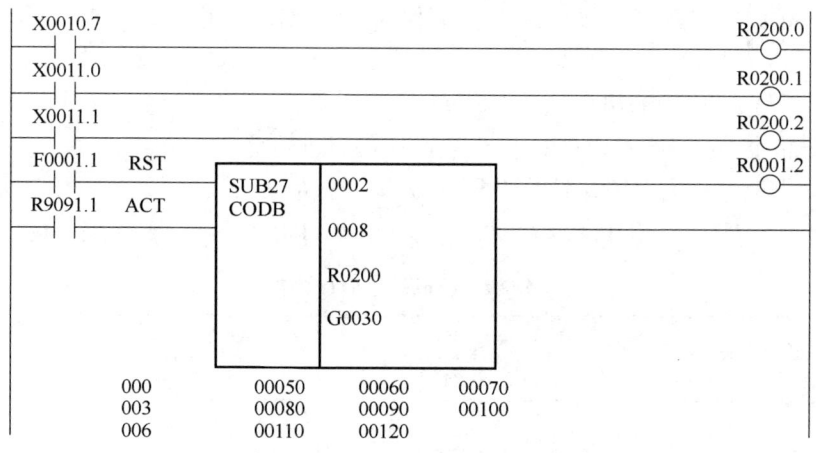

图 8-21 主轴倍率简化梯形图

【控制条件】

ACT　　=0　：将所有输出复位为 0。

　　　　=1　：执行译码指令。

【控制参数】

格式指定：指定 1～4 字节长二进制译码数据的存储首地址。在 0nnd 中，d 代表待译码数据的字节长度（1，2，4B），nn 代表组数（指定为 0 时，视为 1 组 8 个）。

221

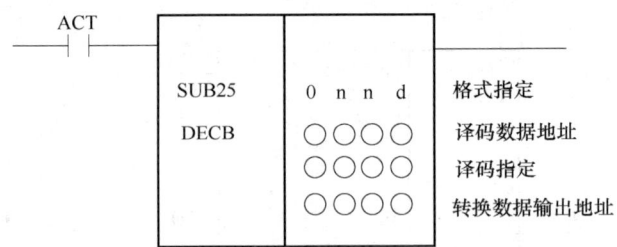

图 8-22 二进制译码指令

译码数据地址：指定 1~4B 二进制译码数据的首地址。
译码指定：给出要译码的连续 8 个数字的第一个。
转换数据输出地址：指定译码数据的输出地址每组使用 1B。
二进制译码指令使用范例，如图 8-23 所示。

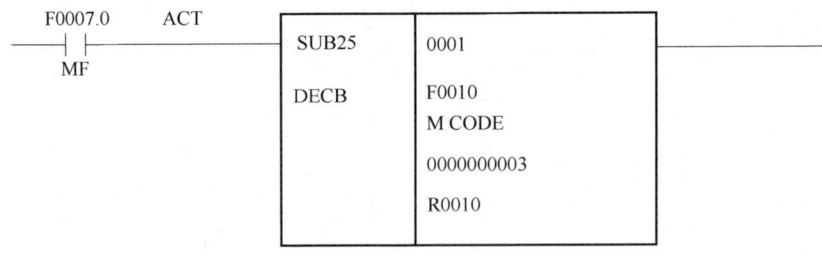

图 8-23 二进制译码指令使用范例

范例为对 M 代码进行译码操作，当系统收到 M 辅助功能指令时，若 F7.0 = 1，该指令生效。
- F10 为系统 M 代码输出地址。
- 该译码指令对从 M3~M10 的连续 8 个 M 代码进行译码。
- 译码输出地址位为 R10，且 R10 同时仅有一位为 1。

比如当指令为 M3 时，R10.0 = 1，指令为 M4 时，R10.1 = 1，对应关系见表 8-19。

表 8-19 译码输出对应关系

地址	#7	#6	#5	#4	#3	#2	#1	#0
R10	M10	M9	M8	M7	M6	M5	M4	M3

2）二进制代码转换指令：CODB（SUB27），如图 8-24 所示。

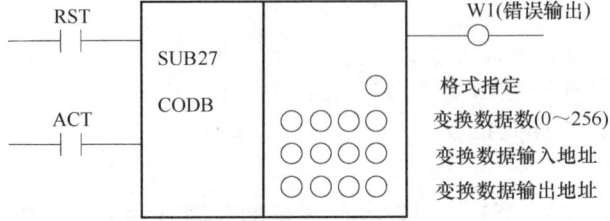

图 8-24 二进制代码转换指令

在该命令的内置变换表中设置数值，表号（0～255）用二进制数据指定。数据值写入变化数据输出地址。所用数据均用二进制码表示。

*思考与练习

1. 简述数控机床主轴的主要控制方法。
2. 编写主轴不能转动故障的诊断流程。

8.4　数控机床刀架换刀控制线路的安装与调试

*学习目标

技能目标：
（1）能识读数控机床刀架换刀控制线路的原理图。
（2）能分析数控机床刀架换刀控制线路的工作原理。
（3）能安装与调试数控机床刀架换刀控制线路。
（4）能诊断与排除数控机床刀架换刀控制线路的故障。

知识目标：
熟悉四工位刀架换刀工作过程。

素养目标：
（1）能总结数控机床刀架换刀控制线路的安装技巧。
（2）能与他人合作，具有良好的沟通能力和团队精神。

*描述任务

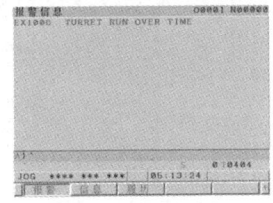

某企业机械加工车间有一台 FANUC 0i-D 型数控机床，在工作中出现长时间选刀，选刀超时报警，需要现场排除此故障，以便迅速恢复生产。

*任务分析

要排除数控机床刀架换刀控制线路的故障，就需要熟悉数控机床刀架换刀工作过程、数控机床刀架换刀控制原理，并能熟读数控机床刀架换刀控制线路电气原理图。

本任务以安装与调试数控机床刀架换刀控制线路为例，达到熟悉线路元器件、电气原理图的目的，以便顺利地排除故障。

*必备知识

一、知道刀架换刀的工作过程

数控机床使用的回转刀架是最简单的自动换刀装置,有四工位和六工位刀架。回转刀架按其工作原理可分为机械螺母升降转位、十字槽转位等方式。其换刀过程一般为刀架抬起、刀架转位、刀架压紧并定位等几个步骤。回转刀架必须具有良好的强度和刚性,以承受粗加工的切削力。同时还要保证回转刀架在每次转位的重复定位精度。图8-25所示为四工位电动刀架。

在JOG方式下进行换刀,主要是通过数控机床控制面板上的手动换刀键来完成的,一般是在手动方式下,按下换刀键,刀位转入下一把刀。刀架在电气控制上,主要包含刀架电动机正反转和霍尔传感器两部分。实现刀架正反转的是三相交流异步电动机,通过电动机的正反转来完成刀架的转位与锁紧。刀位传感器一般是由霍尔传感器构成的,四工位刀架就有四个霍尔传感器安装在一块圆盘上,但触发霍尔传感器的磁铁只有一个,也就是说四个刀位信号始终有一个为0或1。

图8-25 四工位电动刀架

二、分析数控机床刀架换刀控制线路

数控机床刀架换刀控制线路分为刀架电动机正反转控制线路和刀位信号线路两部分。图8-26所示为数控机床刀架电动机正反转控制线路电气原理图。图8-27所示为四工位刀架信号线路。

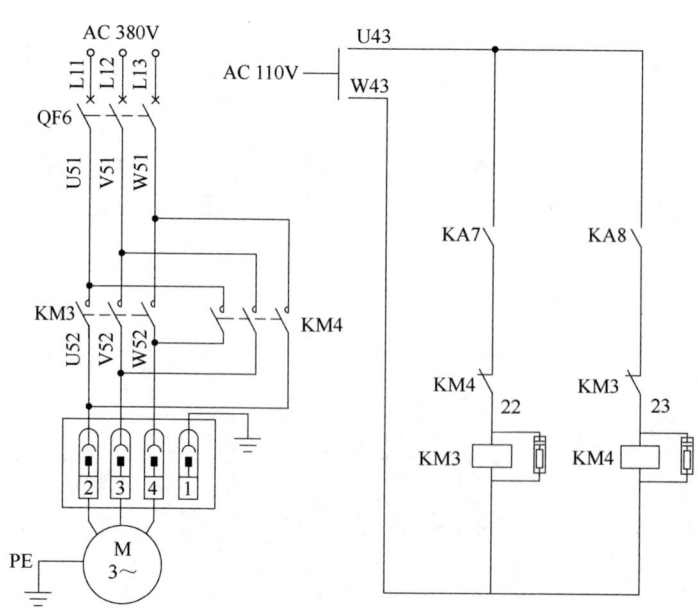

图8-26 数控机床刀架电动机正反转控制线路电气原理图

单元 8 数控机床典型控制线路的安装与调试

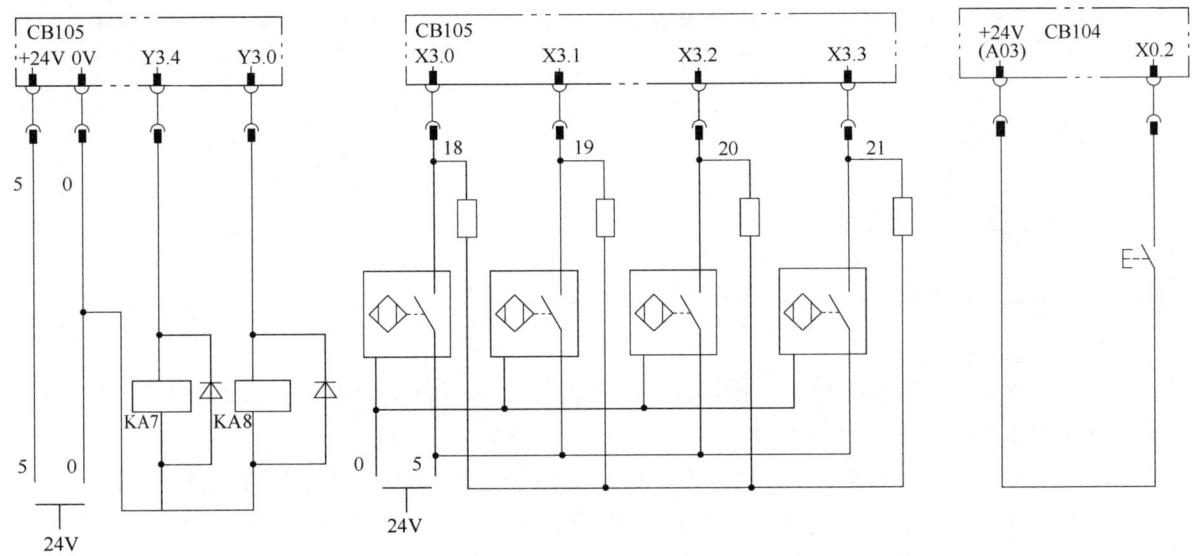

图 8-27 四工位刀架信号线路

*任务实施

技能训练 25 安装与调试数控机床刀架换刀控制线路

参照图 8-26 和图 8-27，完成四工位刀架换刀控制线路的安装与调试，并诊断与排除刀架换刀控制线路中的故障。

视频 58

1. 准备工具、仪表

参照附录 A "工具、仪表清单"，结合本任务实际选取必要的工具、仪表，并对选用的工具、仪表进行检查，确保工具、仪表都能正常使用。

2. 核对器材

根据器材清单（见表 8-20）中的元器件名称或符号，结合实训设备电气原理图查找实训设备上对应的器材，并用仪表检测元器件判断其好坏，如元器件有故障，需先进行修复或更换。参照相关元器件实物或其说明书，完成器材清单中器材品牌、型号（规格）等相关内容的填写。

表 8-20 数控机床刀架换刀控制线路器材清单

符号	名称	品牌	型号	数量	检测情况	备注
	开关电源					结合实训设备实际
QF6						
KM3						
KM4						
KA7						结合实训设备实际
KA8						结合实训设备实际

225

（续）

符号	名称	品牌	型号	数量	检测情况	备注
	操作面板					结合实训设备实际
	数控系统					结合实训设备实际
	I/O Link					结合实训设备实际
	刀架电动机					结合实训设备实际
	冷压端子					
	接线端子排					
	导线					

3. 安装线路

可参照图 8-26 和图 8-27，也可根据实际情况自行设计机床刀架换刀控制线路电气原理图，完成刀架换刀控制线路的安装与调试。

图 8-28 所示为 558 型实训台刀架换刀控制线路器件实物图，刀架手动正转、反转、停止按钮在操作面板上；继电器 KA7、KA8 在电路板上；刀架电动机及刀架传感器都集成在电动刀架上。元器件的安装位置比较分散，布线需要走线槽，要求布线做到横平竖直，转角缝隙严密平齐，接线时必须按照电气原理图施工，不可随意更改线路。

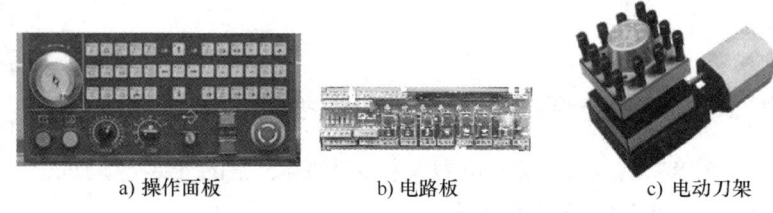

a) 操作面板　　　b) 电路板　　　c) 电动刀架

图 8-28　刀架换刀控制线路器件实物图

4. 检测线路

安装好线路后，在通电测试前务必对刀架换刀控制线路进行检测。综合运用前述各单元的相关检测方法，对安装的线路进行检测，检测无误后，方可通电调试刀架换刀控制线路。需要特别注意刀架电动机的相序问题，以免刀架电动机因相序问题长时间堵转而烧坏电动机。

5. 调试线路

打开总电源开关，按下数控系统通电按钮，在 MDI 模式下选择 1 号刀，需正确地选刀，同时在 JOG 模式下依次手动换刀 4 次，保证换刀正确。

6. 故障诊断与排除

在任务描述中要求现场排除选刀超时报警故障。可以在安装与调试好的线路中对这一故障进行还原，设置真实的故障情形，并进行实战维修。刀架换刀故障诊断流程如图 8-29 所示，可以结合故障实际及诊断流程进行故障诊断与排除。

*任务总结与评价

参考表 8-21，对安装与调试数控机床刀架换刀控制线路进行评价，并根据学生实际完成的情况进行总结。

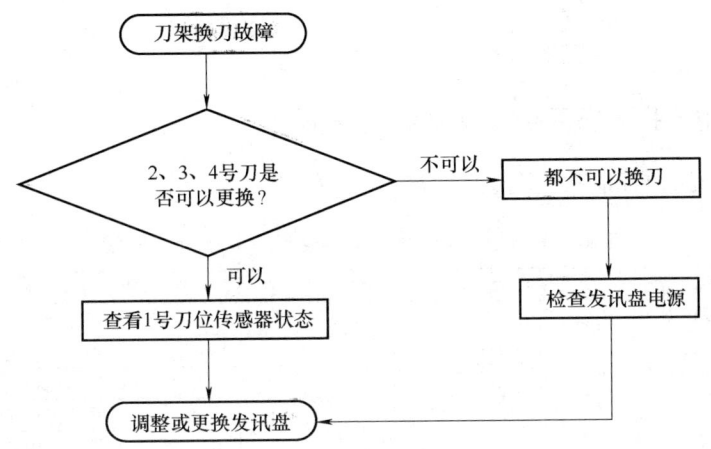

图 8-29 刀架换刀故障诊断流程

表 8-21 安装与调试数控机床刀架换刀控制线路考核评价表

评价项目		评价要求	评分标准	分值	得分
安装与调试	布线	(1) 接线要求美观、紧固、无毛刺，软导线要走线槽 (2) 电源和电动机配线、按钮接线要接到端子排上，进出线槽的导线要有端子标号	(1) 布线不美观，主线路、控制线路，每根扣 0.5 分 (2) 接点松动、露铜过长、反圈、压绝缘层，标记线号不清楚、遗漏或误标，每处扣 0.5 分 (3) 损伤导线绝缘层或线芯，每根扣 0.5 分	40 分	
	通电调试	在保证安全的情况下，一次性通电成功	(1) 一次试验不成功扣 15 分 (2) 二次试验不成功不得分 (3) 发生短路故障每次倒扣 30 分	30 分	
故障诊断与排除		(1) 能诊断出正确的故障点 (2) 能排除故障	(1) 不能诊断出正确的故障点不得分 (2) 诊断出正确的故障点不能排除扣 10 分	20 分	
安全文明生产	设备	保证设备安全	(1) 每损坏设备 1 处扣 1 分 (2) 人为损坏设备倒扣 10 分	5 分	
	人身	保证人身安全	发生皮肤损伤、触电、电弧灼伤等，本次任务不得分	否决项	
	文明生产	(1) 劳动保护用品穿戴整齐 (2) 遵守各项安全操作规程 (3) 实训结束要清理现场	(1) 违反安全文明生产考核要求的任何一项，扣 1 分 (2) 当教师发现学生有重大人身事故隐患时，要立即给予制止，并倒扣 10 分 (3) 不穿工作服，不穿绝缘鞋，不得进入实训场地	5 分	
合计				100 分	

*任务拓展

一、数控机床手动换刀控制 PMC 简化程序

数控机床手动换刀控制的 I/O 地址分配见表 8-22。

表 8-22 数控机床手动换刀控制的 I/O 地址分配

序号	PMC 地址	电气符号	功能说明
1	X0.2	SB1	手动换刀按钮
2	X3.0	T1	1号刀刀位传感器信号
3	X3.1	T2	2号刀刀位传感器信号
4	X3.2	T3	3号刀刀位传感器信号
5	X3.3	T4	4号刀刀位传感器信号
6	Y3.0	KA8	反转继电器
7	Y3.4	KA7	正转继电器

数控机床手动换刀控制 PMC 简化程序如图 8-30 所示。

图 8-30 数控机床手动换刀控制 PMC 简化程序

二、数控机床手动换刀控制 PMC 程序的调试

手动换刀控制子程序编写完成后,在第二级程序中采取调用子程序的方式运行程序。应注意的是,程序调用语句务必放在第二级程序的最后,以免受原刀架程序的干扰。如果还是受到原刀架程序的干扰,需要在第二级程序中删除原刀架程序。

程序说明:T0 表示刀架反转的时间,一般设置为 1～3s,时间不可以设置得太长,以免刀架电动机反转到位后会一直处于堵转状态,容易损坏。

根据 FANUC 数控系统 PMC 提供的信号跟踪功能,可以在 PMC 的诊断与维护画面进行换刀的跟踪,能够很清楚地查看其转变的状态,如图 8-31 所示。

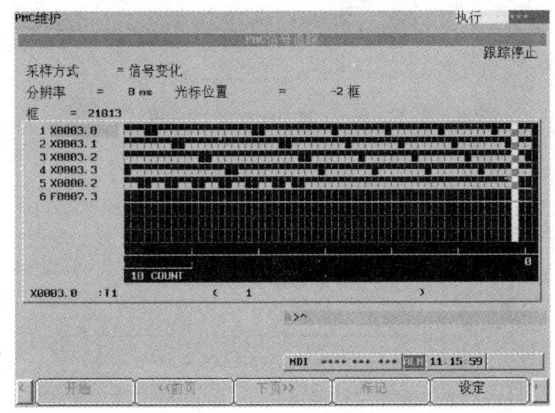

图 8-31　信号跟踪画面

三、数据机床手动换刀控制 PMC 程序功能指令

(1) 前沿检测 DIFU (SUB57) 指令　该指令读取输入信号的前沿,扫到 1 后,输出即为"1",如图 8-32 所示。

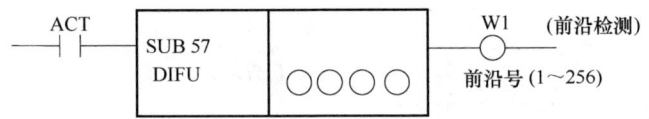

图 8-32　前沿检测 DIFU (SUB57) 指令

前沿号 (1～256),用来指定进行前沿检测的作业区号,其他前沿/后沿检测与前沿号重复时,就不能进行正确检测,使用示例如图 8-33 所示。

(2) 后沿检测 DIFD (SUB58) 指令　该指令读取输入信号的后沿,扫到 1 后,输出即为"1",如图 8-34 所示。

后沿号 (1～255) 用来指定进行后沿检测的作业区号,其他前沿/后沿检测与后沿号重复时,就不能进行正确检测,使用示例如图 8-35 所示。

(3) 延时定时器 TMR (SUB3) 指令　ACT = 1 后经过设定的时间时,输出 W1 即接通。ACT = 0,断开定时器;ACT = 1,起动定时器;W = 1,ACT 接通后经过设定时间时,输出即接通,如图 8-36 所示。

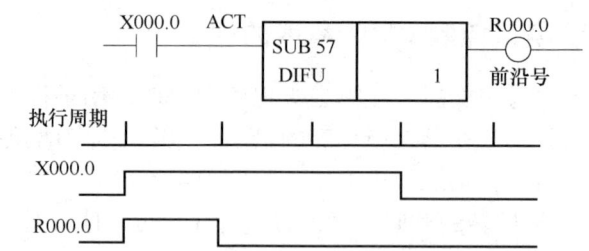

图 8-33 前沿检测 DIFU（SUB57）指令使用示例

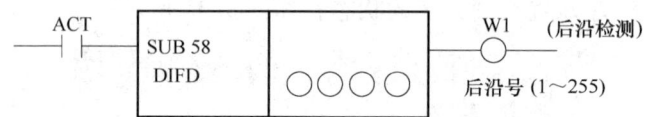

图 8-34 后沿检测 DIFD（SUB58）指令

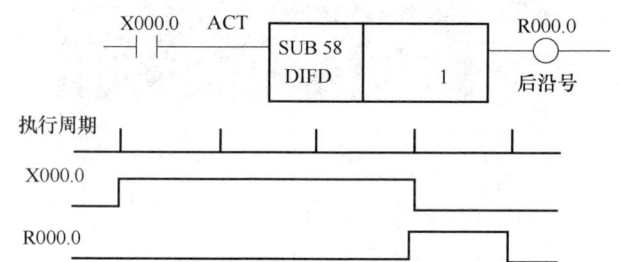

图 8-35 后沿检测 DIFD（SUB58）指令使用示例

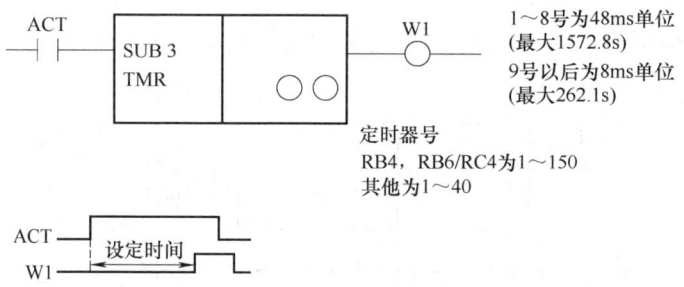

图 8-36 延时定时器 TMR（SUB3）指令

例如，在 X0000.0 接通后，经过 4800ms，R000.0 接通，如图 8-37 所示。

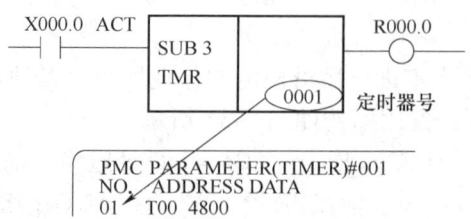

图 8-37 延时定时器 TMR（SUB3）指令使用示例

（4）一致性判断 COIN（SUB16）指令　一致性判断指令，用来比较 BCD 码形式的数据，判断是否相同，如图 8-38 所示。

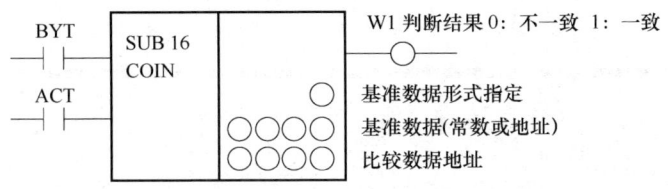

图 8-38　一致性判断 COIN（SUB16）指令

BYT=0 时，比较 BCD 码 2 位；BYT=1 时，比较 BCD 码 4 位。当基准数据=比较数据时，W1=0；当基准数据≠比较数据时，W1=0。使用示例如图 8-39 所示。当 X000.0 接通时，比较 R100 和 R102 的值，若 R100=R102，R000.0 即接通。

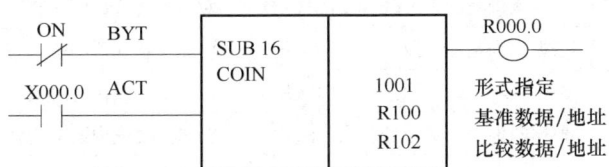

图 8-39　一致性判断 COIN（SUB16）指令使用示例

*思考与练习

1. 简述数控机床回转刀架手动换刀的工作过程。
2. 分析数控机床刀架换刀控制线路的工作原理。

附 录

附录 A 工具、仪表清单

序号	工具、仪表名称	品牌	型号（规格）	数量
1	剥线钳	根据实训室配置及任务实际选用	对照实物或说明书查看	按任务需要配置
2	台虎钳	根据实训室配置及任务实际选用	对照实物或说明书查看	按任务需要配置
3	尖嘴钳	根据实训室配置及任务实际选用	对照实物或说明书查看	按任务需要配置
4	斜口钳	根据实训室配置及任务实际选用	对照实物或说明书查看	按任务需要配置
5	十字形螺钉旋具	根据实训室配置及任务实际选用	对照实物或说明书查看	按任务需要配置
6	一字形螺钉旋具	根据实训室配置及任务实际选用	对照实物或说明书查看	按任务需要配置
7	其他工具	根据实训室配置及任务实际选用	对照实物或说明书查看	按任务需要配置
8	万用表	根据实训室配置及任务实际选用	对照实物或说明书查看	按任务需要配置
9	钳形电流表	根据实训室配置及任务实际选用	对照实物或说明书查看	按任务需要配置
10	验电器	根据实训室配置及任务实际选用	对照实物或说明书查看	按任务需要配置
11	绝缘电阻表	根据实训室配置及任务实际选用	对照实物或说明书查看	按任务需要配置
12	其他仪表	根据实训室配置及任务实际选用	对照实物或说明书查看	按任务需要配置

附录 B 接触器控制三相交流异步电动机控制线路的安装与调试评价表

评价项目		评价要求	评分标准	分值	得分
工具仪表器材	检查	核对工具、仪表、器材的数量、规格，并对仪表进行校验	（1）按清单要求每少准备1件扣2分 （2）每新发现1件仪表不能正常使用扣2分	5分	
	检测	元器件质量、外观检测	（1）每新发现1处元器件外观损坏扣2分 （2）每新发现1件不能使用的元器件扣5分	10分	
安装与调试	元器件	布局合理、间距合适、接线方便	（1）元器件布置不整齐、不匀称、不合理，每只扣1分 （2）元器件安装不牢固、安装元器件时漏装螺钉，每只扣1分	5分	

(续)

评价项目		评价要求	评分标准	分值	得分
安装与调试	布线	（1）接线要求美观、紧固、无毛刺，软导线要走线槽 （2）电源和电动机配线、按钮接线要接到端子排上，进出线槽的导线要有端子标号	（1）如不按线路图接线，每处扣2分 （2）布线不美观，主电路、控制电路每根扣0.5分 （3）接点松动、露铜过长、反圈、压绝缘层，标记线号不清楚、遗漏或误标，每处扣0.5分 （4）损伤导线绝缘层或线芯，每根扣0.5分	30分	
	通电前检测	完成主电路及控制电路的检测	（1）检测方法不正确，每处扣1分 （2）每漏检1处扣1分	10分	
	通电调试	在保证安全的情况下，一次性通电成功	（1）一次试验不成功扣15分 （2）二次试验不成功不得分 （3）发生短路故障每次倒扣30分	30分	
安全文明生产	设备	保证设备安全	（1）每损坏设备1处扣1分 （2）人为损坏设备倒扣10分	5分	
	人身	保证人身安全	否决项，发生皮肤损伤、触电、电弧灼伤等，本次任务不得分		
	文明生产	（1）劳动保护用品穿戴整齐 （2）遵守各项安全操作规程 （3）实训结束要清理现场	（1）违反安全文明生产考核要求的任何一项，扣1分 （2）当教师发现学生有重大人身事故隐患时，要立即给予制止，并倒扣10分 （3）不穿工作服，不穿绝缘鞋，不得进入实训场地	5分	
合计				100分	

附录C PLC控制三相交流异步电动机控制线路的安装与调试评价表

评价项目		评价要求	评分标准	分值	师评
工具仪表器材	检查	核对工具、仪表、器材的数量、规格，并对仪表进行校验	（1）按清单要求每少准备1件扣2分 （2）每新发现1件仪表不能正常使用扣2分	5分	
	检测	元器件质量、外观检测	（1）每新发现1处元器件外观损坏扣2分 （2）每新发现1件不能使用的元器件扣5分	10分	
安装与调试	I/O设计	列出PLC控制I/O分配表，绘制PLC的I/O接线图	（1）输入、输出地址遗漏或搞错，每处扣1分 （2）接线图表达不正确或画法不规范，每处扣2分	10分	
	编程	根据工作要求编写梯形图	指令有错，每条扣2分	10分	

(续)

评价项目		评价要求	评分标准	分值	师评
安装与调试	元器件	布局合理、间距合适、接线方便	（1）元器件布置不整齐、不匀称、不合理，每只扣1分 （2）元器件安装不牢固、安装元器件时漏装螺钉，每只扣1分	5分	
	布线	（1）接线要求美观、紧固、无毛刺，软导线要走线槽 （2）电源和电动机配线、按钮接线要接到端子排上，进出线槽的导线要有端子标号	（1）如不按线路图接线，扣2分 （2）布线不美观，主电路、控制电路每根扣0.5分 （3）接点松动、露铜过长、反圈、压绝缘层，标记线号不清楚、遗漏或误标，每处扣0.5分 （4）损伤导线绝缘层或线芯，每根扣0.5分 （5）不按PLC控制I/O接线图接线，每处扣2分	20分	
	通电前检测	完成主电路及I/O的检测	（1）检测方法不正确，每处扣1分 （2）参考线路检测相关内容，每漏检1处扣1分	10分	
	通电调试	在保证安全的情况下，一次性通电成功	（1）一次试验不成功扣15分 （2）二次试验不成功不得分 （3）发生短路故障，每次倒扣30分	20分	
安全文明生产	设备	保证设备安全	（1）每损坏设备1处扣1分 （2）人为损坏设备倒扣10分	5分	
	人身	保证人身安全	否决项，发生皮肤损伤、触电、电弧灼伤等，本次任务不得分		
	文明生产	劳动保护用品穿戴整齐，遵守各项安全操作规程，实训结束要清理现场	（1）违反安全文明生产考核要求的任何一项，扣1分 （2）当教师发现学生有重大人身事故隐患时，要立即给予制止，并倒扣10分 （3）不穿工作服，不穿绝缘鞋，不得进入实训场地	5分	
合计				100分	

附录D 触摸屏+PLC+变频器控制三相交流异步电动机控制线路的安装与调试评价表

评价项目		评价要求	评分标准	分值	师评
工具仪表器材	检查	核对工具、仪表、器材的数量、规格，并对仪表进行校验	（1）按清单要求每少准备1件扣2分 （2）每新发现1件仪表不能正常使用扣2分	5分	
	检测	元器件质量、外观检测	（1）每新发现1处元器件外观损坏扣2分 （2）每新发现1件不能使用的元器件扣5分	10分	

（续）

评价项目		评价要求	评分标准	分值	师评
安装与调试	I/O设计	列出PLC控制I/O分配表，绘制PLC的I/O接线图	（1）输入、输出地址遗漏或搞错，每处扣1分 （2）接线图表达不正确或画法不规范，每处扣2分	10分	
	编程	根据工作要求编写触摸屏画面及梯形图	指令有错，每条扣2分	15分	
	变频器参数设置	设置变频器主要参数	主要参数设置不全不得分	5分	
	元器件	布局合理、间距合适、接线方便	（1）元器件布置不整齐、不匀称、不合理，每只扣1分 （2）元器件安装不牢固，安装元器件时漏装螺钉，每只扣1分	5分	
	布线	（1）接线要求美观、紧固、无毛刺，软导线要走线槽 （2）电源和电动机配线、按钮接线要接到端子排上，进出线槽的导线要有端子标号	（1）如不按线路图接线，扣2分 （2）布线不美观，主电路、控制电路每根扣0.5分 （3）接点松动、露铜过长、反圈、压绝缘层，标记号不清楚、遗漏或误标，每处扣0.5分 （4）损伤导线绝缘层或线芯，每根扣0.5分 （5）不按PLC控制I/O接线图接线，每处扣2分	15分	
	通电前检测	完成主电路及I/O的检测	（1）检测方法不正确，每处扣1分 （2）参考线路检测相关内容，每漏检1处扣1分	5分	
	通电调试	在保证安全情况下，一次性通电成功	（1）一次试验不成功扣15分 （2）二次试验不成功不得分 （3）发生短路故障每次倒扣30分	20分	
安全文明生产	设备	保证设备安全	（1）每损坏设备1处扣1分 （2）人为损坏设备倒扣10分	5分	
	人身	保证人身安全	否决项，发生皮肤损伤、触电、电弧灼伤等，本次任务不得分		
	文明生产	劳动保护用品穿戴整齐，遵守各项安全操作规程，实训结束要清理现场	（1）违反安全文明生产考核要求的任何一项，扣1分 （2）当教师发现学生有重大人身事故隐患时，要立即给予制止，并倒扣10分 （3）不穿工作服，不穿绝缘鞋，不得进入实训场地	5分	
合计				100分	

参考文献

[1] 项万明，李国庆. 机电设备的故障诊断与维修 [M]. 北京：科学出版社，2018.
[2] 霍永红，项万明. 机电设备的电气安装与调试 [M]. 北京：科学出版社，2018.
[3] 沈柏民. 工厂电气控制设备 [M]. 北京：高等教育出版社，2014.
[4] 张彪. 机床电气控制 [M]. 北京：中国劳动社会保障出版社，2009.
[5] 刘建华，张静之. 三菱 FX2N 系列 PLC 应用技术 [M]. 北京：机械工业出版社，2010.
[6] 项万明. 数控机床装调与维修 [M]. 北京：北京理工大学出版社，2014.
[7] 李静梅. 电力拖动控制线路与技能训练 [M]. 北京：中国劳动社会保障出版社，2008.
[8] 陈忠平，侯玉宝. 三菱 FX2N PLC 从入门到精通 [M]. 北京：中国电力出版社，2015.